高等职业教育"十四五"规划畜牧兽医宠物大类新形态纸数融合教材

新形态教材

宠 物 内 科 病

CHONG WU NEI KE BING

主　编　何海健　孙留霞

副主编　范雅芬　陈海燕　汤起武　罗世民　范学伟

编　者　（按姓氏笔画排序）

向思亭　湖南环境生物职业技术学院

汤起武　湖南生物机电职业技术学院

孙留霞　周口职业技术学院

何佳威　浙江金华市康美宠物医院

何海健　金华职业技术学院

何道领　浙江临海市博爱宠物医院

陈　俊　浙江金华市伯爵宠物医院

陈　俊　浙江金华市赛那动物医院

陈海燕　河南农业职业学院

范学伟　黑龙江农业经济职业学院

范雅芬　贵州农业职业学院

罗世民　怀化职业技术学院

曹智高　河南农业职业学院

龚志成　内江职业技术学院

章远瞩　浙江金华市婺城区动物防疫检疫中心

葛冰倩　金华职业技术学院

黎　威　贵州兴义市维尼宠物诊疗中心

华中科技大学出版社

http://press.hust.edu.cn

中国·武汉

内 容 简 介

本书是高等职业教育"十四五"规划畜牧兽医宠物大类新形态纸数融合教材。

本书共分为十一个模块,内容包括消化系统疾病诊治、呼吸系统疾病诊治、血液系统与心血管系统疾病诊治、泌尿系统疾病诊治、神经系统疾病诊治、内分泌系统疾病诊治、营养代谢性疾病诊治、肿瘤性疾病诊治、中毒性疾病诊治、其他内科疾病诊治、技能训练。本书以宠物内科病防治过程为导向,以"模块—项目—任务—技能"模式为引领,结合"教、学、做一体化"课程教学的改革方向和学生的基本素质,严格按照技能标准化操作要求编写。全书内容简明扼要,深入浅出,易学易练。

本书适合作为高职本科、高职高专院校畜牧兽医、动物医学、动物防疫与检疫、宠物养护、宠物诊疗等相关专业师生学习的教材,也可供宠物医疗工作者、中等职业学校兽医专业师生及宠物饲养者参考。

图书在版编目(CIP)数据

宠物内科病/何海健,孙留霞主编.—武汉:华中科技大学出版社,2023.9
ISBN 978-7-5680-9802-1

Ⅰ.①宠… Ⅱ.①何… ②孙… Ⅲ.①观赏动物-兽医学-内科学-高等职业教育-教材 Ⅳ.①S856

中国国家版本馆 CIP 数据核字(2023)第 167749 号

宠物内科病
Chongwu Neikebing

何海健　孙留霞　主编

策划编辑:罗 伟
责任编辑:罗 伟　方寒玉
封面设计:廖亚萍
责任校对:谢 源
责任监印:周治超
出版发行:华中科技大学出版社(中国·武汉)　　电话:(027)81321913
　　　　　武汉市东湖新技术开发区华工科技园　　邮编:430223
录　排:华中科技大学惠友文印中心
印　刷:武汉科源印刷设计有限公司
开　本:889mm×1194mm　1/16
印　张:15.25
字　数:453 千字
版　次:2023 年 9 月第 1 版第 1 次印刷
定　价:49.80 元

高等职业教育"十四五"规划
畜牧兽医宠物大类新形态纸数融合教材
编审委员会

网络增值服务

使用说明

欢迎使用华中科技大学出版社医学资源网 yixue.hustp.com

1 教师使用流程

（1）登录网址：http://yixue.hustp.com （注册时请选择教师用户）

注册 〉 登录 〉 完善个人信息 〉 等待审核

（2）审核通过后，您可以在网站使用以下功能：

下载教学资源　　建立课程　　　管理学生　　　布置作业　查询学生学习记录等

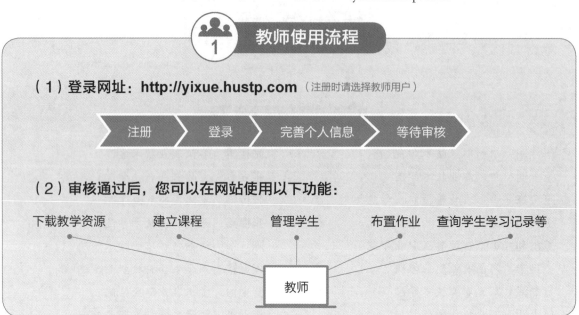

教师

2 学员使用流程

（建议学员在PC端完成注册、登录、完善个人信息的操作）

（1）PC 端操作步骤

① 登录网址：http://yixue.hustp.com （注册时请选择普通用户）

注册 〉 登录 〉 完善个人信息

② **查看课程资源：**（如有学习码，请在个人中心－学习码验证中先验证，再进行操作）

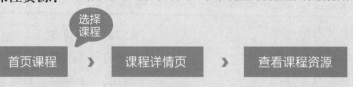

选择课程

首页课程 〉 课程详情页 〉 查看课程资源

（2）手机端扫码操作步骤

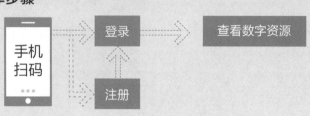

手机扫码 ⇢ 登录 ⇢ 查看数字资源

注册

出版说明

随着我国经济的持续发展和教育体系、结构的重大调整,尤其是2022年4月20日新修订的《中华人民共和国职业教育法》出台,高等职业教育成为与普通高等教育具有同等重要地位的教育类型,人们对职业教育的认识发生了本质性转变。作为高等职业教育重要组成部分的农林牧渔类高等职业教育也取得了长足的发展,为国家输送了大批"三农"发展所需要的高素质技术技能型人才。

为了贯彻落实《国家职业教育改革实施方案》《"十四五"职业教育规划教材建设实施方案》《高等学校课程思政建设指导纲要》和新修订的《中华人民共和国职业教育法》等文件精神,深化职业教育"三教"改革,培养适应行业企业需求的"知识、素养、能力、技术技能等级标准"四位一体的发展型实用人才,实践"双证融合、理实一体"的人才培养模式,切实做到专业设置与行业需求对接、课程内容与职业标准对接、教学过程与生产过程对接、毕业证书与职业资格证书对接、职业教育与终身学习对接,特组织全国多所高等职业院校教师编写了这套高等职业教育"十四五"规划畜牧兽医宠物大类新形态纸数融合教材。

本套教材充分体现新一轮数字化专业建设的特色,强调以就业为导向、以能力为本位、以岗位需求为标准的原则,本着高等职业教育培养学生职业技术技能这一重要核心,以满足对高层次技术技能型人才培养的需求,坚持"五性"和"三基",同时以"符合人才培养需求,体现教育改革成果,确保教材质量,形式新颖创新"为指导思想,努力打造具有时代特色的多媒体纸数融合创新型教材。本教材具有以下特点。

(1)紧扣最新专业目录、专业简介、专业教学标准,科学、规范,具有鲜明的高等职业教育特色,体现教材的先进性,实施统编精品战略。

(2)密切结合最新高等职业教育畜牧兽医宠物大类专业课程标准,内容体系整体优化,注重相关教材内容的联系,紧密围绕执业资格标准和工作岗位需要,与执业资格考试相衔接。

(3)突出体现"理实一体"的人才培养模式,探索案例式教学方法,倡导主动学习,紧密联系教学标准、职业标准及职业技能等级标准的要求,展示课程建设与教学改革的最新成果。

(4)在教材内容上以工作过程为导向,以真实工作项目、典型工作任务、具体工作案例等为载体组织教学单元,注重吸收行业新技术、新工艺、新规范,突出实践性,重点体现"双证融合、理实一体"的教材编写模式,同时加强课程思政元素的深度挖掘,教材中有机融入思政教育内容,对学生进行价值引导与人文精神滋养。

(5)采用"互联网+"思维的教材编写理念,增加大量数字资源,构建信息量丰富、学习手段灵活、学习方式多元的新形态一体化教材,实现纸媒教材与富媒体资源的融合。

(6)编写团队权威,汇集了一线骨干专业教师、行业企业专家,打造一批内容设计科学严谨、深入浅出、图文并茂、生动活泼且多维、立体的新型活页式、工作手册式、"岗课赛证融通"的新形态纸数融合教材,以满足日新月异的教与学的需求。

本套教材得到了各相关院校、企业的大力支持和高度关注,它将为新时期农林牧渔类高等职业教育的发展做出贡献。我们衷心希望这套教材能在相关课程的教学中发挥积极作用,并得到读者的青睐。我们也相信这套教材在使用过程中,通过教学实践的检验和实践问题的解决,能不断得到改进、完善和提高。

高等职业教育"十四五"规划畜牧兽医宠物大类
新形态纸数融合教材编审委员会

前言

本书根据国家示范性高等职业院校课程体系建设的精神,以宠物内科病防治过程为导向,以"模块—项目—任务—技能"模式为引领,结合"教、学、做一体化"课程教学的改革方向和学生的基本素质,严格按照技能标准化操作要求编写。

本书模块中首先简要介绍了模块内容,然后介绍"知识目标""技能目标""思政目标""系统关键词""检查诊断""常用药物";任务中重点突出"诊断要点"和"治疗措施",穿插了大量操作性和特征性图片、诊断新技术、治疗新药物,补充了大量宠物临床检查、诊疗操作和内科病用外科疗法的微视频;列举了宠物内科病的大量临床案例及分析。在模块末尾设有"知识拓展""模块小结""模块作业""模块测验"。全书配套了相应的教学电子课件。本书内容简明扼要,深入浅出,易学易练,包括消化系统疾病诊治、呼吸系统疾病诊治、血液系统与心血管系统疾病诊治、泌尿系统疾病诊治、神经系统疾病诊治、内分泌系统疾病诊治、营养代谢性疾病诊治、肿瘤性疾病诊治、中毒性疾病诊治、其他内科疾病诊治等。

泌尿系统疾病诊治、神经系统疾病诊治由孙留霞编写;内分泌系统疾病诊治由陈海燕编写;消化系统疾病诊治由范雅芬编写;肿瘤性疾病诊治由曹智高编写;血液系统与心血管系统疾病诊治由葛冰倩编写;呼吸系统疾病诊治、营养代谢性疾病诊治、中毒性疾病诊治、其他内科疾病诊治由何海健编写。何佳威、何道领、陈俊(伯爵宠物医院)、黎威、章远瞩、陈俊(赛那动物医院)为本书的编写提供了临床案例、图片和视频素材,汤起武、罗世民、范学伟、龚志成、向思亭参与了全书的审校。本书视频的制作及案例分析、知识拓展、模块小结、模块作业、模块测验、参考答案的编写均由何海健负责;何海健负责全书大纲的确定和审稿,以及全书文字和图片的校对。

本书适合作为高职本科、高职高专院校畜牧兽医、动物医学、动物防疫与检疫、宠物养护、宠物诊疗等相关专业师生学习的教材,也可供宠物医疗工作者,中等职业学校兽医专业师生及宠物饲养者参考。

本书由9所高职院校的11名教学经验和实践经验丰富的一线教师及6名临床经验丰富的宠物医院、检疫中心、诊疗中心专家合力完成。

由于编者水平有限,时间仓促,书中难免有不足之处,恳请广大读者批评指正。

编　者

目录

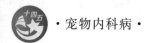
模块三　血液系统与心血管系统疾病诊治

模块四　泌尿系统疾病诊治

模块五　神经系统疾病诊治

模块八　肿瘤性疾病诊治

模块一　消化系统疾病诊治

模块介绍

　　本模块主要阐述了宠物常见的消化系统的 17 种疾病,分为上消化道疾病,下消化道疾病,肝、胰腺及腹膜疾病。通过本模块的学习,要求了解常见重要消化系统疾病的诊断要点和治疗措施;掌握临床检查、实验室检查、影像学检查等各种仪器的操作流程和结果分析判读技术;具备在宠物门诊中主动配合主治兽医师完成动物保定、器械准备、抽药打针等助理兽医师的基本技能。

学习目标

　　▲知识目标
1. 记住消化系统疾病的概念。
2. 记住消化器官的组成、结构和功能。
3. 记住消化器官的体表投影位置。
　　▲技能目标
1. 掌握常见消化系统疾病的检查流程和诊断要点。
2. 掌握常见消化系统疾病的治疗原则和用药方案。
3. 掌握消化系统疾病的护理技术和预防措施。
4. 能运用中药和针灸技术,进行中西医结合治疗。
　　▲思政目标
1. "民以食为天",吃喝是人类第一生存需要。宠物何尝不是如此? 供给犬猫优质全价的饲料和充足清洁的饮水,才能满足犬猫的生长发育和基本生理需求,否则犬猫就会营养不良、消瘦贫血,如果食物饲喂过多,也会消化不良、呕吐腹泻或者患肥胖症、高脂血症,如果食物不新鲜,也会引起食物中毒,所以病从口入,临床上很多疾病也都起因于消化系统的问题。
2. 犬猫的消化道相对于草食动物来说比较短,因此它们对肉类食物消化能力强,而对粗纤维的消化能力很弱,因此开发出国内有自主知识产权的优质的适宜犬猫不同生长发育阶段、不同生理病理阶段的全价颗粒粮、处方粮及处方罐头,以满足日常或临床的需要,是以后宠物营养师努力的方向。

▶ 系统关键词

食欲、饮欲、咀嚼、吞咽、嗳气、蠕动、消化、吸收、排便、排气、呕吐、腹泻、酸中毒、电解质紊乱。

▶ 检查诊断

一、食欲检查

【检查方法】
(1) 向主人询问宠物的进食情况。
(2) 注意有无干扰食欲的外在因素,如更换食物、饲喂肉食等。
(3) 进行试验性饲喂。

【诊断意义】

食欲异常的表现有：

（1）食欲下降；

（2）食欲废绝；

（3）食欲不定；

（4）食欲亢进；

（5）异食癖。

二、饮欲检查

【检查方法】

（1）询问宠物平时的喂水方式、饮水习惯及饮水量。

（2）注意有无影响饮欲的外在因素，如水质、水温、运动量、外界气温等。

（3）进行试验性喂水。

【诊断意义】

异常的饮欲有：

（1）饮欲增强；

（2）饮欲减少；

（3）拒绝饮水。

三、咀嚼、吞咽的检查

【检查部位】

口腔黏膜、舌、牙齿、齿龈、上腭、下腭、咽部、扁桃体、食道。

【检查方法】

（1）开口器＋肉眼视诊、咽喉镜视诊、咽喉部触诊、消化道内窥镜探诊。

（2）采用试验性饲喂。

【诊断意义】

异常情况有：

（1）进食障碍；

（2）咀嚼障碍；

（3）牙齿不整、口炎、舌病、咀嚼肌麻痹等；

（4）吞咽障碍。

四、口腔检查

【口腔颜色检查】

口腔黏膜正常时为粉红色，异常情况有：

（1）潮红；

（2）苍白；

（3）黄染；

（4）发绀；

（5）出血。

【舌色、舌苔与口津检查】

正常舌色为粉红色，舌苔薄而白，口腔湿润。

异常情况有（图 1-1）：

（1）舌色白（虚症）；

（2）舌色绛红（热症）；

（3）舌色青紫（寒/痛症）；

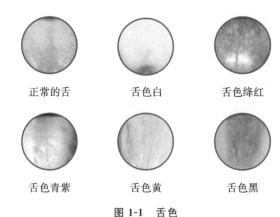

| 正常的舌 | 舌色白 | 舌色绛红 |
| 舌色青紫 | 舌色黄 | 舌色黑 |

图1-1 舌色

(4) 舌色黄(湿症);

(5) 舌色黑(绝症,极寒/极热);

(6) 舌苔少或无,呈镜面舌(虚寒症);

(7) 舌苔黄厚腻(实热症);

(8) 口津黏稠干燥(燥热伤津);

(9) 口干,舌面有皱褶(阴虚液亏,脱水);

(10) 口津多而清稀,口腔滑利(寒症或内停水湿)。

【口腔气味检查】

健康宠物的口腔无特殊臭味,口腔产生臭味都属于异常情况。

(1) 一般臭味:见于口炎、胃部的慢性疾病、全身发热性疾病等。

(2) 腐败臭:见于龋齿、坏死性口炎、齿槽骨膜炎、坏疽性肺炎等。

(3) 酸臭味:过食引起的消化不良。

(4) 酮味:烂苹果味,见于酮病。

五、食管检查

【检查部位】

食管分为颈、胸、腹三段,颈段开始于喉与气管背侧,至颈中部偏到气管的左侧;胸段位于纵隔内,又转到气管的背侧,向后延伸进入腹腔;腹段很短,与胃贲门相接。

【检查方法】

(1) 外部视诊、触诊:用于颈段食管。

(2) 胃导管或消化道内窥镜探诊:用于胸、腹段食管。

(3) 消化道造影(钡餐造影):食管造影常用70%硫酸钡溶液;胃肠道造影常用40%硫酸钡溶液。被检犬服钡餐前应禁食24 h,食道、胃造影为2~5 mL/kg,肠道造影为5~12 mL/kg。根据检查目的的不同,分别在服钡餐后立即拍X线片,1 h后每20 min拍一次X线片,此后,每1 h拍一次X线片。回肠、结肠疑似肠套叠、大肠狭窄、肿瘤或畸形时,多采用钡餐灌肠,即先用肥皂水灌肠以排净内容物,再用25%硫酸钡溶液10~20 mL/kg灌肠,禁用油质润滑剂。

【正常情况】

(1) 触诊:食管是一肉质管道,检查者自下而上对颈部食道进行触诊,健康宠物应无异常。

(2) 内窥镜探诊:内窥镜经口、咽插入整个食管,健康宠物应通行无阻。

(3) 钡餐造影+X线检查:食管内无阻塞物。

【诊断意义】

食道异常情况有:

（1）颈部食道阻塞；

（2）胸部、腹部食道阻塞；

（3）食道狭窄；

（4）食道憩室；

（5）食道炎。

六、胃的检查

胃的检查主要通过触诊和叩诊进行。

【检查方法】

（1）通过触诊，感知动物胃内的状况，如充盈情况、质地和波动感等（图1-2）。

（2）通过叩诊，了解胃内容物的情况。

【正常状态】

（1）犬、猫均为单胃动物，胃为弯曲长囊，犬胃稍大（以体重计，大小为 $100\sim250$ mL/kg），猫胃相对较小。

图 1-2　单手腹前部触诊

（2）胃位于左、右肋弓部，饱食充盈后可达脐部。胃在体表投影位置为第 $10\sim13$ 肋骨，肋弓内（图1-3、图1-4）。

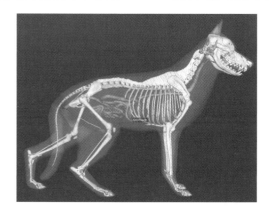

图 1-3　犬正常胃肠的体表投影位置（R）

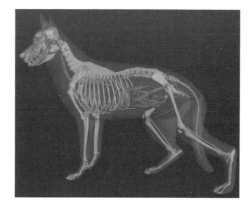

图 1-4　犬正常胃肠的体表投影位置（L）

扫码看彩图

（3）胃左侧膨大向上，由胃底部和贲门部组成；右侧为较细的圆筒状幽门部，两者之间为胃体部。

（4）犬胃液中盐酸的含量高，为所有家养动物之首。高浓度的盐酸有利于消化一些骨质和蛋白质。

（5）犬进食后 $3\sim4$ h 可将消化物向小肠推送，$5\sim10$ h 将胃内食物排空。

【异常变化】

（1）胃过度膨大。

（2）胃扭转-扩张。

七、肠的检查

肠管检查主要通过触诊、听诊、叩诊及直肠触诊进行。正常犬小肠蠕动音如流水声或含漱音，正常时每分钟 $8\sim12$ 次；大肠音犹如雷鸣音，每分钟 $4\sim6$ 次。肠管检查的异常状态主要包括肠蠕动音亢进、肠蠕动音减弱或消失、肠音性质改变（频繁流水声、金属音）和叩诊音异常（大片鼓音、浊音区）。

【检查方法】

（1）通过触诊，感知动物肠内的状况，如充盈情况、质地和波动感等（图1-5、图1-6、图1-7）。

（2）通过听诊，了解肠蠕动音的频率、性质、强度和持续时间（图1-8）。

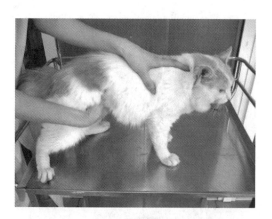

图 1-5　单手腹部触诊

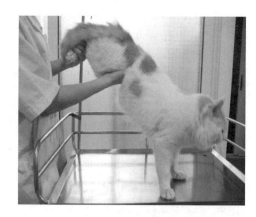

图 1-6　单手腹后部触诊

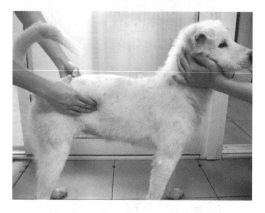

图 1-7　双手腹部触诊

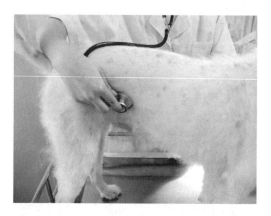

图 1-8　腹部听诊

（3）通过直肠触诊,感知直肠及肛门的状况。

（4）通过叩诊,了解肠内容物的情况。

【正常肠的状态】

（1）检查位置：

①犬小肠主要位于左肷部；

②盲肠在右肷部；

③右大结肠在右侧肋弓下方；

④左大结肠在左腹部下 1/3 处。

（2）肠蠕动音：

①犬小肠蠕动音如流水声或含漱音,正常时每分钟 8～12 次；

②大肠音犹如雷鸣音,每分钟 4～6 次。

（3）叩诊音：

①对靠近腹壁的肠管进行叩诊时,正常盲肠基部呈鼓音；

②盲肠体、大结肠则可呈浊音或半浊音。

【异常肠的状态】

（1）肠蠕动音亢进：由肠管受到各种刺激所致,表现为肠音高朗甚至如雷鸣,蠕动音频繁甚至持续不断等。主要见于各型肠炎的初期或胃肠炎,如伴有剧烈腹痛现象,则主要提示为肠痉挛。

（2）肠蠕动音减弱：肠管蠕动减慢或停止的结果,表现为肠蠕动音微弱、稀少且持续时间短,严重时完全消失,主要见于肠弛缓、便秘,亦可见于胃肠炎的后期,如伴有腹痛现象,则常见于肠便秘或肠阻塞。

（3）肠音性质改变：可表现为频繁的流水声,主要提示为肠炎；频繁的金属音（类似水滴落在金属板上的声音),是肠内有大量的气体或肠壁过于紧张,邻近肠内容物移动冲击该部肠壁发生振动而形成的声音,主要提示肠臌气和肠痉挛。

(4)叩诊音异常:成片的鼓音区提示肠臌气;与靠近腹壁的大结肠、盲肠的位置相一致的成片浊音区,可提示相应肠段的积粪及便秘。

八、排粪动作与粪便的检查

视频:
犬猫粪
便检查

【正常情况】

视诊可见动物排粪时有固定的特有姿势,一般先将背部拱起,臀部下沉,两后肢稍微张开,举尾,然后排便。

【诊断意义】

(1)排粪次数增多:如软便、粥样便、水样便等。见于急性胃肠炎、肠炎、犬细小病毒病、犬冠状病毒病、犬瘟热、猫瘟热、肠道寄生虫病等。

(2)排粪次数减少:粪便变硬,粪块变小。见于便秘的初期、发热性疾病、慢性胃肠卡他等。

(3)排粪停止:24 h内不见排便或只排出一点点干的小粪块或黏液。见于便秘的中后期、肠变位、腰荐部脊髓挫伤(常有大量粪便堆积在直肠内)。

(4)排粪疼痛:动物在排便之前,摆出排便姿势时显示痛苦,欲排不能,欲罢不能。见于腰部肌肉损伤、腰部骨骼损伤、腹膜炎等。

(5)里急后重:动物频频摆出排便的姿势,并且强力努责,但每次只能排出少量带有黏液的粪便。见于直肠炎、阴道炎等。

(6)排粪失禁:动物不自主地排出粪便。排便之前,往往不摆出排便的姿势。见于剧烈的腹泻、腰荐部脊髓损伤(肛门括约肌松弛)。

九、呕吐与呕吐物的检查

呕吐是指胃内容物不自主地经口排出体外。肉食动物易发生呕吐。根据呕吐的发生原因,可分为中枢性呕吐和末梢性呕吐两大类。检查呕吐物时,应注意呕吐物的数量、气味、酸碱度(pH)及混合物等。

【检查方法】

(1)通过问诊,了解呕吐的次数、频率和时间等相关情况。

(2)通过视诊,观察呕吐物的量、颜色等情况和呕吐的动作。

(3)通过嗅诊,了解呕吐物的气味。

【呕吐检查】

各种动物由于胃和食管的解剖生理特点和呕吐中枢的感应能力不同,发生呕吐的情况各异。肉食动物(如犬、猫)最易发生;猪次之;反刍动物又次之;马则极难发生,一般仅有作呕动作。

犬、猫呕吐时,最初略显不安,然后伸头向前接近地面,此时,借助膈肌与腹肌的强烈收缩,胃内容物经食管的逆蠕动由口排出。

(1)呕吐类型:根据呕吐的发生原因,可分为中枢性呕吐和末梢性呕吐两大类。

①中枢性呕吐:由毒物或毒素直接刺激延脑的呕吐中枢而引起。如延脑的炎症过程、脑膜炎、脑肿瘤、某些传染病(犬瘟热、犬细小病毒病等)、内中毒以及某些药物(如氯仿、阿扑吗啡)中毒。

②末梢性呕吐(反射性呕吐):由延脑以外的其他器官受刺激时引起呕吐中枢兴奋而发生。主要由来自消化道及腹腔的各种异物、炎性及非炎性的刺激所引起,如软腭、舌根及咽内的异物,过食(胃过度膨满)、胃的炎症或溃疡、寄生虫等。其特征是胃排空后呕吐即停止。

(2)呕吐原因:

①胃肠功能障碍:胃肠阻塞、慢性胃肠炎、胃肠道寄生虫、胃肠溃疡、肠套叠、胃扩张-胃扭转、肠变位和疝等均可引起呕吐。

②咽、食管疾病:舌病、咽内异物、咽炎和食管阻塞等可引起呕吐。

Note

③腹部其他器官的功能障碍：胰腺炎、肝炎、胆管阻塞、肾炎、子宫蓄脓、膈疝及腹部肿瘤等可引起呕吐。

④药物因素：一些药物，如抗肿瘤药、强心苷、抗微生物药（红霉素、四环素、特比萘芬）、砷制剂、阿扑吗啡、洋地黄等，另外一些药物不合理的使用，如抗胆碱类药物等也可以引起动物的呕吐。

⑤代谢紊乱：如尿毒症、酸中毒等可因代谢产物作用于呼吸中枢而发生呕吐。犬的甲状腺功能亢进、肾上腺功能低下、血钾异常、血钙异常、低镁血症及细菌内毒素中毒等均可引起呕吐。

⑥颅内压增高：当发生脑震荡、脑挫伤、脑肿瘤及脑膜炎等疾病时，颅内压增高，并伴发一定程度的脑水肿、脑缺氧而引发呕吐。

⑦中毒：有机磷、亚硝酸盐、腐败食物等中毒可引起犬、猫呕吐。

⑧神经功能障碍：精神因素（疼痛、恐惧、兴奋或过度紧张）、运动障碍、炎性损伤、癫痫和肿瘤等，如犬的长途运输、晕车或晕船等。

【呕吐物检查】

检查呕吐物时，应注意呕吐物的数量、气味、酸碱度（pH）及混合物等。

（1）采食后，一次呕吐大量正常的胃内容物，并短时间不再出现，多为过食的表现。

（2）频繁多次性的呕吐，表示胃黏膜长期遭受某种刺激，常于采食后立即发生，多是由于胃、十二指肠、胰腺的顽固性疾病和中枢神经系统的严重疾病所致，呕吐物常混有黏液。

（3）呕吐物的性质和成分随病理过程不同而异。

（4）混有血液称为血性呕吐物，见于出血性胃炎、某些出血性疾病（猫瘟热及犬瘟热等）。

（5）混有胆汁的呕吐物，见于十二指肠阻塞，呕吐物呈黄色或绿色，为碱性反应。

（6）粪性呕吐物（呕粪），主要见于犬的大肠梗阻，呕吐物的性状和气味与粪便相同。

（7）呕吐物中有时有毛团、肠道寄生虫及异物等。

【注意事项】

（1）注意呕吐与采食的时间关系：

①采食后立即呕吐，主要是由于食物问题，如食物不耐受、过食、应激或兴奋。

②采食后间隔一段时间后呕吐，多是由于胃排空功能障碍或胃肠道阻塞。

③胃肠运动迟缓引起的呕吐多在采食后12～18 h，或更长时间开始呕吐。

（2）注意呕吐物的性状：

①呕吐物的颜色，混有胆汁见于肠炎、胆汁回流综合征、肠内异物和胰腺炎。

②内容物有陈旧性血液，见于胃溃疡、慢性胃炎或肿瘤。

（3）注意呕吐的表现：

①喷射性呕吐见于胃及邻近胃的小肠阻塞性疾病，如异物、幽门肿瘤等。

②间歇性慢性呕吐表现与采食时间无关，呕吐物形状变化很大，且呕吐呈周期性，并伴有其他症状，主要与慢性胃炎、过敏性胃肠综合征及延长排空功能障碍等有关。

常用药物

止血敏、立止血、维生素K；氨苄青霉素、头孢噻呋、拜有利、阿米卡星；甲硝唑、替硝唑；5％碳酸氢钠溶液；乳酸林格氏液（LRS）、复方氯化钠（林格氏液）（RS）、生理盐水（0.9％氯化钠溶液）（NS）、5％葡萄糖生理盐水（GNS）、口服补液盐（ORS）；安钠咖、三磷酸腺苷（ATP）、辅酶A（COA）、维生素C、维生素B_6、维生素B_1、维生素B_{12}、复合维生素B、水溶性维生素；科特壮；胃复安、止吐宁；大黄苏打片、健胃消食片、酵母片；活性炭、蒙脱石散、次碳（硝）酸铋；犬肠乐宝、猫肠乐宝、妈咪爱、牛初乳益生菌；阿托品、654-2；奥美拉唑、雷尼替丁、西咪替丁；奥曲肽、乌司他丁、加贝酯；甘草酸单铵、甘草酸双铵、谷胱甘肽、茵栀黄；开塞露、乳果糖口服液。

视频：
犬后肢隐静脉留置针的安装与输液

视频：
犬猫留置针的安装

项目一　上消化道疾病诊治

任务一　口炎诊治

口炎是口腔黏膜的炎症,包括舌炎、腭炎和齿龈炎。在小动物临床上,犬、猫最常见的是溃疡性口炎。

【诊断要点】

1. 问诊　是否误食过强酸、强碱、强氧化剂等化学药品;患犬、猫是否有流涎、拒食或厌食。

2. 临床检查　打开口腔,观察口腔内是否有锐齿、异物、牙垢或牙结石;观察黏膜是否有红、肿、热、痛、溃疡;是否食欲正常,吞咽正常,但采食障碍、咀嚼障碍,并有泡沫性流涎、口臭等症状(图1-9、图1-10、图1-11)。

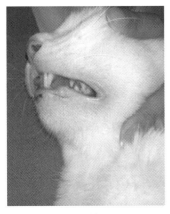

图1-9　猫水疱性口炎初期

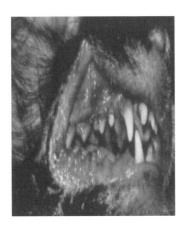

图1-10　犬溃疡性口炎

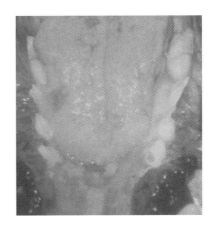

图1-11　犬真菌性口炎

扫码看彩图

3. 实验室诊断　用无菌棉签采集口腔或舌头患部上皮组织,进行病料分离培养,可鉴别细菌性口炎和真菌性口炎。

【治疗措施】

1. 消除病因　除去异物、修正或拔除病齿,积极治疗原发病。

2. 洗口　一般用1%盐水或2%~4%硼酸溶液冲洗口腔,一天2次;流涎多时,可用1%明矾溶液或鞣酸溶液冲洗;明显口臭时,用0.1%高锰酸钾溶液冲洗。

3. 患部用药　患部涂擦5%碘甘油或10%磺胺甘油;用可鲁口腔喷剂(溶葡萄球菌酶制剂);久治不愈的溃疡,可涂擦5%~10%硝酸银溶液;真菌性口炎可用制霉菌素。

4. 全身用药　口服或注射青霉素类或头孢类、喹诺酮类药物;口服或静脉注射甲硝唑和核黄素。

5. 护理　补充足够的B族维生素和维生素A,饲喂牛奶、鱼汤、肉汤等流质或柔软食物,必要时静脉滴注葡萄糖、复方氨基酸等营养制剂。

Note

案例分析

案例:
一例犬口炎的
治疗

案例:
一例猫口炎的
诊断与防治

任务二 唾液腺炎诊治

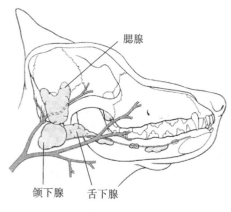

图 1-12 唾液腺的位置

唾液腺包括腮腺、颌下腺和舌下腺(图 1-12)。

【诊断要点】

1. 病因 原发性:创伤。继发性:口炎、咽炎、马腺疫、马传染性胸膜肺炎等。

2. 症状 流涎、头颈伸展(两侧)或歪斜(一侧),采食、咀嚼、吞咽困难,患部红、肿、热、痛。

3. 鉴别诊断 解剖位置不同。腮腺:耳下后方。颌下腺:下颌骨角内后侧。舌下腺:口腔底部和颌下间隙。唾液腺囊肿常发生于犬。唾液腺囊肿发病主要是由于外伤导致唾液腺或腺管损伤,从而导致唾液渗出到组织中引发炎症和积蓄后被肉芽组织包裹成为囊性物。主要侵害部位为舌下腺、颌下腺、咽喉部(图 1-13)。

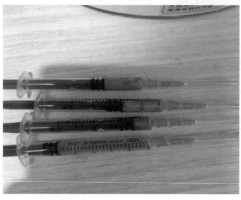
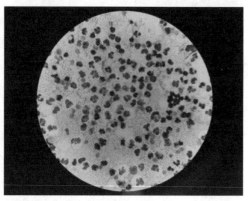

图 1-13 猫唾液腺囊肿穿刺液镜检发现大量中性粒细胞

【治疗措施】

1. 保守疗法 治疗原发病,局部穿刺,注射消炎药,用50%酒精温敷;碘软膏或鱼石脂软膏涂布。

2. 手术疗法 切开脓肿,用3%过氧化氢溶液或0.1%高锰酸钾溶液冲洗。颌下腺和舌下腺发生囊肿时,采用保守治疗后常复发,用手术疗法同时摘除颌下腺和舌下腺者预后较好。

3. 全身疗法 口服或注射抗生素,如阿莫西林克拉维酸钾(速诺)、头孢菌素和甲硝唑。

 案例分析

案例:一例犬唾液腺-颌下腺黏液囊肿的诊治

任务三 咽炎诊治

咽炎是指咽部黏膜、软腭、扁桃体及其深层组织的炎症(图1-14)。

【诊断要点】

1. 问诊 是否有尖锐物刺伤,如饲喂骨头、鱼刺等;是否胃管投药;是否饮热水烫伤,是否误食过强酸、强碱、强氧化剂等化学药品;是否患有狂犬病、犬瘟热、猫杯状病毒感染等病。

2. 临床检查 有头颈伸展,吞咽困难,流涎、呕吐或干呕;鼻液含有食糜、唾液和炎性产物;触诊咽部有肿痛,诱咳阳性;触诊颌下淋巴结有肿痛;慢性咽炎病程长,症状轻微。

3. 喉镜诊断 用丙泊酚诱导麻醉后用喉镜检查可发现软腭扁桃体红肿溃疡,覆盖脓性分泌物。

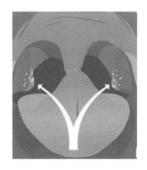

图1-14 发炎的扁桃体

【治疗措施】

1. 消除病因 如为异物导致,可在麻醉后用镊子取出,并于消毒后涂擦5%碘甘油。

2. 咽部封闭 采用咽部封闭疗法:青霉素每千克体重4~8 IU,地塞米松每千克体重0.1~0.5 mg,0.5%普鲁卡因2~5 mL,每天2次。

3. 全身用药 口服或肌注阿莫西林克拉维酸钾(速诺)、头孢氨苄(乐利鲜)、恩诺沙星(拜有利)。

4. 护理 严禁胃管投药。咽部早期冷敷、中期热敷,饲喂流质温热食物,补充B族维生素。

 案例分析

案例: 一例犬咽炎的诊治

任务四　牙结石及牙周炎诊治

牙结石是沉积在牙齿表面已钙化的牙菌斑和软垢,主要由无机盐(磷酸钙、磷酸镁、碳酸钙等)和有机物(蛋白质、脂肪、脱落的上皮细胞、白细胞、微生物、食物残渣等)组成,犬多见。

【诊断要点】

1. 问诊　是否经常饲喂柔软而黏性较大的食物;犬平时有没有洗牙的习惯;年龄越大,牙结石越严重。

2. 临床检查　流涎多,口臭;牙齿上附着硬物硬块、牙龈红肿即可确诊;采食拘谨缓慢,采食硬物时突然吐出食物;牙齿松动,牙周有少量脓汁或血液(图1-15)。

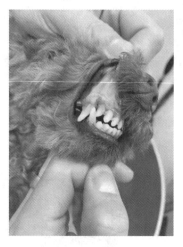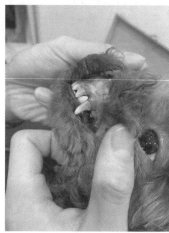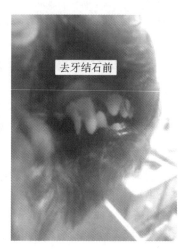

图1-15　犬牙结石与牙周炎

【治疗措施】

1. 消除病因　麻醉后用牙科器械除去病齿、畸形齿,用超声波洗牙机去除牙结石,再用生理盐水、0.1%高锰酸钾溶液或2%～4%硼酸溶液清洗口腔。

2. 患部用药　患部涂擦5%碘甘油。

3. 全身用药　口服或注射抗生素。

4. 护理　让宠物平时吃优质且较硬的商品粮;配合磨牙类产品(如犬咬胶、犬咬棒)清洁牙齿;口服洁牙粉等产品。

 案例分析

案例:犬牙周病的综合防治

任务五　食道阻塞诊治

食道阻塞是指食团或异物停留于食管内不能后移的疾病,分为完全阻塞和不完全阻塞。

【诊断要点】

1. 问诊 是否在采食过程中或玩耍时突然发生;是否突然中止采食,突发吞咽困难,惊恐不安,大量流涎;是否拒绝块状食物。

2. 临床检查 大量流涎,连续吞咽,张口伸舌,食物和水从口、鼻流出;出现反射性咳嗽,不断用前肢挠抓颈部。犬科伴发头颈部水肿。

3. 食管探诊＋X 线检查 用胃管探查梗阻部位,亦可做食管造影后 X 线检查,还可进行内窥镜检查(图 1-16)。

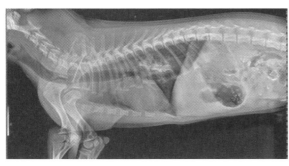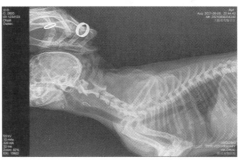

扫码看彩图

图 1-16　食道阻塞

【治疗措施】

1. 治疗要点 润滑管腔,解除痉挛,清除阻塞物。

2. 治疗措施 轻度阻塞者可在多次哽噎或痉挛性吞咽后,阻塞物被吐出或自行进入胃中而痊愈。也可先灌服 1%～2% 普鲁卡因＋液状石蜡或植物油,再用细导管将阻塞物小心推入胃内;或在胃管上连接打气筒,有节奏地打气,趁食管扩张时,使用胃管缓缓将阻塞物推送至胃内。如上述方法无效,可行手术切开食管取出异物。如阻塞时间较长,食管已经发生炎症,应同时治疗食管炎。

3. 全身用药 可肌注或静脉注射青霉素、氨苄青霉素、头孢菌素、喹诺酮类药物。

4. 护理 宠物进食时不要与其玩耍打闹,不要突然走近造成惊吓。宠物运动过后不要立即进食。

 案例分析

案例:手术治疗　　案例:一例犬食
犬食道阻塞　　　道阻塞的诊疗

视频:
消化道内
窥镜检查
与治疗

任务六　食道炎诊治

食道炎也称食管炎,是指食管黏膜浅层或深层组织的炎症。

【诊断要点】

1. 问诊 是否有尖锐物或者机械性、化学性刺激引起食管黏膜损伤;有无持续呕吐,胃酸反流;有无药片干喂。

2. 临床检查 吞咽疼痛,吞咽困难,大量流涎,剧烈干呕或呕吐,拒食或吞咽后不久发生食物反流。

3. 仪器诊断 食管造影,急性期食管黏膜面不规则,有带状阴影和一过性痉挛;亦可做食管镜检查,观察食管壁,可正确判断病变类型及程度。

【治疗措施】

1. 降低胃酸度 应用奥美拉唑、西沙必利、硫糖铝、胃复安(甲氧氯普胺)。

2. 局麻镇痛 误食腐蚀性物质或胃液反流等引起急性炎症时,为了缓解疼痛,可使用镇痛药或局麻药。其他疾病继发感染时,应积极治疗原发病。

3. 合理应用抗生素 可肌注或静脉注射青霉素、头孢类药物,皮下注射阿托品。

4. 护理 胃管饲喂流质食物,保护正在愈合的食管黏膜。

任务七　食管憩室诊治

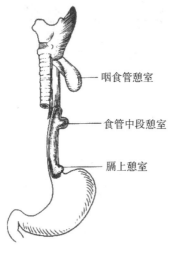

图 1-17　食管憩室的类型

食管憩室是指食管壁的囊性扩张性塌陷。常发生于颈部食管远端、胸腔入口、胸部食管远端(图 1-17)。

【诊断要点】

1. 病史调查 检查是先天性还是后天性病因。

2. 症状 采食后呼吸困难、干呕、厌食。

3. X 线、造影、内窥镜检查 在憩室处见到充满空气或食物的团块。

【治疗措施】

1. 保守疗法 给予流食,可于宠物每次进食时推压憩室,减少食物淤积。宠物于进食后喝温开水,以冲净憩室内食物残渣。

2. 手术疗法 切除憩室,分层缝合食管壁切口和皮肤。

 案例分析

案例: 一例犬食管憩室的诊断与治疗

项目二　下消化道疾病诊治

任务一　胃扩张-扭转综合征诊治

胃扩张是指采食过量或胃内容物排空障碍,导致胃体积突然扩大、胃壁过度扩张的一种腹痛性疾病。胃扭转是指已经发生扩张的胃沿其系膜轴发生扭转,伴有食管、十二指肠部分或完全阻塞的一种疾病。如果发生急性胃扩张,胃韧带松弛或断裂可导致胃扭转,即胃扩张-扭转综合征。该病发病急、病情恶化快、死亡率较高(图 1-18)。

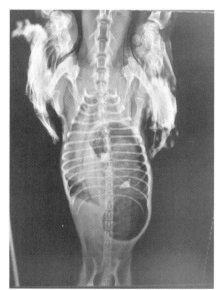
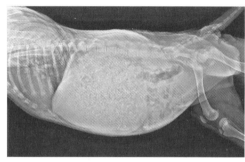
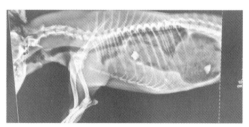

图 1-18　犬胃扩张-扭转综合征

扫码看彩图

【诊断要点】

1. 问诊　是否一次性过多食用干燥、易发酵、易膨胀及难消化的食物,继而剧烈运动,饮用大量冷水。宠物平时是否胃消化能力低下或紊乱,是否驱过虫,尤其是体内寄生虫。

2. 临床检查　突然腹痛,茫然呆立或躺卧于地,行动拘谨,常交换躺卧地点,继而腹部膨胀并迅速增剧,叩诊呈鼓音、金属音,急剧振动胃下部,可听到拍水音。食欲低下,哽咽,但无呕吐。有的患病宠物发生胃扭转后出现呼吸困难,脉搏增快,可达 200 次/分以上,由于呼吸困难,多于 24~48 h 死亡。

3. 实验室诊断　胃扩张者行食管探诊时有大量气体排出,胃扭转者行食管探诊时胃管很难插入胃内,胃管探头插入后停留于贲门附近,或用力推送可推入胃内,且有酸臭的气体逸出和血样液体溢出。亦可做胃肠造影后 X 线检查。

【治疗措施】

1. 防治原则　积极治疗胃扩张,防止胃扭转发生。

2. 治疗措施　胃扩张时,可插入胃管排气,或用粗针头经腹壁刺入胃内进行放气。如已发展至胃扭转,应尽快进行剖腹手术。

Note

3. 全身用药 可肌注或静脉注射青霉素、头孢菌素、喹诺酮类、地塞米松等药物。

4. 护理 避免一次性饲喂大量食物,尤其是干燥、易发酵、易膨胀及难消化的食物。剧烈运动后严禁喂食,严禁饮食后剧烈运动。定期驱除肠道寄生虫,注重平时饲喂营养均衡。

 案例分析

案例:一例犬胃扩张-扭转综　　　案例:一例德国牧羊犬肠扭
合征的诊断与治疗　　　　　转死亡原因分析

任务二　胃肠炎诊治

胃肠炎是指胃肠黏膜表层及深层组织发生的炎症。临床上以消化紊乱、腹痛、腹泻、发热及迅速脱水为特征。

【诊断要点】

1. 问诊 了解平时的饲养管理,如饮食习惯,有无采食腐败食物、辛辣食物、灭鼠药等;了解驱虫情况、用药史等,有无胰腺炎、肝炎、肾炎、肠道寄生虫病,劳累或感冒等;有无传染病,如犬细小病毒感染、犬瘟热、犬钩端螺旋体病等。

2. 临床检查 原发性胃肠炎患病宠物精神沉郁、呕吐、腹痛。饮欲增加,但饮水后即发生呕吐。初期呕吐食糜,随着病情进展,呕吐泡沫样黏液或胃液,有可能混有血液、胆汁甚至黏膜碎片,舌苔黄白,可闻到恶臭,腹痛者抗拒触诊检查,喜欢蹲坐或趴卧于凉地面。

随着病程持续波及肠道,患病宠物多呕吐白色或棕黄色液体。粪便呈水样,有恶臭,如小肠严重出血,则粪便呈黑绿色或黑色;若后段肠管出血,则粪便表面可附有血丝。肠蠕动音增强,腹部听诊可闻及肠鸣音。重症病例可出现脱水、电解质失调和酸碱平衡紊乱,甚至可出现昏迷、休克。

3. 实验室诊断 可采用胃肠造影、X线检查或内窥镜检查(图1-19、图1-20)。如果血常规示嗜酸性粒细胞增多,说明有寄生虫感染,可再进行粪便寄生虫检查。

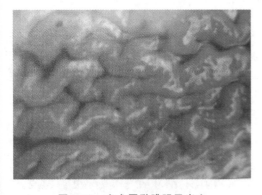

图1-19　患犬胃黏膜明显出血

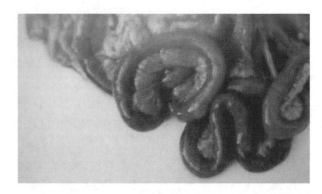

图1-20　患犬部分小肠段严重出血,肠系膜淋巴结中大出血

【治疗措施】

1. 防治原则 消除胃黏膜刺激性因素,保护胃黏膜,抑制呕吐和防止机体脱水等。清理胃肠,抑制发酵,收敛消炎,给予支持疗法、对症处理等。

2. 治疗措施 急性胃炎患病宠物要禁食24 h以上,防止一次性大量进食后呕吐,宠物少量饮水

或舔食以缓解口腔干燥即可,配合应用镇静、止吐类药物和支持治疗。

有肠炎时,可用活性炭吸附止泻,补液、补充水溶性维生素、止血、止吐、镇痛、解痉等。

3. 全身用药 可用氨苄青霉素、头孢菌素、丁胺卡那霉素等药物;或服用哌替啶、硫酸阿托品、酚磺乙胺或维生素 K_3 等。

4. 护理 均衡营养,定期驱除肠道寄生虫,注重平时饲喂营养均衡,不食过冷、过热等刺激性食物。

 案例分析

案例:一例犬肠胃炎的诊治　　案例:一例猫慢性小肠性腹泻
的诊断与治疗

任务三　大肠便秘诊治

便秘是因肠管蠕动、分泌功能减退及机械阻塞而引起的排粪障碍。

【诊断要点】

1. 问诊 了解饲养管理情况,饲料是否单一,饮水是否充足,是否按时驱虫,运动量情况等;是否有肠内异物、肠道变位或饲喂大量不易消化的骨头等食物;另外了解宠物腰椎部有无受损或增生等。

2. 临床检查 呕吐、食欲不振或废绝,尾巴伸直,步态紧张,脉搏加快,可视黏膜发绀,轻症病例反复努责,重症病例屡见排粪姿势,排出少量混有血液或黏液的液体。肛门黏膜发红、水肿。病程长者可有口腔干燥、口腔黏膜无光泽、皮肤干燥等脱水表现。触诊后腹上部压痛,并可在腹中、后部摸到串珠状坚硬粪块。肠鸣音减弱或消失。直肠指诊可触摸到硬的粪块。

3. 实验室诊断 血常规检查可见红细胞数、红细胞比容轻度升高,间或有低钾血症。通过腹部 B 超或 X 线检查可见结肠、直肠内有蓄积的粪块(图 1-21)。

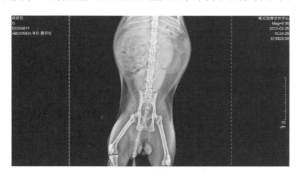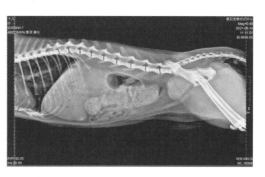

扫码看彩图

图 1-21　犬大肠便秘

【治疗措施】

1. 防治原则 润肠通便。

2. 治疗措施 液状石蜡或植物油灌服,一次 20～60 mL,配合开塞露(甘油)、肥皂水灌肠,一次 50～100 mL。

 Note

17

3. 针灸治疗 白针疗法以关元穴、大肠俞、脾俞为主穴,外关、后三里、百会、后海等为配穴;血针疗法以三江为主穴,耳尖、尾尖为配穴;也可电针两侧关元穴。

4. 护理 定期驱除肠道寄生虫,注重平时饲喂营养均衡,不食过冷、过热刺激性食物,加强运动。

任务四　小肠梗阻诊治

小肠梗阻是犬、猫的一种急腹症,常因小肠腔内发生机械性阻塞,或小肠正常位置发生不可逆变化(肠套叠、嵌闭及肠扭转),致使肠内容物不能顺利下行,局部血液循环严重障碍,出现剧烈腹痛、呕吐、脱水,甚至休克、死亡。

【诊断要点】

1. 问诊 了解有无食入不易消化的食物或异物,如较大的骨块、毛团、果核等,以及在玩耍中进食;是否定期驱虫,粪便中有无发现寄生虫。

2. 临床检查 腹痛、呕吐、腹胀、排粪停止。不时呻吟及卧地打滚,时有少量粪便排出,随着病情发展,患病宠物出现持续性呕吐,严重脱水,眼球下陷、皮肤弹性下降,腹围增大及呼吸困难,随着肠管局部血液循环障碍,病变肠管开始出现麻痹和坏死,此时患犬疼痛反应消失,精神高度沉郁、自体中毒、休克。

3. 实验室诊断 可采用腹部 B 超或 X 线检查。

【治疗措施】

1. 防治原则 积极治疗原发病,促进阻塞物排出,预防脱水和自体中毒。

2. 治疗措施

(1) 保守疗法:先灌服硫酸镁(或硫酸钠)10～25 g,加水适量,一次内服;或植物油(如豆油、菜油)10～30 mL,一次灌服,配合腹部按摩,或直接将阻塞物捏碎,以使阻塞物排出;如阻塞发生于肠管后段,可用大量液状石蜡或开塞露(甘油)进行深部灌肠。

(2) 手术疗法:保守疗法如不奏效,应尽早进行手术治疗。经腹中线切开腹壁,除去小肠内阻塞物,如局部肠管已经发生严重淤血或坏死,则应切除,做肠管断端吻合手术。

3. 全身用药 采用输液、补充维生素、纠正酸碱失衡等支持疗法。

 案例分析

案例:一例犬肠梗阻　　案例:一例犬胃肠异物
的诊治　　　　　　　的诊断与治疗

视频:
犬肠梗阻肠
管切开手术

视频:
肠切开与断
端吻合手术

任务五　肠套叠诊治

肠套叠是指肠管伴肠系膜套入邻接的肠管内,导致肠腔闭塞,消化功能障碍,局部肠管发生淤血、水肿甚至坏死的一种疾病,多发生于回肠、盲肠段。幼龄犬、猫多发。

【诊断要点】

1. 问诊 了解有无暴饮冷水史,尤其是冬季;有无暴食、饱食后运动;有无定期驱虫。

2. 临床检查 突然发生腹痛,高度不安,甚至卧地打滚。病初排稀粪,粪中常混有大量黏液、血丝,严重时可排出黑红色稀便,后期排粪停止。发生肠管坏死时,腹痛消失,但精神萎顿出现虚脱。当小肠套叠时,常发生呕吐。触诊有时可摸到套叠的肠管如香肠样,压迫该段肠管时疼痛明显。

3. 实验室诊断 行腹部 B 超或 X 线检查,必要时可做剖腹探查(图 1-22、图 1-23)。

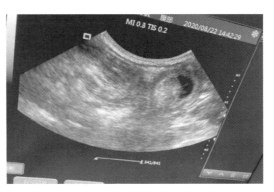

图 1-22 猫肠套叠

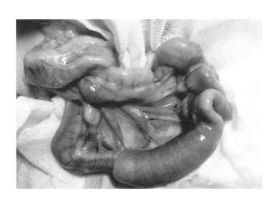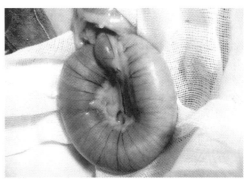

图 1-23 犬肠套叠

【治疗措施】

1. 防治原则 早发现,早诊断,早治疗。建议尽快手术整复。

2. 防治措施

(1)保守疗法:初期可试用温水或肥皂水深部灌肠,然后将后肢抬高,同时可以用手按摩腹部,以促进肠管复位。

(2)手术疗法:保守疗法无效时应尽快进行手术整复,套叠部分肠管如已坏死,应切除后做肠管断端吻合术;术后仍应注意抗菌消炎、防止肠管痉挛,以防肠套叠复发。

(3)全身用药:充分输液,补充维生素,纠正酸碱平衡等。

(4)护理:术后注意看护,防止术部被撕咬、舔舐等影响愈合,同时注意饮食,不要给骨头、脂肪含量高的食物,给予一些易消化的食物。

 案例分析

案例: 案例:
犬肠套叠肠管 犬肠套叠的实
切除术 用诊疗技巧

 Note

任务六　肛门囊炎诊治

肛门囊炎是指肛门囊内的分泌物集聚于囊内,刺激黏膜而发生的炎症。多见于小型犬、猫。

【诊断要点】

1. 问诊　了解是否长期排软粪,肛门部瘙痒,时有擦肛或舔咬动作;是否拒绝抚摸臀部;粪便有无腥臭味;是否排粪时呈痛苦状,粪便常带有黏液或脓汁。

2. 临床检查　手指肛检,可感受到肛门腺充盈肿胀,触压敏感,分泌物多,根据临床症状,结合肛门指检可确诊。

【治疗措施】

1. 防治措施　如未化脓,可用一手指插入肛门,大拇指在外压迫,可排出内容物。如化脓,可先排除囊内内容物及脓汁,再用 0.1% 高锰酸钾溶液或生理盐水冲洗,最后向囊内注入 40 万～80 万 IU 青霉素,并在肛门周围皮肤涂抹红霉素软膏。如复发,则向内注入碘甘油,每天 3 次,连续 4～5 天。慢性炎症时亦可注入 2%～3% 碘酊,每周 1 次,直至痊愈。如发生蜂窝织炎,形成瘘管与肿瘤,则应手术切除肛门腺,注意不要损伤肛门内、外括约肌。

2. 全身用药　口服速诺(阿莫西林克拉维酸钾)等。

3. 护理　注意肛门清洁,可以人工辅助排挤肛门腺内容物;合理饲喂。

 案例分析

案例:
德牧犬肛门囊
炎的手术治疗

案例:
比熊犬肛门囊
炎的手术治疗

案例:
犬肛门囊炎的
手术治疗

任务七　直肠脱垂诊治

直肠脱垂是指直肠的黏膜向外脱垂引发的疾病。

【诊断要点】

1. 问诊　了解有无慢性腹泻、便秘、肠道肿瘤、肠道寄生虫病等。

2. 临床检查　根据直肠黏膜脱垂发生的部位和特征易做出诊断(图 1-24)。

【治疗措施】

1. 防治原则　利肠通便,增强肛门括约肌力量。

2. 治疗措施　直肠脱垂前期,可在肛门周围和脱垂的直肠黏膜上涂抹润滑剂,对其周围皮肤轻轻按摩后均匀用力,使脱垂的直肠黏膜回纳。如果直肠黏膜反复脱垂,需进行肛门荷包缝合。如果直肠脱垂时间过久引起淤血和坏死,则需要手术切除。

3. 抗菌消炎　术后口服或后海穴注射速诺、头孢菌素或恩诺沙星(拜有利)。

4. 护理　注意合理饮食,加强运动。

图 1-24　犬直肠脱垂

扫码看彩图

 案例分析

案例：一例犬直肠脱垂的诊治

项目三　肝、胰腺及腹膜疾病诊治

任务一　肝炎诊治

肝炎分急性肝炎和慢性肝炎。急性肝炎是指肝实质细胞的急性炎症，临床上常以黄疸、急性消化不良和神经症状为特征；慢性肝炎是指由各种致病因素引起的肝慢性炎症疾病。

【诊断要点】

1. 问诊　是否有慢性腹泻、便秘、肠道肿瘤、肠道寄生虫病等疾病。

2. 临床检查

（1）急性肝炎：初期食欲不振，而后废绝，急剧消瘦，眼结膜黄染，粪便呈灰白绿色，有恶臭，不成形，肝区触诊有疼痛反应，腹壁紧张，于右侧肋骨后缘可感知肝大，叩诊肝脏浊音区扩大。病情严重时，肌肉震颤、痉挛，肌无力，感觉迟钝，昏睡或昏迷。肝细胞弥漫性损伤时，有出血倾向，血液凝固时间延长。

（2）慢性肝炎：精神不振，倦怠，呆滞，行走无力，被毛焦枯，逐渐消瘦，腹泻、便秘，或腹泻、便秘交替出现，粪便色淡，偶有呕吐。触诊肝脏和脾脏中度肿大，疼痛不明显。肝硬化时有明显腹水（图1-25）。

图1-25　13岁金毛犬肝硬化引起严重腹水（腹腔穿刺引流术）

3. 实验室检查

（1）血常规检查：肝炎不严重或肝炎早期时，血常规没有明显异常。急性肝炎初期，可发现白细胞计数正常，或略微升高。黄疸期白细胞计数通常略微降低，淋巴细胞计数可以相对增多。重型肝炎，也就是肝衰竭的患宠，白细胞计数升高，红细胞和血红蛋白比例下降。如果到了肝硬化阶段，并且出现了脾功能亢进，患宠可以出现白细胞、血小板及中性粒细胞减少，以及红细胞减少的血象。

（2）血生化检查：转氨酶包含谷丙转氨酶（GPT）、谷草转氨酶（GOT）升高，提示肝细胞受损；肝生化指标还包括白蛋白以及胆红素，如果白蛋白比例下降，提示肝脏合成功能障碍，往往合并有急性肝炎或者肝硬化等。如果有胆红素水平异常，则提示肝脏分泌胆汁、排泄胆汁的功能异常，以及是否有胆汁淤积等。

Note

22

【治疗措施】

1. 防治原则 消除病因,护肝解毒,积极治疗原发病。

2. 治疗措施

(1)对症支持治疗:退热、止吐,补充液体和能量等。

(2)保肝降酶、退黄治疗:使用复方甘草酸制剂、水飞蓟或者双环醇等。

(3)病因治疗:如抗病毒治疗。

 案例分析

视频:
犬猫腹部
内脏器官
B超检查

案例:
一例犬传染性肝
炎的诊断与治疗

案例:
一例犬急性肝炎
的诊断与治疗

案例:
一例犬传染性
肝炎的诊治

任务二 胰腺炎诊治

胰腺炎是由于胰外分泌腺所分泌的消化酶对自身及周围组织进行消化而引发的胰腺炎症变化。临床上分为急性和慢性两类。

【诊断要点】

1. 问诊 是否有胆道蛔虫、胆结石,肿瘤压迫;是否有传染病病史,如犬传染性肝炎、犬钩端螺旋体病等;是否长期使用某些药物,如胆碱酯酶抑制剂和胆碱能拮抗剂等;是否有胰腺创伤,如车祸、高空摔落、外科开腹手术等;是否饲喂大量脂肪性食物。

2. 临床检查

(1)急性胰腺炎:突发腹痛、剧烈呕吐、昏迷或休克。病初厌食,无精神,间有腹泻,粪中带血;后出现持续性顽固性呕吐,饮水或吃食后明显;生长停滞,急剧消瘦,粪便中有大量脂肪和蛋白质,严重时波及周围器官形成腹水(图1-26)。

(2)慢性胰腺炎:腹痛反复发作,腹痛剧烈时常伴有呕吐,不断排出大量橙黄色或黏土色、带酸臭味粪便,粪便中有消化不良的食物,发油光。患宠减食消瘦,生长停滞。如病变波及胃、十二指肠

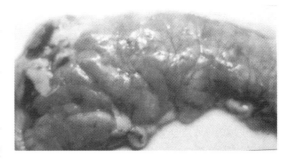

图1-26 犬急性胰腺炎的胰腺水肿、出血、增厚

扫码看彩图

及总胆管,可导致消化道梗阻、梗阻性黄疸、高血糖及糖尿病。胰腺组织萎缩,分泌功能减退。

3. 血液检查 血常规检查可发现白细胞(WBC)计数、中性粒细胞计数、中性粒细胞比例升高。血生化检查发现血清胰淀粉酶、胰脂肪酶活性升高。用胰腺炎快速检测板(CPL/FPL)检测为阳性。

4. 影像学检查 B超检查可以查出胰腺炎,有助于急性胰腺炎的诊断,但易受胃肠道积气的影响。急性水肿型胰腺炎患宠可见胰腺均匀肿大;急性坏死性胰腺炎患宠除胰腺轮廓及周围边界模糊不清外,坏死区呈低回声,并显示坏死区范围与扩展方向,可证实有无腹水、胰腺脓肿或囊肿等。

相比于B超检查,腹部增强CT被认为是诊断急性胰腺炎的标准影像学方法。其主要作用为确定有无胰腺炎,对胰腺炎进行分级、诊断、定位胰腺假性囊肿或脓肿。

Note

根据 CT 影像炎症严重程度可分为 A～E 级五级。A 级为正常胰腺;B 级为胰腺实质改变,包括局部或弥漫性腺体增大;C 级为胰腺实质及周围炎症改变,胰周轻度渗出;D 级代表除 C 级外,胰周渗出显著,胰腺实质内或胰周有单个液体积聚病灶;E 级提示广泛的胰腺内、外积液,包括胰腺和脂肪坏死、胰腺脓肿。所以建议患宠在有条件的情况下,尽量选择腹部增强 CT 作为确诊方法,避免误诊。

【治疗措施】

1. 防治原则　抑制胰腺分泌,减轻胰腺负担,消炎镇痛。

2. 治疗措施

(1)急性胰腺炎:当腹痛、呕吐明显时,需要禁食。静脉提供葡萄糖、复合氨基酸、维生素、乳酸林格氏液(LRS)。选用奥曲肽、乌司他丁、加贝酯、阿托品等抑制胰液分泌。为控制感染,可用速诺、头孢类抗生素结合地塞米松治疗。

(2)慢性胰腺炎:胰腺器质性疾病难以恢复,主要靠药物维持。常采用食疗和补充缺乏的胰酶制剂,给予低脂肪、易消化处方粮。

3. 护理　胰腺炎是一种相当严重的疾病,急性重度胰腺炎尤为凶险,死亡率高。平时应少喂高脂肪的肉食,宠物加强运动。

 案例分析

案例:一例金毛犬　　案例:一例中华　　案例:一例犬胰腺
吸入性农药中毒　　田园猫胰腺炎　　炎的诊断和治疗
引起胰腺炎的诊治　的诊断与治疗

任务三　腹膜炎诊治

腹膜炎是指腹膜因细菌感染或化学性因素、物理性因素刺激而出现的一种炎症,可分为急性、慢性腹膜炎。

【诊断要点】

1. 问诊　是否做过腹部手术或腹部是否受过创伤;有无盆腔疾病;有无肠变位等。

2. 临床检查

(1)急性广泛性腹膜炎:体温升高,精神沉郁、食欲废绝,有时呕吐、腹痛、吊腹,不敢走动。走动时弓腰、步态拘谨。触诊腹部,腹壁紧张、敏感。呼吸浅而快,呈胸式呼吸,后期腹围增大,轻轻冲击触诊,有波动感,有时能听到拍水音。腹腔穿刺液多浑浊、黏稠,有时带有血液和脓汁。严重者虚脱、休克。整个病程在 2 周左右,少数在数小时到 1 天死亡。

(2)急性局限性腹膜炎:表现为不同程度的腹痛,有时会继发肠管功能紊乱,如便秘、消化不良、肠臌气。

(3)慢性腹膜炎:多由急性病例转变而来,一般无明显腹痛,表现为消化不良、腹泻或便秘等慢性肠功能紊乱,少数会出现腹腔脏器粘连和腹水。

3. 实验室检查　对腹腔穿刺液行李凡他试验,结果为阳性,证明为渗出液即可确诊。该试验的原理为浆液黏蛋白注入大量经过稀释的醋酸中时,就会呈现白色沉淀状,此时可以判定为阳性。浆

 Note

膜腔积液分为漏出液和渗出液。渗出液中含有大量浆液黏蛋白,李凡他试验是区别渗出液和漏出液常用的方法之一。

【治疗措施】

1. 防治原则 积极治疗原发病,对症治疗。

2. 治疗措施 消炎镇痛,积极治疗原发病。

3. 全身用药 抗生素可选择广谱青霉素类、头孢类、氨基糖苷类、喹诺酮类等药物,可经腹腔内注射;肌注镇痛药,如哌替啶(杜冷丁);补充白蛋白或羟乙基淀粉(高分子替血白蛋白),以提高血浆胶体渗透压,减少腹水的渗出;静脉注射 10% 葡萄糖酸钙溶液以促进腹腔渗出液的吸收;注射呋塞米(速尿)以促进尿液的生成和腹水的排出。

4. 护理 饮食中增加蛋白质,减少饮水量,减少食盐摄入量,宠物加强运动。

 案例分析

案例:一例猫传染
性腹膜炎的诊治

案例:一例猫传
染性腹膜炎的
诊断治疗报告

 **知识拓展**

威豪粪便
评分系统

引起急性腹泻
的主要原因

引起便秘的
主要原因

引起体重减轻
的主要原因

引起食欲减退
的主要原因

引起急腹症
的主要原因

引起腹痛的
主要原因

导致腹腔扩大
的主要原因

导致吞咽困
难的疾病

脱水程度的判定、
脱水量的计算和
脱水改善计划

粪便化验单

犬猫临床上低
钾血症补钾量
的计算方法

Note

→ 模块小结

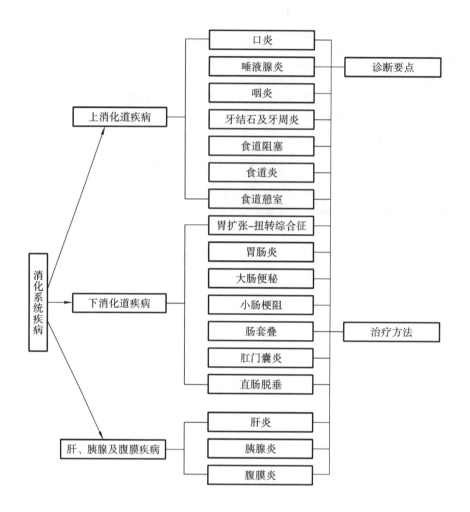

消化系统综合症候群

1．表现流涎的宠物病

口炎、咽炎、牙周炎、食道阻塞、猫获得性免疫缺陷症、犬瘟热、癫痫、产后搐搦症、狂犬病、有机磷中毒。

2．表现呕吐的宠物病

胃炎、胃内异物、胃食管套叠症、磷化锌中毒、安妥中毒、犬细小病毒病、犬冠状病毒病、沙门菌病、肠梗阻、肠套叠、腹膜炎、肝脏疾病、胰腺炎、犬瘟热、犬传染性肝炎、子宫内膜炎、中暑、有机磷中毒、氟乙酸盐中毒。

3．表现腹泻的宠物病

肠炎、犬细小病毒病、犬冠状病毒病、大肠杆菌病、沙门菌病、猫泛白细胞减少症、蛔虫病、绦虫病、钩虫病、球虫病、磷化锌中毒、安妥中毒、胰腺炎、犬瘟热、犬传染性肝炎、有机磷中毒。

4．表现腹痛的宠物病

犬胃扩张-扭转综合征、便秘、肠梗阻、肠套叠、腹膜炎、肝脏疾病、胰腺炎、华支睾吸虫病、猫传染性腹膜炎、胃内异物、磷化锌中毒、犬细小病毒病、犬冠状病毒病、沙门菌病、肾炎、尿石症、有机磷中毒。

模块作业

1．名词解释

牙周炎　食道憩室　胃扩张-扭转综合征　肠套叠　直肠脱垂

2．简答题

（1）口腔疾病综合征的临床表现主要有哪些？

（2）犬发生食道阻塞时如何救治？

（3）犬胃扩张-扭转综合征的诊断要点和手术方法是什么？

（4）肝炎的发病原因和治疗原则是什么？

（5）胰腺炎有哪几种类型？如何进行 B 超鉴别诊断？

（6）犬、猫胰腺炎的病因与治疗措施有哪些？

（7）如何进行腹膜炎的诊断和治疗？

3．鉴别诊断题

（1）胃扩张与胃扭转如何鉴别诊断？

（2）小肠梗阻与大肠便秘如何鉴别诊断？

（3）食道炎、食道阻塞与食道憩室如何鉴别诊断？

（4）口炎、咽炎与食道炎如何鉴别诊断？

（5）猫细菌性腹膜炎与猫传染性腹膜炎如何鉴别诊断？

（6）急性肝炎与慢性肝炎如何鉴别诊断？

模块测验

执兽真题

模块二　呼吸系统疾病诊治

扫码看课件
模块二

模块介绍

在动物内科疾病中,呼吸系统疾病是一类常见病、多发病。引起呼吸系统疾病的原因很多,如受寒感冒,受到化学性、机械性刺激,过度疲劳等,均能降低呼吸道黏膜的屏障作用和机体的抵抗力,从而导致呼吸道常在菌及外源性细菌的大量繁殖,引起呼吸器官的病理性改变。病变轻者多咳嗽、呼吸受影响,重者呼吸困难、缺氧,甚至呼吸衰竭而死亡。本模块主要讲述呼吸系统疾病的病因、症状、诊断、治疗和预防等。

学习目标

▲知识目标

1. 掌握呼吸器官的解剖生理特点和功能。

2. 掌握呼吸器官的体表投影位置。

3. 掌握呼吸系统疾病相关的微生物和药理知识。

▲技能目标

1. 会进行呼吸系统疾病的临床诊断(问诊、视诊、听诊、叩诊、触诊、嗅诊)。

2. 会进行呼吸系统疾病的 X 线检查(保定、拍片和判读)。

3. 会进行呼吸系统疾病的血液学检查(CBC/CRP/SAA/血气检查)。

4. 会进行支气管炎、支气管肺炎、大叶性肺炎的鉴别诊断。

5. 会进行肺水肿与肺气肿的鉴别诊断。

6. 会进行咽喉部封闭疗法、气管注射、雾化疗法、气管切开等操作。

▲思政目标

1. 动物饲养与地球"温室效应"的关系:动物吸入空气中的氧气,排出二氧化碳;反刍动物(牛、羊、骆驼、鹿)瘤胃内食物的发酵产生大量甲烷和二氧化碳;二氧化碳的排放会增强地球的"温室效应"。所以,我们要保护植被,保护森林,绿色植物能吸收和利用二氧化碳,通过光合作用合成葡萄糖,并释放氧气。

2. 动物饲养与环境污染的关系:动物的粪尿发酵会产生氨气、二氧化硫等有害气体,还带有病原微生物,如果不进行无害化处理,就会污染空气、土壤和地下水源,对动物和人的健康造成威胁,因此粪尿发酵处理的综合利用非常重要。

➡ 系统关键词

浆液性鼻液、黏性鼻液、脓性鼻液、铁锈色鼻液、泡沫样鼻液、吸气性呼吸困难、呼气性呼吸困难、混合性呼吸困难、胸式呼吸、腹式呼吸、胸腹式呼吸、毕氏呼吸、库氏呼吸、陈-施呼吸、单咳、连咳、痛咳、痉挛性咳嗽、干咳、湿咳、支气管肺泡音、干啰音、湿啰音、捻发音、空瓮音、金属音、胸腔拍水音、胸膜摩擦音。

➡ 检查诊断

检查鼻液时,应注意其数量、性状、颜色、气味、一侧性或两侧性,有无混杂物及其性质。检查鼻黏膜时,要适当保定患病动物,将头略微抬高,使鼻孔对着阳光或人工光源,使鼻黏膜充分显露。检查鼻黏膜时,应注意其颜色及有无肿胀、水疱、溃疡、结节和损伤等。颜面附属窦检查主要是对副鼻

Note

窦(鼻旁窦)的检查。副鼻窦包括额窦、上颌窦、蝶窦和筛窦,它们均直接或间接与鼻腔相通,主要注意副鼻窦部有无肿胀、隆起、变形、创伤、敏感反应、波动及叩诊音的改变。

检查喉部及气管一般采用视诊、触诊和听诊的方法,必要时可采用穿刺、气管切开术进行观察。咳嗽是动物的一种保护性反射动作,临床检查咳嗽时应重点观察咳嗽的性质、次数、强弱、持续时间及有无疼痛等临床表现。常见的具有临床诊断价值的病理表现有干咳、湿咳、稀咳、连咳、痉挛性咳嗽、痛咳、强咳和弱咳。上呼吸道杂音包括鼻呼吸杂音、喉狭窄音、喘鸣音、啰音和鼾声。

检查呼出气体时,应注意动物两侧鼻孔的气流强度是否相等,呼出气体的温度是否有变化,呼出气体的气味有无异常。

肺听诊区和叩诊区基本一致。正常肺部可听到肺泡呼吸音和支气管呼吸音两种声响。胸肺听诊时应注意肺泡呼吸音的强度变化及病理性杂音,如啰音(分为干啰音和湿啰音)、捻发音、空瓮音、胸膜摩擦音等。

正常犬、猫叩诊区为不正的三角形。肺部叩诊的方法,一般采用指叩诊法,进行肺区水平叩诊和垂直叩诊。胸肺部的叩诊检查,应注意叩诊界和叩诊音的变化。胸、肺部叩诊音的性质和范围,取决于病变的性质、大小和深浅。病理性肺部叩诊音一般包括浊音、半浊音、水平浊音、鼓音、过清音、金属音和破壶音。

常用药物

阿莫西林克拉维酸钾(速诺)、头孢噻呋、盐酸多西环素、林可霉素、鱼腥草、双黄连、板蓝根、麻杏石甘汤、复方甘草合剂、川贝止咳糖浆、果根素、氨茶碱、阿托品、尼可刹米、葡萄糖酸钙、氯化钙、呋塞米等。

项目四　呼吸系统感染诊治

任务一　呼吸道感染诊治

　　呼吸系统感染包括上呼吸道感染、下呼吸道感染和胸膜炎。感冒是由于受寒冷的影响,机体防御功能降低,引起以上呼吸道黏膜炎症为主症的急性全身性疾病;气管支气管炎是各种畜禽易患的常见病,系支气管黏膜及黏膜下深层组织的炎症,常以重剧咳嗽及呼吸困难为特征;肺炎是肺实质的炎症。

【诊断要点】

　　呼吸系统感染可通过病因、临床症状结合实验室检查做出诊断。

（一）病因

　　1. 原发性因素　　主要是管理因素,突然遭受寒冷刺激是本病最常见的原因(如圈舍条件差,动物防寒保暖能力差,受贼风侵袭,潮湿阴冷,垫草长久不换,运动后被雨淋风吹等)。长途运输,过度劳累,营养不良等,造成机体抵抗力下降,也可促进本病的发生。多种过敏原均可引起鼻的变态反应。犬和猫常年发生的鼻炎可能与房舍尘土及霉菌有关。季节性发生的鼻炎与花粉有关。

　　2. 继发性因素　　主要是病原体感染,如犬流感病毒、犬副流感病毒、犬Ⅱ型腺病毒、犬瘟热病毒、猫杯状病毒、猫疱疹病毒等感染,均可导致呼吸道炎症的发生。

（二）临床症状

　　1. 鼻炎　　鼻黏膜充血、肿胀;流鼻液,打喷嚏;鼻液呈浆液性、黏液性、脓性。犬、猫摇头、摩擦鼻部、轻度咳嗽;无全身症状,不影响食欲。慢性鼻炎时,长期流脓性鼻液;伴有副鼻窦炎时,鼻液内有血丝,散发腐败气味;呼吸困难(图 2-1、图 2-2)。

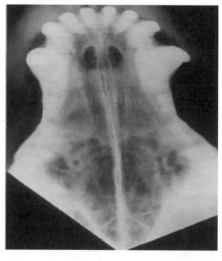

图 2-1　8 岁德牧犬正常鼻腔背腹侧 X 线片

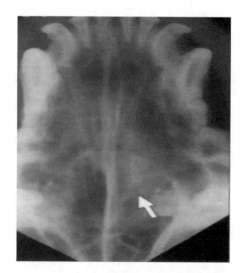

图 2-2　2 岁伯尔尼兹山地犬慢性增生性鼻炎鼻腔背腹侧投影,感染侧鼻腔不透明

　　2. 喉炎　　喉黏膜及黏膜下层急性炎症;剧烈咳嗽,喉部疼痛、敏感、肿胀,叫声嘶哑;慢性喉炎时

扫码看彩图

Note

32

早晨频频咳嗽,喉镜检查喉黏膜增厚狭窄。

3. 急性支气管炎 初期干咳,后为湿咳,早晨尤为严重;痰液呈灰白色或黄色;鼻孔流出浆液性、黏液性或脓性鼻液;听诊肺泡呼吸音增强;有干啰音或湿啰音;人工诱咳试验阳性。血常规检查显示白细胞计数升高、中性粒细胞比例升高、核左移;X线检查可见支气管周围有斑片状阴影或支气管纹理增粗。

4. 异物性支气管炎 全身反应明显。呼吸困难,可发展为腐败性炎症,呼出气体有腐败味,两侧鼻孔流出污秽不洁和有腐败味的鼻液;可闻及支气管呼吸音或空瓮音。

5. 慢性支气管炎 发病时间长,持续性咳嗽。人工诱咳试验阳性,逐渐消瘦。

6. 支气管肺炎 也称小叶性肺炎、卡他性肺炎,是支气管和肺小叶的炎症。常发生于尖叶、心叶和膈叶。主要表现为弛张热、呼吸频率加快;叩诊呈局灶性浊音区;听诊可闻及捻发音;X线检查可见云絮状、散在的、密度不均的阴影(图2-3、图2-4)。血常规检查发现白细胞计数升高、中性粒细胞比例升高、核左移。

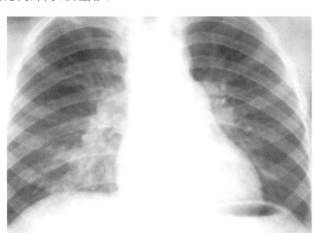
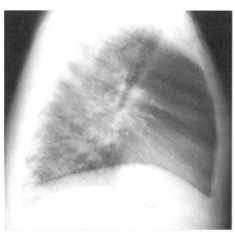

扫码看彩图

图2-3 支气管肺炎,右下野心缘旁肺纹理增粗、模糊,并可见散在小斑片状影

7. 大叶性肺炎 也称纤维素性肺炎、格鲁布性肺炎。肺泡内纤维蛋白渗出,高热,稽留热,有铁锈色鼻液;叩诊有大片肺部浊音;X线检查有大片均匀致密阴影。分4个病理过程:充血水肿期、红色肝变期、灰色肝变期、溶解消散期(图2-5至图2-7)。

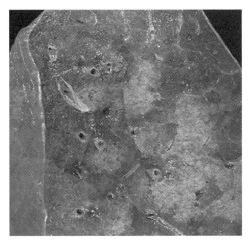
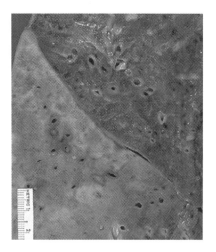

扫码看彩图

图2-4 放大的支气管肺炎肉眼病灶　　　图2-5 大叶性肺炎实变病灶及与正常肺组织比较

大叶性肺炎与小叶性肺炎的区别见表2-1。

【治疗措施】

治疗原则是抗菌消炎,止咳祛痰,对症治疗。

Note

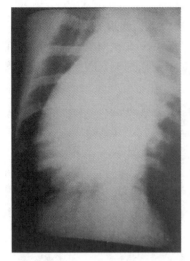

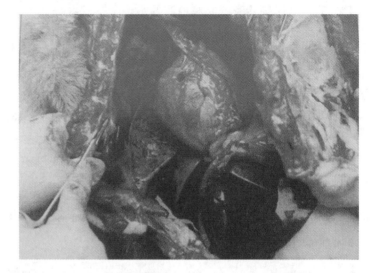

扫码看彩图

图2-6　大叶性肺炎病犬X线片
见肺叶大片阴影

图2-7　大叶性肺炎病犬左、右肺叶弥漫性出血,大量纤维素沉着

表2-1　大叶性肺炎与小叶性肺炎的区别

区　别　点	大叶性肺炎	小叶性肺炎
发病年龄	青壮年	年老体弱或幼龄
病情	突然发生,病情急剧进展	有支气管炎的前期症状,病情发展缓慢
鼻液	有铁锈色鼻液,可凝固	无铁锈色鼻液,不凝固
体温	高热,稽留热	中热,驰张热
全身变化	明显	不明显
叩诊	大片浊音	岛屿状浊音
X线检查	大片阴影	散在性阴影
914治疗	有效果	疗效差,主要用抗生素治疗

1. 抗菌消炎　常用的抗生素有广谱青霉素(如氨苄西林钠、阿莫西林、阿莫西林克拉维酸钾)、头孢菌素(如头孢氨苄、头孢噻呋、头孢曲松)、四环素类(如盐酸多西环素),也可使用林可胺类(如林可霉素＋大观霉素、林可霉素＋阿米卡星)、中药类制剂(如鱼腥草注射液、双黄连口服液、麻杏石甘汤煎剂)等。

2. 止咳祛痰　当分泌物黏稠、咳出困难时,可口服化痰药,如氯化铵、碳酸铵、溴乙胺、碘化钾。

3. 对症疗法　针对心功能不全,常用安钠咖、樟脑磺酸钠、洋地黄等强心剂;当动物呼吸困难时,宜采用吸氧疗法;抑制支气管和肺部炎性渗出,可用10％氯化钙溶液或10％葡萄糖酸钙溶液静脉注射;解除机体酸中毒,可静脉注射5％碳酸氢钠溶液。

案例分析

案例:
一例英短猫上呼
吸道感染的诊治

案例:
一例犬支气管
肺炎的诊治

案例:
雾化治疗支气
管肺炎效果好

任务二 胸膜炎诊治

胸膜炎是胸膜炎症,是伴有胸膜的纤维蛋白沉着或胸腔内炎性渗出物积聚的一种常见多发病。

【诊断要点】

通过病因、临床症状结合临床检查可做出诊断。

(一)病因

1. 急性原发性胸膜炎 比较少见。胸壁创伤或穿孔、肋骨或胸骨骨折、食道破裂、胸腔肿瘤等,以及剧烈运动、长途运输、外科手术及麻醉、寒冷侵袭等应激因素都可成为发病的诱因。

2. 继发或伴发胸膜炎 胸膜炎常继发或伴发于传染病病程中,如结核病、猫传染性腹膜炎。

(二)临床症状

表现为咳嗽、发热,呼吸困难,呼吸急促、表浅,呈腹式呼吸,触诊胸部敏感,听诊有摩擦音,叩诊呈水平浊音(站立时)。

胸腔穿刺对确诊极有帮助。胸腔穿刺液为黄色含脓汁的液体,含有大量纤维蛋白,易凝固,李凡他试验阳性。

血常规检查:白细胞计数增多,中性粒细胞比例增高,核左移,淋巴细胞相对减少。

超声探查:渗出性胸膜炎可出现液平段,液平段的长短与积液量成正比。

X线检查可发现积液阴影。

剖检可发现胸腔或心包腔积液,有大量黄色、红色或灰白色脓性分泌物,胸膜与肺粘连(图 2-8)。

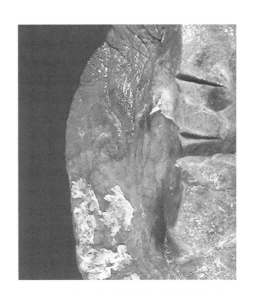

图 2-8 左下胸膜化脓性炎症大体外观

扫码看彩图

【治疗措施】

治疗原则是抗菌消炎,制止渗出,促进渗出液的吸收,对症治疗。

1. 抗菌消炎 常用广谱青霉素或头孢菌素胸腔内注射,可收到良好效果。

2. 促进渗出液吸收 渗出液积聚过多而呼吸窘迫时,可进行胸腔穿刺排液,这一措施必须与减少渗出,促进渗出液吸收消散的疗法相配合。每次放液不宜过多,排放速度也不宜过快,并可将抗生素直接注入胸腔。如穿刺针头或套管被纤维蛋白堵塞,可用注射器缓慢抽吸。如为化脓性胸膜炎,在穿刺排出积液后,可用 0.1% 利凡诺溶液、2%～4% 硼酸溶液反复冲洗胸腔,至排出较透明的冲洗液后,再向胸腔内注入广谱抗生素。

3. 抑制渗出 抑制炎性渗出和促进炎性产物吸收,可肌内注射强心剂(安钠咖)、利尿剂(呋塞米),之后静脉注射高渗葡萄糖溶液、5% 氯化钙溶液或 10% 葡萄糖酸钙溶液。

项目五 非炎症性呼吸系统疾病诊治

任务一 肺充血与肺水肿诊治

肺充血是指肺毛细血管内血液过度充满,分为主动性充血(动脉性充血)和被动性充血(静脉性充血)。前者是流入肺内的血液量增加,流出量正常;后者是流入肺内的血液量正常或增多,流出量减少。肺水肿是因肺充血持续时间长,血液的液体成分渗漏到肺泡、细支气管和肺间质而形成的。

【诊断要点】

(1)肺充血和肺水肿可发生于各种家畜,多见于马和犬。主动性肺充血常由于炎热季节动物过度奔跑,剧烈劳役,吸入热空气或刺激性气体等导致。被动性肺充血主要发生于代偿功能减退的心脏疾病、心包炎及肠臌气、急性胃扩张等使胸腔内负压降低时。

(2)肺充血与肺水肿临床表现类似,病畜常呈进行性呼吸困难,颈静脉怒张,黏膜发绀,鼻孔流出粉红色泡沫状鼻液,体温升高,脉搏加快。

(3)肺部叩诊:肺充血时肺叩诊音正常或呈过清音,仅在肺的下部稍呈浊音;肺水肿时则呈半浊音。

(4)肺部听诊:肺充血时肺泡音微弱或粗厉,肺水肿时肺泡音减弱而后消失。

(5)X线检查:肺视野的阴影一致加深,肺门血管的纹理明显。

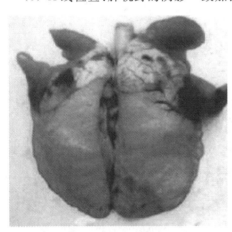

图 2-9 肺充血与肺水肿

(6)剖检:可见肺间质增宽,切面湿润,挤压时有液体流出(图 2-9)。

【治疗措施】

治疗原则是保持病畜安静,减轻心脏负担,增进血液循环,抑制液体渗出和缓解呼吸困难。

(1)吸氧。

(2)颈静脉适度放血,对呈现极度呼吸困难的动物急救有效。

(3)减轻肺水肿:5%~10%氯化钙注射液或10%~20%葡萄糖酸钙注射液加地塞米松缓慢静脉注射,每日1~2次;还可用25%甘露醇注射液,1次静脉滴注。

(4)20%苯甲酸钠咖啡因注射液,1次肌内注射(用于加强心脏功能,但不可用肾上腺素)。

(5)镇静安神:盐酸氯丙嗪注射液,肌内注射。

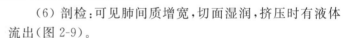 案例分析

案例:一例犬肺水肿的诊治报告

任务二　肺气肿诊治

肺气肿是指终末细支气管远端的气道弹性减退,过度膨胀、充气和肺容积增大,或同时伴有气道壁破坏的病理状态。按其发病原因,肺气肿可分为如下几种类型:老年性肺气肿、代偿性肺气肿、间质性肺气肿、灶性肺气肿、旁间隔性肺气肿、阻塞性肺气肿。

【诊断要点】

急性弥漫性肺气肿见于持续咳嗽、工作犬训练强度过大时;继发性慢性肺气肿见于慢性支气管炎和支气管哮喘等时。

1. 急性肺气肿　发病突然,呼吸困难,肺部叩诊呈广泛的过清音;叩诊界限向后扩大,肺泡呼吸音减弱,伴有干啰音或湿啰音。X线检查:两侧肺脏透明度升高,膈肌后移,肺透明度不随呼吸而改变。

2. 慢性肺气肿　肺泡持续扩张,肺泡壁弹性丧失,表现为高度呼吸困难,肺泡呼吸音弱、肺脏叩诊界限后移。表现为呼气性呼吸困难,二重呼气(喘沟、喘线、息痨沟);叩诊呈过清音,肺界后移;心脏绝对浊音区缩小。X线检查:肺区异常透明,支气管影像模糊,膈肌后移(图2-10)。

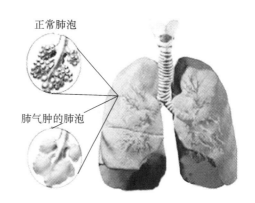

图 2-10　肺气肿

扫码看彩图

3. 间质性肺气肿　突然发病,肺脏叩诊界限不扩大,破裂性啰音,气喘,皮下气肿。

【治疗措施】

(1)缓解呼吸困难:可服用阿托品、氨茶碱、异丙肾上腺素等。病情需要时,可适当选用糖皮质激素。

(2)给予吸氧。

(3)根据经验或病原体性质应用有效抗生素,防止继发感染。

模块小结

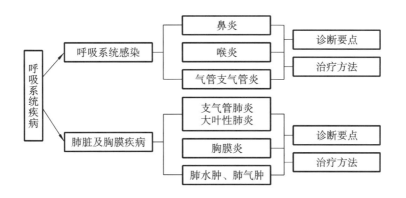

表现呼吸系统症状的宠物病

上呼吸道感染、鼻炎、喉炎、扁桃体炎、支气管炎、支气管肺炎、异物性肺炎、胸膜炎、犬瘟热、犬传染性肝炎、犬传染性支气管炎、犬副流感病毒感染、犬疱疹病毒感染、猫传染性鼻气管炎、弓形虫病、肺毛细线虫病、咽炎、安妥中毒、心力衰竭、犬恶丝虫病、贫血、中暑、有机磷中毒。

Note

模块作业

1. 名词解释

小叶性肺炎　大叶性肺炎　肺水肿　肺气肿

2. 简答题

（1）呼吸系统疾病的临床表现主要有哪些？

（2）动物在呼吸衰竭时如何救治？

（3）上呼吸道感染的治疗原则和用药方法是什么？

（4）急性支气管炎的发病原因和治疗原则是什么？

（5）肺炎有几种类型？如何进行鉴别诊断？

（6）如何进行胸膜炎的诊断和治疗？

3. 鉴别诊断题

（1）支气管炎、小叶性肺炎、大叶性肺炎如何鉴别诊断？

（2）肺水肿、肺气肿如何鉴别诊断？

模块测验

执兽真题

模块三　血液系统与心血管系统疾病诊治

扫码看课件
模块三

视频：
血涂片的
制作与镜检

视频：
犬配血与
输血技术

模块介绍

　　本模块主要阐述了宠物常见的血液及造血器官疾病与心脏病的诊治。血液及造血器官疾病诊治主要介绍犬、猫的出血性贫血、营养不良性贫血、溶血性贫血、再生障碍性贫血、红细胞增多症、血小板减少症、白血病以及高血压的诊治。心脏病诊治主要介绍心力衰竭、二尖瓣退行性疾病、肥厚型心肌病、扩张型心肌病的诊治。通过本模块的学习，学生应了解血液系统与心血管系统常见疾病发生的机制；熟悉血液系统与心血管系统常见疾病的发生原因、临床表现、转归、诊断及治疗的知识点；重点掌握犬、猫血液系统与心血管系统常见疾病诊断和治疗的操作技能，并具备在实践中熟练运用血液系统与心血管系统常见疾病知识进行诊治的能力。

学习目标

▲知识目标

1. 了解贫血病因的分类以及鉴别诊断的方式。
2. 了解红细胞增多症的鉴别诊断。
3. 掌握急性心力衰竭的急救方式。
4. 了解二尖瓣退行性疾病、扩张型心肌病、肥厚型心肌病的诊断方法。
5. 了解心脏病常用治疗药物的类型及作用。

▲技能目标

1. 掌握血涂片的制作和染色方法。
2. 掌握交叉配血和输血的方法。
3. 掌握给动物测心电图、量血压的方法。

▲思政目标

　　1. 随着中国国力的提高，中国已经成为世界第二大经济体。家庭汽车的拥有量为世界第一。由此引发的宠物交通事故也越来越多。主要是因为有的宠主遛狗不牵狗绳，造成犬被汽车撞伤的惨痛事故。被行驶中的汽车撞伤后，宠物除了骨骼、肌肉、皮肤受损外，更严重的是内脏损伤引起的大失血性贫血，危及宠物的生命。因此，对于遭遇车祸的犬、猫，作为急诊兽医一定要争分夺秒进行保命抢救，如迅速进行止血、输血、止痛、麻醉、彻底外科清洗、缝合、安装保护绷带、输液等。

　　2. 随着人民群众生活水平的不断提高，宠物吃得也越来越好、越来越多，由此引发的宠物肥胖病也越来越普遍。比如高血压、高脂血症、高胆固醇血症、冠心病、动脉硬化、扩张型心肌病、肥大型心肌病、二（三）尖瓣关闭不全或瓣膜口狭窄、窦性心动过速（缓）、心律不齐等。因此心脏超声检查与心脏病的筛查和治疗日益受到内科医生的重视和关注，并出现了心血管专科。

→ **系统关键词**

　　出血性贫血、营养不良性贫血、溶血性贫血、自体免疫性溶血、再生障碍性贫血、非再生障碍性贫血、网织红细胞、多染性红细胞、海因茨小体、球形红细胞。

→ **检查诊断**

　　三分类血常规、五分类血常规、血生化检查、血涂片显微镜检、血气检查、凝血试验检查、血压测定、CRT 检查、心电图检查、心功能检查、心电监护、心脏超声检查、心脏 DR、CT 检查。

> **常用药物**

凝血酶(立止血)、止血敏、维生素 K_1/维生素 K_3、安络血;补血肝精、维生素 B_{12}、苯丙酸诺龙、促红细胞生成素(EPO)、维生素 C、维生素 E、泼尼松;匹莫苯丹、贝那普利、呋塞米、阿司匹林、氯吡格雷、肝素、地尔硫䓬、盐酸多巴胺、地高辛、氨茶碱、硝酸甘油片、螺内酯、布托啡诺。

项目六　血液及造血器官疾病诊治

任务一　出血性贫血诊治

案例导入

　　六六,4岁雄性贵宾犬,坠楼后出现脾脏破裂、腹腔内大出血、四肢骨骨折等情况。入院时精神沉郁、牙龈苍白。经交叉配血后,输血 80 mL,并进行了脾脏摘除手术和骨折内固定手术,手术后恢复良好。

图 3-1　出血性贫血时,口腔黏膜苍白发绀

　　贫血是指单位容积的血液中血细胞数、血红蛋白含量或红细胞比容低于正常值的综合征。其临床表现主要为可视黏膜苍白(图 3-1),心率、呼吸加快,心搏增强,全身无力以及各器官由于组织缺氧而产生的各种症状,严重的可导致休克甚至死亡。根据贫血的原因,贫血可分为出血性贫血、溶血性贫血、营养不良性贫血以及再生障碍性贫血。出血性贫血是指机体由于急性或慢性的出血而导致的贫血。

　　【诊断要点】

　　1. 急性出血　急性出血通常由外伤、车祸、高处坠落等原因导致,通常可在体表发现出血点,或存在内出血的情况。诊断方式包括完整检查体表是否有出血点,超声扫查体腔、拍摄 X 线片、CT 扫查等。

　　2. 慢性出血　慢性出血可能由体内外寄生虫、血尿、血便、鼻出血、咳血等情况引起。诊断方式包括查找体表寄生虫,粪便检查是否有虫卵,对粪便、尿液进行潜血检查等。

　　【治疗措施】

　　1. 消除病因　出血性贫血应立即止血,避免血液大量丢失。有外出血时,可用外科止血法进行结扎或压迫止血。有内出血时,可以注射凝血酶、酚磺乙胺等促进止血,并持续观察出血情况,如出血情况未能得到控制,可能需要通过手术寻找出血点进行止血。

　　2. 维持血容量　对于出血量占比小于 20% 的急性失血,可以通过输液的方式补充血容量,对于更为严重的急性失血,可进行输血以维持正常的血容量。机体对于慢性失血有更好的耐受能力。

任务二　营养不良性贫血诊治

案例导入

　　某家养犬体检时发现红细胞比容低于正常值,精神、食欲正常,询问后发现长期喂食低价低质犬粮,遂要求更换为质量、营养可靠的犬粮。一段时间后复查发现贫血状态已改善。

营养不良性贫血是由于动物营养物质摄入不足或消化吸收不良,影响红细胞和血红蛋白的生成而产生的贫血。

【诊断要点】

1. 问诊 询问患病动物的饮食情况。

2. 临床检查 患病动物通常体形消瘦、体况评分较低。

3. 实验室诊断 血常规可见红细胞总数(RBC)、红细胞比容(HCT)、平均红细胞体积(MCV)、平均红细胞血红蛋白含量(MCH)、平均红细胞血红蛋白浓度(MCHC)低于正常值。

【治疗措施】

补充营养:饲喂质量可靠的配方宠物食品,并配合补血营养补充剂,营养补充剂通常含有铁、铜、钴等微量元素,以及叶酸、烟酸、维生素 B_1、维生素 B_6、维生素 B_{12} 等可能会影响红细胞生成和血红蛋白合成的营养物质。

案例分析

案例:一例犬贫血+肝酶升高病例的诊治

任务三　溶血性贫血诊治

案例导入

核桃,1岁边牧犬,某日因精神沉郁、食欲废绝入院检查,体格检查发现黏膜苍白。血常规发现红细胞比容低于参考范围。血涂片检查发现大量球形红细胞,初步诊断为免疫介导性溶血性贫血,当日给予免疫抑制剂泼尼松,第2日精神食欲恢复,后持续通过泼尼松维持治疗,并逐渐减少泼尼松用量直到最低剂量。

溶血性贫血是指由于红细胞破坏速率增加,超过骨髓造血的代偿能力而发生的贫血。其病因可分为寄生虫性溶血、自体免疫性溶血、氧化损伤性溶血、中毒性溶血等。其中寄生虫性溶血的常见原因为巴贝斯虫感染,氧化损伤性溶血的常见原因包括食用洋葱、对乙酰氨基酚药物等氧化损伤性食物或药物等。

【诊断要点】

1. 问诊 询问患病动物的驱虫情况,最近是否去过山区、灌木丛或被蜱虫叮咬过;是否有喂食洋葱、大葱或者人用感冒药的经历,询问患病动物平时是否会吃餐桌上剩余的食物以及最近几天的餐桌食物中有无洋葱炒肉之类含有洋葱、大葱的菜品;询问尿液颜色是否为红色至酱茶色。

2. 判断红细胞的再生性 通过五分类血常规当中的网织红细胞数量判断红细胞的再生性。网织红细胞是尚未完全成熟的红细胞,在周围血液中的数值可反映骨髓生成红细胞的功能。网织红细胞数量增高提示骨髓造血功能旺盛,网织红细胞减少提示骨髓造血功能低下。在溶血性贫血时,通常可见网织红细胞数量明显升高。

Note

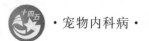
如无五分类血常规仪,也可通过亚甲蓝染色的方式,观察血涂片中多染性红细胞(polychromatic erythrocyte)的数量是否增加。多染性红细胞又称嗜多色性红细胞,瑞氏染色下,多染性红细胞的体积较正常红细胞稍大,呈淡灰蓝色或灰红色,相当于活体染色的网织红细胞,是一种刚脱核而未完全成熟的红细胞,胞质中嗜碱性着色物质是少量残留的核糖核酸(RNA)、线粒体等。如血涂片当中的多染性红细胞明显增多,则表明骨髓造血功能良好。

3. 与出血性贫血进行鉴别诊断 急性出血性贫血时,骨髓的造血功能尚未被完全激活,因此在出血后的48～96 h,骨髓的反应性可表现为非再生性。而对于慢性出血性贫血,骨髓造血功能通常良好。

4. 实验室诊断 如为氧化损伤性溶血,可在亚甲蓝染色的血涂片中发现海因茨小体(Heinz body)。海因茨小体是氧化因素等对血红蛋白造成损害,珠蛋白变性而形成的细胞内包涵体,海因茨小体的出现具有重要的临床诊断价值。如为自体免疫性溶血,在犬的血涂片中,可观察到大量的球形红细胞,在猫则通常不明显。正常红细胞是盘状的,球形红细胞直径缩短,厚度增加,细胞中心区的血红蛋白比周围多,呈小球形状。

自体凝集试验是指在室温或4 ℃条件下,将一大滴抗凝血滴到一张载玻片上,观察红细胞是否出现凝集。为了与缗钱样红细胞进行鉴别,可滴入1～5滴生理盐水,缗钱样红细胞在生理盐水中会散开。缗钱样红细胞常见于猫,罕见于犬。怀疑免疫介导性溶血但未出现自体凝集的犬、猫,应进行直接库姆斯试验,检查与红细胞结合的免疫球蛋白G。总的来说,红细胞表面包被有免疫球蛋白G提示免疫介导性溶血。

5. 确诊 确诊病因需做特殊检查,如巴贝斯虫感染引起的溶血,需在血涂片的红细胞中看到虫体,或PCR检查为阳性;中毒性疾病导致的溶血,需根据病史、临床症状、毒物分析进行诊断。

【治疗措施】

1. 消除病因 对于血液寄生虫感染引起的溶血,使用抗寄生虫药物。对于由氧化损伤性食物或药物及中毒引起的溶血,应停止此类食物、药物或毒物的摄入。

2. 提供支持治疗 进行液体疗法,如有需要,则进行输血。

3. 免疫抑制 对于自体免疫性溶血,采用免疫抑制类药物。

 案例分析

案例:一例吉氏巴　　　案例:一例犬免疫
贝斯虫感染引起犬　　介导性溶血性贫血
溶血性黄疸的诊治　　的诊断治疗报告

任务四　再生障碍性贫血诊治

再生障碍性贫血是由多种原因引起的以骨髓造血功能衰竭为特征的造血干细胞数量减少和(或)功能异常所导致的贫血与其他细胞减少症。可按照减少的血细胞类型、数量进行分类。纯红细胞再生障碍性贫血(PRCA)是指红细胞系选择性发生了再生障碍导致的,双系血细胞减少症是指两种循环血细胞的数量减少(即贫血和中性粒细胞减少症、贫血和血小板减少症、中性粒细胞减少症和血小板减少症）。

【诊断要点】

1. 问诊 应获取详细的病史资料，且要询问使用过的治疗药物（如有无使用过雌激素、化疗药物、灰黄霉素、氯霉素等），公犬有无隐睾，有无重金属及毒物接触史，所处环境是否被放射线污染以及疫苗注射情况。

2. 实验室诊断 血液学检查无细胞再生相，即通过五分类血常规当中的网织红细胞数或者血涂片当中的多染性红细胞数量是否增加判断红细胞的再生性。

3. 确诊 进行骨髓穿刺，根据骨髓细胞学或组织病理学检查结果做出诊断；有些还要根据病原体（如猫白血病病毒、猫艾滋病病毒和埃立克体）血清学试验或 PCR 结果确诊。

【治疗措施】

1. 提供支持治疗 采用液体疗法，如有需要，则进行输血。

2. 免疫抑制 对于自体免疫性溶血，采用免疫抑制类药物。

任务五 红细胞增多症诊治

红细胞增多症是指循环红细胞数量增多，血液学检查表现为红细胞比容（HCT）或红细胞压积（PCV）显著高于参考值。红细胞增多症可以分为相对增多和绝对增多。其中相对红细胞增多症主要与脱水相关，绝对红细胞增多症根据病因可分为原发性和继发性，原发性即真性红细胞增多症，继发性可能继发于导致缺氧的疾病，如慢性心肺疾病，或继发于促红细胞生成素（EPO）分泌异常，如肾上腺皮质功能亢进、甲状腺功能亢进、肾脏肿瘤等。

【诊断要点】

诊断时应首先排除相对红细胞增多症，即排除由脱水引起的红细胞比容升高，通常在询问病史和体格检查（如皮肤弹性、口腔黏膜毛细血管再充盈时间（CRT）检查）后即可进行初步的判断，也可通过血浆蛋白浓度、尿比重等指标进行脱水状态的评估。

寻找引起红细胞增多的病因时，首先应检测患病动物的心肺状况，然后进行动脉血气分析，以排除低血氧和低动脉氧饱和度问题。有些患红细胞增多症的动物，由于其血液黏稠度过高，血气分析仪无法生成结果，如遇到这种情况，应先进行治疗性放血术，该方法并不会改变氧分压的检测结果。如果氧分压正常，应进行腹部超声检查或 CT 检查，以确定肾脏内是否存在肿瘤或浸润性病灶。如果没有发现这样的病灶，则可能是由肾脏以外的肿瘤引起的。

【治疗措施】

（1）采用治疗性放血术缓解症状。

（2）如果是绝对红细胞增多症，可使用羟基脲（30 mg/kg，po，q24h）治疗 7～10 天，然后逐渐减少剂量和延长给药间隔。

（3）如确诊为继发性红细胞增多症，则治疗其原发病（如手术摘除肾脏肿瘤）。

（4）每 4～8 周应检查一次血常规。

任务六 血小板减少症诊治

盼盼，4 岁贵宾犬，因精神沉郁、食欲废绝入院，体格检查发现皮肤多处有瘀斑，血常规检查发现红细胞比容和血小板数量低，显微镜检查验证血小板数量确实很少。送检排查，

血液寄生虫结果都为阴性。后给予免疫抑制剂泼尼松,犬的症状好转。一段时间后逐渐减少泼尼松用量至最低控制剂量。

血小板减少症是引起犬自发性出血的常见原因。循环血小板数量降低可能的原因包括生成减少、破坏增加、消耗增加以及血小板分布异常,其中血小板破坏是更为常见的原因。外周血小板破坏增加可见于免疫介导因素、服用相关药物以及感染性因素等,血小板消耗增加最常见于患弥散性血管内凝血(DIC)的动物,血小板分布异常通常是由肝脾肿大引起的。

【诊断要点】

(1)在发现血小板计数低于参考范围时,首先需要检查血小板是否发生凝集,在发生血小板凝集的样本血涂片中,通常可以看到血小板在血涂片尾成簇分布。

(2)血小板的绝对计数对原发病因有一定的提示意义,例如,血小板<25000个/μL提示免疫介导的血小板减少症(IMT),而血小板计数在50000～75000个/μL的犬可能患有埃立克体病、无形体病、淋巴瘤浸润脾脏或灭鼠药中毒。

(3)如果该病例正在使用某些药物,须向其主人了解用药史,考虑血小板减少症是否是药物诱发的,如果有可能,应中止使用该药物,且在2～6天复查血小板计数。如果停药后血小板计数恢复正常,那么可确诊该动物的血小板减少症是由药物引起的。

(4)由于反转录病毒通常会侵害骨髓,并导致猫的血小板减少症,应进行猫白血病病毒和猫艾滋病病毒的筛查。

(5)IMT是一个排除诊断,应排除蜱媒传染病,临床工作中,可通过SNAP-4 DX Plus检测或送检PCR排除埃立克体病、无形体病和包柔氏螺旋体病。

【治疗措施】

1. 针对原发病进行治疗　积极治疗原发病,如对于因使用某种药物引起的血小板减少症,在可能的情况下停用该药物。

2. 免疫抑制　对于免疫介导的血小板减少症,采用免疫抑制类药物。

3. 控制感染　对于怀疑由无形体、巴尔通体感染引起的血小板减少症,可以使用多西环素(5～10 mg/kg,po,q12～24h),直到血清学或PCR检查结果出来。

任务七　白血病诊治

白血病在临床上是一种复杂的骨髓细胞恶性增生的疾病。简单地从临床相关性来看,犬、猫白血病主要的种类为淋巴细胞性白血病和髓细胞性白血病。淋巴细胞性白血病和髓细胞性白血病都既可以是急性的,也可以是慢性的。在急性白血病时,多数肿瘤细胞为不成熟细胞或幼稚细胞。肿瘤细胞的增殖速度非常快,可引起严重的其他血细胞系的细胞减少症(如贫血、中性粒细胞减少症、白细胞减少症)。慢性白血病时,大部分细胞为分化良好的成熟细胞。这种白血病有时甚至能通过血常规检查而发现。预后通常较急性白血病更好。

【临床症状】

急性(淋巴细胞性或髓细胞性)白血病的主要临床症状包括精神沉郁、食欲下降、体重下降、可视黏膜苍白、出血、呕吐、腹泻和多饮多尿。在中年犬多发,66%的犬出现脾大,50%的犬出现肝大和淋巴结病变。

慢性淋巴细胞白血病除了淋巴细胞增多以外,还可能出现轻度到中度的贫血、血小板减少以及中性粒细胞减少。通常老年犬比年轻犬易发,无明显性别倾向。该病病程较长,可持续数年。通常无明显临床症状,常通过常规体检被诊断出来,常见轻度贫血。偶尔可见轻度脾大和轻度淋巴结病变。

慢性髓细胞性白血病非常罕见,无品种和性别倾向,平均发病年龄为6～7岁。常见的临床症状为嗜睡和发热。其他症状都是非特异性的,体格检查常见脾大。

【诊断要点】

诊断性检查通常包括:血液学检查(血常规、血生化检查),同时评估血涂片和凝血情况,进行尿液分析;胸腔和腹部 X 线检查;腹部超声检查;白细胞计数较高的动物可采集骨髓进行检查,而白细胞计数较低的动物可进行针芯活检。骨髓穿刺的理想部位为肱骨和髂骨嵴。

【治疗措施】

急性(淋巴细胞性或髓细胞性)白血病一般难以治疗,且治疗的收效甚微,患病动物的预后通常很差。已经存在的血细胞减少症会由于化疗可能带来的败血症而加剧。治疗方案应依照每个不同的患病动物个体来制订。如果中性粒细胞减少症的患病动物不存在或仅存在轻微骨髓抑制,可以采用长春新碱、泼尼松龙和(或)左旋天冬酰胺酶来治疗。一般来说,对于急性白血病的动物,可采用与治疗高分级淋巴瘤相同的药物(如长春新碱、长春花碱、左旋天冬酰胺酶、泼尼松龙、环磷酰胺、阿霉素、阿糖胞苷和洛莫司汀)。用法参照淋巴瘤的说明。常规的淋巴瘤化疗方案通常收效甚微,只有少于 40% 的患病宠物病情能得到部分缓解。即使病情得到缓解的宠物,一般存活期也只有 3~4 个月。出血、弥散性血管内凝血(DIC)、败血症/全身性炎症反应综合征和多器官功能衰竭,最终都会将宠物引向安乐死。很少见的情况下宠物能存活 6~12 个月。除了以上化疗方法外,支持疗法、输血、抗生素治疗和输液疗法也很重要。

 案例分析

案例:一例犬慢性淋巴细胞白血病(CLL)病例报告

任务八　高血压诊治

维持正常的血压对宠物来说是至关重要的,血压过高或过低都会对身体器官造成损害。犬、猫高血压的问题近年来越来越受到兽医的重视,尤其对于老年动物,血压的监测正逐渐成为常规的检查项目。

高血压是指收缩期和(或)舒张期动脉压持久性增高。不同年龄、品种和性别以及患病的犬、猫,血压可存在一定的差异,高血压的界定标准存在争议。正常、未经训练、未经麻醉的犬、猫血压值超过 160/100 mmHg(收缩压/舒张压)时可确定为高血压。

【诊断要点】

高血压的确诊需要正确的血压测量方法,血压测量的方法分为直接侵入法(直接测量法)和间接非侵入法(间接测量法)。直接侵入法是指将连接于压力传感器的针或液体填充导管系统直接插入动脉测量动脉血压,这种方法是金标准,但操作时会引起宠物疼痛或血肿,临床中很少应用。间接血压测量法是通过一个可充气的气囊环绕于一肢体或尾部(套囊的宽度大约是放置处肢体周长的40%)阻断血流,监测控制的气囊压力释放以探查血液回流。兽医临床常使用多普勒超声和示波计测量法,这两种技术的测量结果与直接测量法所得结果相关性较好,但无法完全相符。间接测量法对于绝大多数血压正常和高血压的动物较为可靠,对于清醒的猫和迷你型犬,用多普勒超声血压计测得的值更为准确。在测量血压时,应将宠物肢体放在心脏水平或接近心脏的水平。套囊内充气气

Note

囊的宽度应为其环绕的肢部周长的 40%～50%；气囊的长度应至少覆盖肢端周长的 60%。套囊充气压对组织产生挤压，套囊过窄可产生假性升高的血压读数；而套囊过宽则会使血压值低估。临床动脉血压的测量推荐采用连续多次(至少 5 次)测量的方法，排除最高值和最低值，其余值取平均值。体型较小的动物有效使用示波计具有一定的难度，推荐使用多普勒超声血压计。有些动物在临床检查时比较紧张可导致血压假性升高，此时应尽可能减少对动物的保定，保证安静的环境，并给其足够时间(如 10～15 min)适应环境。测量技术的一致性非常重要。

【治疗措施】

对高血压及出现由高血压引起的临床症状的犬、猫(血压高于 200/100 mmHg)，应立刻进行治疗以减少对器官的损伤。治疗这些患宠高血压的目的是将收缩压减低到 160 mmHg。治疗疗法可简单地分为药物治疗和辅助食物治疗，药物使用原则是从较小的剂量开始应用，依据治疗结果逐渐调整剂量；如单独使用药物效果不好，可考虑合并用药及增加剂量。

药物治疗常使用的药物是血管紧张素转换酶抑制剂(ACEI)、钙通道阻滞剂和 β 受体阻滞剂。ACEI 类药物(如依那普利、贝那普利)通过阻断血管紧张素 Ⅰ 转换为血管紧张素 Ⅱ，以降低外周血管阻力和血容量。ACEI 可减少蛋白尿并减缓肾病进程，帮助抵抗高血压对肾脏的损伤，但 ACEI 对严重肾功能衰竭患猫的高血压通常无效。钙通道阻滞剂的作用是扩张血管，降低外周血管阻力；有些还可通过负性变时和变力作用降低心排血量。

氨氯地平是患猫首选的降压药，其降压作用至少可持续 24 h。另外，患猫若单用氨氯地平作用不明显，可联合使用 β 受体阻滞剂或 ACEI。氨氯地平在犬较为有效，初始用量应较低，之后可酌情增加。

β 受体阻滞剂可通过降低心率、心排血量和肾脏肾素释放量而降低血压。阿替洛尔和普萘洛尔较为常用。推荐治疗猫甲状腺功能亢进引起高血压的药物为 β 受体阻滞剂，但对肾病患猫单独使用 β 受体阻滞剂治疗高血压通常无效。α₁ 受体阻滞剂通过对抗肾上腺素能受体的血管收缩作用而降低外周血管阻力，其可有效治疗由嗜铬细胞瘤引起的高血压。

对于血压急性升高的宠物，可使用直接扩张血管药物，如肼屈嗪、硝普钠、乙酰丙嗪，这些药物适用于急性视网膜脱落、出血，或发生颅内出血、急性肾功能衰竭、急性心力衰竭的宠物。使用以上药物时要求有足够的监护设备，以防出现低血压。

评估降压治疗效果，最初给药时应每 1～2 周监测一次血压，当血压得到有效控制后，每 2～3 个月监测一次即可。有些宠物最初对用药有反应，但之后使用相同疗法可能无效。限制盐分摄入量是配合治疗高血压的重要管理。对于严重肾功能衰竭的患宠，肾脏处方粮是良好的选择。肥胖宠物还应进行减肥。对存在轻度高血压的犬、猫进行专门的抗高血压治疗应该慎重，首先应排除外界紧张等因素造成的测量值假性增高，其次确定病因而有针对性地治疗原发病是治疗的关键。

 案例分析

案例：一例犬高血压病例的治疗及探讨

项目七　心脏病诊治

任务一　心力衰竭诊治

心力衰竭是由于心肌收缩或舒张功能障碍,心脏泵血功能减弱,导致心排血量减少,不能满足机体代谢需要而出现的一系列症状和体征的综合征(图 3-2)。

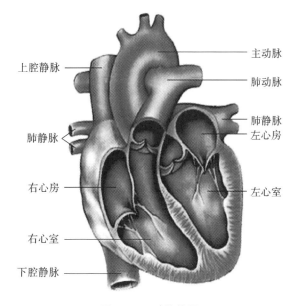

图 3-2　心脏结构图

扫码看彩图

【病因】

犬严重急性心力衰竭的病因通常包括对慢性心力衰竭的治疗不足,腱索断裂,出现房颤,在已经存在严重心脏病的情况下做剧烈运动,治疗疾病时输液速度过快或量过多,尤其是应用对心肌有较强刺激性的药物(如钙制剂)。心力衰竭也常继发于某些疾病,如犬细小病毒病、弓形虫病以及心肌炎、各种中毒性疾病、慢性心内膜炎、慢性肾炎等。

【诊断要点】

1. 急性心力衰竭　患犬表现为高度呼吸困难,脉搏频数、细弱而不整。不愿活动,黏膜发绀,静脉怒张,常突然倒地痉挛抽搐。多并发肺水肿,自两侧鼻孔流出泡沫样鼻液。

2. 慢性心力衰竭　病情发展缓慢,病程可持续数月或数年。患犬精神沉郁,不愿运动,稍加运动即出现疲劳、呼吸困难。可视黏膜发绀,体表静脉怒张,四肢末梢常发生对称性水肿,触诊四肢末梢呈捏粉样,无热无痛。脉搏细数,心音减弱,心脏听诊常可听到心内杂音和心律失常(图 3-3)。

主要根据发病原因、全身血液循环障碍、稍加运动后症状加重,特别是心音和脉搏的变化,进行综合分析即可确诊。

【治疗措施】

(1)加强护理:急性心力衰竭患犬应立即安静休息,停止一切训练和作业。给予易消化吸收的食物。对于呼吸困难的犬,应立即给予吸氧。

Note

扫码看彩图

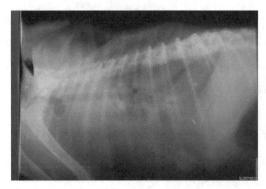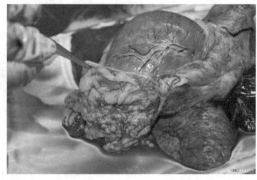

图 3-3　慢性心力衰竭(肺门血管纹理增粗,肺水肿、胸腔积液)

（2）急性心力衰竭发作治疗。

①利尿:呋塞米。犬:2～8 mg/kg,iv 或 im,q1～4h 直至呼吸频率下降,之后改为 1～4 mg/kg,q6～12h 或者 0.6～1 mg/(kg・h),CRI。猫:1～4 mg/kg,iv 或 im,q1～4h 直至呼吸频率下降,之后改为 q6～12h,利尿开始后提供饮用水。

②支持心脏的泵血功能:

正性肌力药:匹莫苯丹,犬 0.25～0.3 mg/kg,po,q12h。

血管紧张素转换酶抑制剂(ACEI):贝那普利,犬 0.25～0.5 mg/kg,po,qd。

缓解焦虑:布托啡诺,犬 0.2～0.3 mg/kg,im;猫 0.2～0.25 mg/kg,im。

（3）晚期心力衰竭的慢性管理:具体方案根据个体实际情况调整,通常需要渐进性增加呋塞米的剂量或者给药次数;同时,在宠物能够耐受的前提下,将贝那普利、匹莫苯丹和螺内酯的用量增加至最高推荐剂量。在标准治疗基础上,若宠物每日所需的呋塞米未达到或者超过 6 mg/kg,则该患犬处于心脏病 D 期。

左心室显著扩张、存在心肌收缩力下降的迹象或者在增加呋塞米或其他药物剂量的情况下,仍然反复出现肺水肿者,则需要考虑添加地高辛进行治疗。建议使用保守剂量,并监测血清药物浓度以防中毒。

 案例分析

案例:　　　　　案例:
一例犬心力衰竭　　一例猫充血性心力
的诊断与治疗　　衰竭的诊断和治疗

任务二　二尖瓣退行性疾病诊治

心脏的左心房与左心室之间的瓣膜为二尖瓣(mitral valve,MV),右心房与右心室之间的瓣膜为三尖瓣(tricuspid valve,TV)(图 3-4)。随着年龄的增长,几乎所有的小型犬种均存在不同程度的瓣膜退行性变化。瓣膜退行性疾病又称为心内膜病、黏液性或黏液瘤样瓣膜退行性变化和慢性瓣膜纤维化等。

Note

二尖瓣反流的原因如下(图3-5)。

(1)二尖瓣环扩张:这种情况多见于房性功能性二尖瓣反流(AFMR)。

(2)二尖瓣叶损害:见于二尖瓣退行性病变(瓣膜增厚钙化,瓣环钙化)、风湿性心脏病、感染性心内膜炎。

(3)腱索及乳头肌损害:见于急性心肌梗死、二尖瓣脱垂。

(4)左心室形态异常:见于扩张型心肌病。

(5)左心室收缩期压力大:见于高血压、甲状腺功能亢进、主动脉瓣狭窄。

【临床症状】

二尖瓣退行性疾病在最初数年内可能不会引起临床症状,有症状的动物表现为运动能力下降、咳嗽

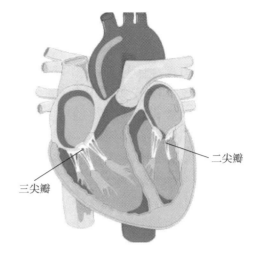

图3-4 二尖瓣和三尖瓣

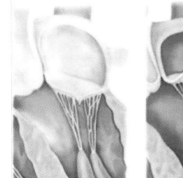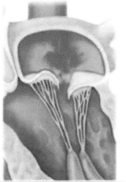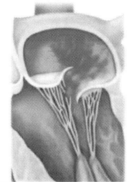

图3-5 二尖瓣反流

扫码看彩图

或呼吸急促且费力。咳嗽多发于夜间、清晨和运动时。严重肺水肿时会导致明显的呼吸窘迫。疾病晚期的动物常出现一过性虚弱或虚脱(晕厥)发作。二尖瓣反流常伴全收缩期杂音,左心尖为最佳听诊部位(左侧第4～6肋间)。轻度二尖瓣反流可能仅在收缩早期可听到,或可能听不到。肺部听诊音正常或不正常。

【诊断要点】

1. X线检查 胸部X线的典型表现包括一定程度的左心房和左心室增大,随时间加重。随着左心房增大,气管隆突向背侧抬高,左侧主支气管向背侧移位。多数患犬同时伴有气道疾病。

2. 心电图检查 通常正常,有时提示存在左心房或双侧心房的增大和左心室扩张。

3. 超声心动图检查 可显示出继发于慢性二尖瓣关闭不全的心房和心室扩张。心室壁厚度通常正常。患有严重三尖瓣疾病的犬右心室和右心房增大,可能出现反向室间隔运动。右心充血性心力衰竭可能伴发轻度的心包积液。病变瓣膜尖增厚且可能呈结节状。瓣膜均匀增厚是瓣膜退行性疾病的特征。然而,单纯依靠超声心动图检查通常无法准确区分瓣膜退行性疾病和感染性增厚。有二尖瓣退行性疾病的犬常见收缩期瓣膜垂脱,1个或2个瓣膜小叶的一部分突向心房。

【治疗和预后】

1. 无症状的房室瓣反流 无症状犬一般不需要药物治疗,此阶段不建议宠物主人饲喂高盐食物,肥胖犬应减肥,但应避免剧烈运动。建议每6～12个月一次或者更加频繁地去评估犬心脏的大小及功能、血压。对宠物主人进行科学教育,使其对心力衰竭的早期症状有所察觉,宠物主人可观察宠物的静息呼吸频率。

2. 轻度到中度的充血性心力衰竭 此阶段的动物处于心脏病C期,X线检查证实有肺水肿或

者更严重的临床症状的犬用呋塞米治疗,根据情况调整剂量以及使用频率。C 期心力衰竭的犬可在匹莫苯丹、呋塞米、ACEI 合用基础上添加螺内酯。治疗初期建议进行中度限盐,有明显症状的应当禁止运动。

3. 严重、急性充血性心力衰竭 有严重肺水肿且休息时也呼吸短促的犬,需要按照急性充血性心力衰竭进行紧急治疗。应尽快给予呋塞米利尿,给氧,笼养时轻柔操作,待动物状态相对稳定的时候再进行诊断性操作。

任务三　肥厚型心肌病诊治

肥厚型心肌病是猫最常见的心肌病,是原发性左心室心肌轻微到严重程度的向心性增厚的疾病(图 3-6)。该病会造成左心室狭窄,心排血量减少,最后导致宠物心力衰竭甚至猝死。所谓的原发性指心肌肥厚的原因是遗传性而非继发性的压力过载(全身性高血压或主动脉狭窄)或内分泌异常(如甲状腺功能亢进)。当肥厚型心肌病合并收缩期二尖瓣前叶向前运动异常且出现左心室流出道阻塞时,称为阻塞性肥厚型心肌病。家猫大多数的心脏病属于此类型。在患有肥厚型心肌病的猫中,常伴有血栓形成。猫肥厚型心肌病高发于青壮年(2～8 岁),且雄性多于雌性。

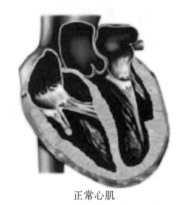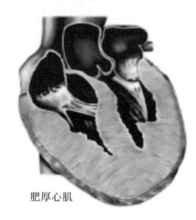

正常心肌　　　　　　肥厚心肌

图 3-6　肥厚型心肌病

【临床症状】

临床症状因为肥厚型心肌病的严重程度不同而有所不同,通常没有任何临床症状,一般是在因其他疾病就诊、年度健康检查或是术前评估时被兽医检查出来。严重的肥厚型心肌病的动物表现为心力衰竭的临床症状,如呼吸困难、张嘴呼吸、食欲废绝、嗜睡或体重下降,另外还可能出现发绀、湿啰音、肺水肿、肢瘫痪/轻瘫等。

【诊断要点】

1. 听诊 对于 31%～72% 的患有肥厚型心肌病的猫,通过听诊可发现最常见的心脏杂音,为收缩期心脏杂音,程度由第一级(软而小声)到第四级(大声),心脏杂音的大小与收缩期二尖瓣前叶向前活动程度有关。大约 33% 的患猫可能会出现奔马律,小部分会有其他类型的心律不齐。听诊同时触诊股动脉。

2. 触诊 检查身体结构是否有异常,有无心尖搏动异常、震颤、隆起、外伤等。

3. X 线检查 心脏可能呈爱心形,轻微的肥厚型心肌病的动物的心脏外观可能是正常的,左心室心尖部通常会维持在原位上。某些肥厚型心肌病的猫心脏扩大,出现心力衰竭症状时,可能会在其 X 线片中发现轻微到中等程度的胸腔积液。当左心房及肺动脉压力缓慢上升时,会在 X 线片中发现弯曲扩大的肺静脉。随着病情发展,患猫出现肺水肿,表现为斑块状的间质征或肺泡征。犬出现心源性肺水肿时表现为肺门部和右后肺叶水肿,可能呈局部性或全面性,任何一个肺叶均可出现,左心衰竭或全心衰竭时都会出现胸腔积液。

4. 心电图检查 肥厚型心肌病时可见到心律异常的心电图,但大多数是正常的。还可见到左心房和左心室扩大的心电图,P波增宽代表左心房扩大,P波的波幅增大代表右心房扩大,另外,可能会出现室性或室上性心动过速,电轴向左偏移,有些猫会出现心房颤动或第二导联出现 QRS 波群增宽,房室传导延迟,甚至出现房室阻断,有时反而出现心搏徐缓的现象。

5. 心脏彩超检查 可见左心室和(或)右心室肥厚,室间隔不对称性增厚,有的仅有心尖部和乳头肌肥厚。心室收缩末期和舒张末期内径均变小。左心室流出道狭窄时可见收缩期二尖瓣叶前向活动。左心耳内可能出现血栓或烟雾状影像,另外还可能出现少量心包积液或胸腔积液。目前多以舒张末期时室间隔和左心室游离壁厚度大于 6 mm 为诊断标准,其中 5.5~6 mm 为灰色区间,小于 5.5 mm 为正常厚度。

6. 血压 收缩压 120~180 mmHg,一般控制在 160 mmHg 以内,有可能会出现全身性高血压,收缩压高于 180 mmHg。

7. N 末端脑钠肽前体(NT-proBNP) 临床上多用于判断有无心力衰竭以及疾病严重程度。小于 50 pmol/L 表示正常;小于 100 pmol/L 表示不太可能是心力衰竭;大于 270 pmol/L 怀疑有心力衰竭;大于 1000 pmol/L 怀疑有充血性心力衰竭。

8. 血清总甲状腺素(TT_4) 甲状腺功能亢进时 TT_4 水平升高,血清 TT_4 是判断甲状腺功能亢进或甲状腺功能减退的常用指标。猫甲状腺功能亢进常常是潜在的病因。

【治疗措施】

假如患猫无任何临床症状,只在超声检查时发现心肌壁变厚或心脏超声数据异常,则应观察与等待。建议宠物主人定期追踪检查 NT-proBNP 及行胸部 X 线检查,且在家测量心搏及呼吸次数,并给予宠物舒适及无应激的生活环境。

1. 如发生急性心力衰竭

(1) 置入静脉留置针,给予氧气吸入,可以使用伊丽莎白头套加浴帽做氧气面罩,最好是放置在有空调的氧舱。

(2) 注射呋塞米:首次剂量 2 mg/kg,一般用一次效果即显著,若需要加强,在 6 h 后使用 1 mg/kg,静脉注射或肌内注射;若合并胸腔积液应进行胸腔穿刺引流。

(3) 测量血压:若血压低,给予多巴酚丁胺 3~5 μg/(kg·min)来维持血压。收缩期功能不良,可以考虑使用匹莫苯丹 0.1~0.15 mg/kg。

(4) 监测双侧股动脉搏动,预防血栓形成。

(5) 如果出现心搏过速,可用短效型 β_1 受体阻断剂艾司洛尔注射液,可以快速起效,属于急短效型药物,分布半衰期为 2 min,大剂量时会对支气管及血管平滑肌的 β_2 受体产生阻断作用。

①剂量:0.25~0.5 mg/kg,iv,CRI,10~200 μg/(kg·min)。

②目标心率为 130~150 次/分。

(6) 猫紧张时可以给予镇静剂布托菲诺 0.1~0.4 mg/kg,iv/im/sc。

(7) 呼吸稳定后,血压高时可以给予贝那普利 0.25~0.5 mg/kg,po,bid,可以与氨氯地平(0.625 mg/kg)联用,1 周后复查血压,之后 1 个月、3 个月、6 个月各复查 1 次。

2. 慢性维持治疗

(1) β 受体阻断剂(如阿替洛尔):用于治疗肥厚型心肌病造成的心动过速,6.25~12.5 mg,po,bid;或 0.5~2 mg/kg,po,bid,起始剂量为 0.5 mg/kg,目标心率为 130~150 次/分。

(2) 钙离子通道阻断剂(地尔硫䓬)有助于减少心肌耗氧量、降低左心室的舒张末压,减少局部缺血,减少血流流出阻力。

(3) ACEI:贝那普利。

(4) 抗凝血药物。

①氯吡格雷:中等或严重左心房扩大所致肥厚型心肌病,心脏彩超发现雾状或旋涡影像在左心

Note

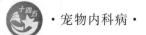

房,甚至出现血栓,有血栓史时使用。18.75 mg,po,qd(手术一定要停药),或 1～3 mg/kg,po,qd;阿司匹林 0.5～1 mg/kg,每周两次。

②肝素。

a. 普通肝素:短期内快速起效,需要监测部分活化凝血酶原时间/凝血酶原时间(APTT/PT),300 IU/kg,q8 h,iv/sc。

b. 低分子肝素:长期使用较为安全,不会延长 APTT/PT。100 IU/kg,q8～24 h,sc。

(5)正性肌力药物匹莫苯丹:减少前负荷(解决肺水肿)、增强心肌舒张的效果(增加舒张期舒张能力)和增强心肌收缩能力(针对末期肥厚型心肌病患宠的心肌衰竭)。对于猫,此药的半衰期较长,建议剂量为 0.1～0.2 mg/kg,po,bid(建议起始剂量为 0.15 mg/kg,po,bid)。

(6)镇痛。

阿片类:丁丙诺啡、哌替啶、吗啡。

目前许多数据表明呋塞米与 ACEI 同用无明显效果,与 β 受体阻断剂使用反而会加剧症状。当宠物出现典型心力衰竭时已处于肥厚型心肌病的末期,此时即使给予治疗,存活时间通常只剩下几个月到一年。

 案例分析

案例:
一例猫肥厚型心肌病
(HCM)的诊断与治疗

案例:
一例猫肥厚型心肌病
的诊断与治疗

任务四 扩张型心肌病诊治

扩张型心肌病(DCM)以心肌收缩力降低为特征,可能伴有或不伴有心律失常(图 3-7)。尽管被定义为特发性,但涉及心肌细胞和细胞外基质的多种病理进程或代谢缺陷所引起的心脏病,在末期时也可表现为 DCM。多数患有 DCM 的犬可能存在遗传倾向,尤其是对于高发病率或有家族史的品种。大型和巨型犬种易发此病,包括杜宾犬、大丹犬、圣伯纳犬、苏格兰猎鹿犬、爱尔兰猎狼犬、拳师犬、纽芬兰犬、阿富汗犬和大麦町犬。有些体型更小的犬种如可卡犬和斗牛犬也易发此病。体重小于 12 kg 的犬种罕见发病。杜宾犬是 DCM 发病率最高的犬种,该病在杜宾犬中呈常染色体显性遗传,目前已发现的突变位点有两个。

【临床症状】

厌食,昏睡,呼吸困难,偶尔呕吐,体温低,精神沉郁,脱水,虚弱,苍白,脉搏微弱,可听诊到心室性奔马律(S3)。如果是缺乏牛磺酸所造成的扩张型心肌病,可见眼底因视网膜变性而呈现高反射,其他症状与肥厚型心肌病相似。

【诊断要点】

1. X 线检查 全面性心脏影像增大、肺水肿、胸腔积液,但心脏的大小可能正常。

2. 心电图检查 可能正常,或 QRS 波群增宽及心律不齐。

3. 心脏超声检查 心室及心房扩张伴随心肌收缩功能降低、二尖瓣或三尖瓣反流、主动脉射血速率降低,可以见到心肌收缩时的运动性异常,且仅有部分心肌收缩,另外会见到心房或心室变大。

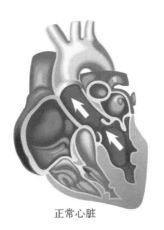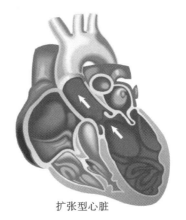

正常心脏　　　　　　　　　　扩张型心脏

图 3-7　扩张型心肌病

扫码看彩图

　　扩张型心肌病是指原发性心肌衰竭,通过降低的心脏左室短轴缩短率(心脏左室短轴缩短率<26％)和增加的收缩末期内径(内径>11 mm)可确诊。继发性的代偿性离心性肥大,可由舒张末期左心室内径>18 mm 确定。E 点到室间隔的距离是评估收缩功能的另一个指标,大于 4 mm 即表示收缩功能增加。左心房扩张继发于左心室充盈压升高,通过左心房与主动脉的比值即 LA/AO>1.5 来确定。其他的特征通常包括右心房扩张、右心室离心性肥大、轻度心包积液和胸腔积液。房室瓣对合不良导致房室瓣中央区轻度关闭不全也常发生。

【治疗措施】

　　(1)镇静:给予非常低剂量的布托菲诺,0.2 mg/kg,iv,或 0.055～0.11 mg/kg,sc/im,避免给予氯胺酮。

　　(2)给予吸氧治疗,避免呼吸急迫。

　　(3)利尿:呋塞米 0.1～0.4 mL/kg,iv,随后给予 0.5～1 mg/kg,po/sc/iv,bid;当发生严重肺水肿时视需要给予布美他尼 0.05～0.2 mg/kg,iv/po(需要检测钾离子浓度,以防钾离子耗竭及过度脱水)。

　　(4)给予血管扩张剂时:

　　①0.7～1.2 mg 硝酸甘油,涂敷于剃毛的胸部或腹部皮肤上,每 4～6 h 一次,视情况给予。

　　②肼苯哒嗪,0.5 mg/kg,po,tid。

　　(5)肺水肿得到控制后,给予静脉输液,选择添加 KCl 的地塞米松(0.45％NaCl＋2.5％葡萄糖或右旋糖)。

　　(6)氨茶碱,0.16 mL/kg 缓慢静脉注射或肌内注射,以增加换气。

　　(7)牛磺酸缺乏时(正常值为 60 nmol/mL 以上),可给予牛磺酸 250～500 mg,po,bid。

　　(8)强心药物。

　　①多巴酚丁胺:对于心率及后负荷影响较小,刺激 β₁ 受体,但只有较弱的影响,在 β₂ 受体和 α 受体,低剂量时增加心肌收缩力且对心率和血压影响较小。低起始灌流速率几个小时后,逐渐增加达到较强的心肌收缩效果以维持收缩压在 90～120 mmHg,心率、心律和血压应持续监控,但是高灌流速率会加速心室前期心律不齐或心室心律不齐。1～10 μg/(kg·min),CRI,起始剂量为 2～3 μg。

　　②多巴胺:低剂量(2～5 μg/(kg·min))作用于多巴胺受体,使肾、冠脉、脑、肠系膜血管扩张,肾血流量及肾小球滤过率增加,尿量及钠排泄量增加;低到中等剂量(5～10 μg/(kg·min))可增强心肌收缩力及心排血量;高剂量(10～15 μg/(kg·min))会造成周边血管收缩,使心率加快、增加耗氧量和心室心律不齐的风险。慢性肾功能不全时用量为 1～5 μg/(kg·min)起始剂量为 1～2 μg。

　　③匹莫苯丹:减少前负荷(解决肺水肿),增强心肌舒张效果(增加舒张期舒张能力)和心肌收缩能力(针对末期肥厚型心肌病动物的心力衰竭)。猫的半衰期较长,建议剂量:0.1～0.2 mg/kg,po,bid,起始剂量为 0.15 mg/kg,po,bid。

Note

④地高辛:猫使用时需注意中毒。地高辛的作用机制是抑制心肌细胞膜上的 Na^+/K^+-ATP 酶的活性以增加钙离子浓度,从而增强心肌收缩力。剂量:5~7 mg/kg,po,q48h。

 案例分析

案例:一例猫扩张型心肌病(DCM)的诊治报告

任务五　限制型心肌病诊治

限制型心肌病是仅次于肥厚型心肌病的常见心脏疾病,其主要病理特征是广泛的心内膜、心内膜下或心肌纤维化,目前致病的原因并不明了,可能由多种因素引发,也可能是肥厚型心肌病导致的心肌梗死及心力衰竭的末期表现。典型的组织学变化包括血管周围及间质纤维化,以及肌壁间冠状动脉缩小。在少数状况下,限制型心肌病也可能继发于肿瘤,或浸润性、感染性疾病。限制型心肌病同时具有肥厚型心肌病及扩张型心肌病的特征,有时也被称为中间型心肌病或过渡性心肌病。限制型心肌病是成年猫才会发作的心肌病,发生率小于肥厚型心肌病,但比扩张型心肌病高。

【临床症状】

限制型心肌病通常表现为左心或右心的充血性心衰竭的症状,如呼吸困难、呼吸过速、精神沉郁等。通常会因为应激或并发疾病而出现临床症状时才被兽医发现,限制型心肌病常继发血栓栓塞,所以可能出现后肢麻痹,这被认为是继发于左心房严重扩大及血液停滞。其他临床症状包括活动力不佳、食欲不佳、呕吐、体重减轻,有时甚至是因为听诊异常或 X 线检查结果异常而被发现,但临床并未出现任何症状。

【诊断要点】

1. X 线检查　可见中等到严重程度的左心房扩大或者双心房扩大。可提供左心衰竭或是全心衰竭的影像证据,即在 X 线上可以见到肺水肿或者是胸腔积液的影像。

2. 心电图检查　限制型心肌病在心电图上不会有特异性表现,但可出现心轴向左偏斜。室上性或是心室性期前收缩也会被发现,心房颤动也常被发现,这可能与本病会导致心房变大有关。

3. 心脏超声检查

(1) 相应的室壁、室间隔增厚,室壁运动僵硬、低下。

(2) 相应部位的心室内膜增厚不均;回声增强。

(3) 心房极度扩大,可有低速云雾状旋涡血流回声。

(4) 房室瓣 EF 斜率减慢。

(5) 心包增厚伴少至大量心包积液。

4. 听诊　在某些病例中,虽然在左边的心尖部或近胸骨的位置可以听到声音较小且弱的心脏杂音,可能会有奔马音、二尖瓣或三尖瓣反流所致心收缩期杂音,或心律不齐、肺水肿或胸腔积液所致的肺部异常听诊音,较常听见的是奔马音。还可能出现心搏过速所致心律不齐,但是许多患限制型心肌病的猫不会出现异常的心音。

【治疗措施】

限制型心肌病并没有特殊的治疗方法。治疗目标是缓解心律不齐及充血性心力衰竭的临床症状。

（1）充血性心力衰竭：速尿剂（呋塞米），首次 2 mg/kg，iv，6～8 h 后可给予 1 mg/kg，iv，再给予 1 mg/(kg·hr)，CRI。ACEI（贝那普利）：0.5 mg/kg，po，qd 但这些治疗都需要监控肾功能指标（CREA、BUN）、电解质（Na^+、K^+、Cl^-、Ca^{2+}、Phos）、心率、呼吸次数及血压变化，根据临床症状调整用药剂量。

（2）心肌功能丧失：匹莫苯丹，1.25～1.5 mg，po，bid。

（3）抗凝血药物。

①氯吡格雷：中等或严重左心房扩大所致肥厚型心肌病，心脏超声发现左心房雾状或旋涡影像，甚至出现血栓，或有血栓史时使用。18.75 mg，po，qd（手术一定要停药），或 1～3 mg/kg，po，qd，阿司匹林 0.5～1 mg/kg，每周两次。

②匹莫苯丹：减少前负荷（解决肺水肿），增强心肌舒张效果（增加舒张期舒张能力）和心肌收缩能力（针对末期肥厚型心肌病动物的心肌衰竭）。猫的半衰期较长，建议剂量：0.1～0.2 mg/kg，po，bid（起始剂量为 0.15 mg/kg，po，bid）。

③肝素。

a. 普通肝素：短期内快速起效，需要监测 APTT/PT，300 IU/kg，q8h，iv/sc。

b. 低分子肝素：长期使用较为安全，不会延长 APTT/PT。100 IU/kg，q8～24h，sc。

（4）心律不齐导致心搏过速：

地尔硫䓬：1～2 mg/kg，po，bid，起始剂量为 1 mg/kg。

使用药物治疗控制的理想心率是 140～160 次/分。

正常心脏和 3 种心肌病心脏的区别如图 3-8 所示。

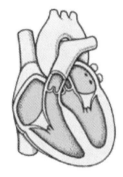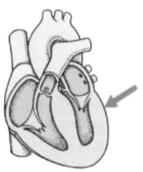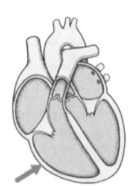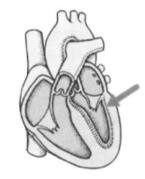

| 正常心脏 | 扩张型心肌病（心室扩大） | 肥厚型心肌病（室壁增厚、僵硬） | 限制型心肌病（室壁变得僵硬，但不一定增厚） |

图 3-8 正常心脏和 3 种心肌病心脏的区别

扫码看彩图

3 种心肌病的鉴别诊断如表 3-1 所示。

表 3-1 3 种心肌病的鉴别诊断

项 目	扩张型心肌病	限制型心肌病	肥厚型心肌病
射血分数	30%左右	25%～50%	大于60%
瓣膜反流	先二尖瓣，后三尖瓣	有，一般不严重	二尖瓣反流

Note

续表

项　　目	扩张型心肌病	限制型心肌病	肥厚型心肌病
常见首发症状	耐力下降,水肿	耐力下降,水肿	耐力下降,可有胸痛
心力衰竭症状	左心衰竭先于右心衰竭	右心衰竭显著	晚期出现右心衰竭

任务六　心肌炎诊治

犬的心肌炎是指心肌的局限性或弥漫性的炎性病变,组织学检查可发现心肌被炎症细胞浸润、伴有心肌细胞的变性和坏死。犬心肌炎通常是由病毒、细菌、真菌、寄生虫感染引起的,但也可能由矿物质缺乏或接触一些有毒物质引起。

心肌炎是由多种病因引起的非特异性疾病,可以导致各种健康问题,难以简单地通过症状进行鉴别诊断,通常只有进行心脏的组织病理学检查才能最终确诊。

【病因】

犬心肌炎的病因包括感染性和非感染性病因。已有文献报道的犬心肌炎感染性病因包括锥虫病、利什曼病、细小病毒病、弓形虫病、新孢子虫病、莱姆疏螺旋体病、犬埃立克体病、钩端螺旋体病和巴尔通体病。非感染性病因包括药物、毒素、免疫介导性疾病、创伤、中暑、休克和特发性。

【诊断要点】

(1)急性心肌炎多以心肌兴奋症状起病,表现为脉搏急速而充实、心音亢进、心音增强。

(2)心搏迅速加快,即使运动停止,仍可持续较长时间。

(3)当心肌出现营养不良和变性时则主要表现为心力衰竭的症状。

(4)患犬的黏膜发绀,呼吸困难,体表静脉怒张,四肢末端、胸腹下水肿。

【治疗措施】

对于患心肌炎的犬一定要注重原发病的治疗:细菌性心肌炎用抗生素治疗,比如头孢氨苄、阿莫西林克拉维酸钾;犬细小病毒病引起的心肌炎,要用血清、单克隆抗体治疗;对于锥虫病引起的犬心肌炎,可以使用三氮脒;矿物质缺乏引起的心肌炎,要补充维生素和矿物质;犬受伤或接触毒素时,要及早住院治疗,尽可能清除毒素。

还应对症治疗,持续供给心肌营养,增强心肌收缩功能,维持正常心律,防止胸腹腔积液形成。

心肌炎的整体预后除与疾病的严重程度有关外,还与日常生活养护相关。限制犬的活动、营造一个安静的休息区对于恢复很有帮助;限制盐分的摄入也有利于恢复。

案例分析

松狮犬,雄性,8岁,体重25 kg,于2016年10月12日就诊。主诉:近1周以来患犬腹部变大,排尿次数明显增多,临床检查发现患犬精神萎靡,体温38.5 ℃,心率130次/分。听诊心搏无力,节律不齐,伴有收缩期杂音。呼吸加快并且伴有严重气喘。患犬的黏膜发绀,体表静脉怒张,四肢末端、胸腹下水肿。心功能试验阳性(先在患犬安静状态下测定患犬脉搏数,随后在步行5 min后再测定其脉搏数)。让患犬安静休息,避免过度兴奋和运动,限制过多饮水。用ATP 20 mg、辅酶A 50 U

或肌苷 50 mg,im,bid;细胞色素 C 30 mg,加入 10％葡萄糖溶液 200 mL 中,iv,qd。给予 24 h 氧气吸入。呋塞米 100 mg,sc,bid;阿莫西林克拉维酸钾(速诺)20 mg/kg,po,bid,连用 7 天。

任务七　肺动脉高压诊治

肺动脉高压定义为肺部血管内压力增加,是一种血液动力学和病理生理状态,出现在多种心血管、呼吸系统疾病中。

【症状】

高度提示肺动脉高压的症状包括没有其他明显病因而出现的昏厥(尤其在劳累或活动时)、静息时呼吸困难、活动或运动因呼吸困难而终止以及右心衰竭。疑似肺动脉高压的症状包括静息时呼吸急促或呼吸用力、运动后或活动后呼吸急促持续时间延长、黏膜发绀或苍白。

【诊断要点】

肺动脉高压的确诊需要置入右心导管,但操作的风险和难度很大,因此很少被应用。临床上兽医通常使用心脏超声对肺动脉高压进行诊断、分类和管理。一般认为,在右心室流出道没有阻塞的情况下,三尖瓣反流流速大于 2.8 m/s 或者肺动脉反流流速大于 2.2 m/s 可判定为肺动脉高压。2020 年全美兽医内科医学院(ACVIM)关于犬肺动脉高压的共识建议肺动脉高压的临床定义中包括中等或高度疑似肺动脉高压的犬,特别是三尖瓣反流时压力梯度大于 46 mmHg(三尖瓣反流流速＞3.4 m/s)。

【治疗措施】

(1) 治疗原发病如心丝虫病、肺线虫病、MMVD(犬黏液瘤二尖瓣瓣膜疾病)等。

(2) 使用磷酸二酯酶抑制剂(PDE5i),如西地那非、他达拉非。

(3) 充血性心力衰竭时使用利尿剂。

(4) 给予氧气支持。

(5) 给予营养支持。

 知识拓展

犬心脏病的四个
分期

输血疗法

犬、猫急救药物
的使用指南

→ 模块小结

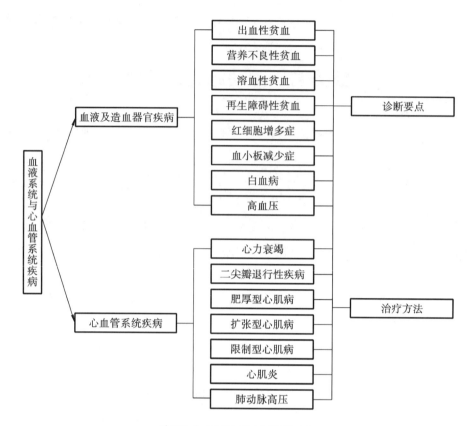

表现心音异常的宠物病

心力衰竭、心包炎、心肌炎、心内膜炎、犬恶丝虫病、胸膜炎、贫血。

表现贫血、黄疸的宠物病

贫血、钩端螺旋体病、附红细胞体病、犬巴贝斯虫病、抗凝血杀鼠药中毒、洋葱/大葱中毒、犬细小病毒病、钩虫病、球虫病。

→ 模块作业

1. 什么叫心力衰竭？
2. 慢性心力衰竭有哪些临床表现？
3. 何谓贫血？简述各类贫血的致病作用和治疗方法。如何进行贫血的鉴别诊断？
4. 溶血性贫血的致病作用及治疗原则是什么？
5. 再生障碍性贫血有哪些治疗方法？
6. 对于扩张型心肌病、肥厚型心肌病如何进行鉴别诊断？

→ 模块测验

执兽真题

模块四　泌尿系统疾病诊治

扫码看课件
模块四

模块介绍

泌尿系统疾病是宠物临床疾病中的多发病之一,主要包括肾脏疾病和尿路疾病两部分。肾脏疾病主要包括肾小球肾炎、肾功能衰竭;尿路疾病主要包括膀胱炎、尿道炎、尿路结石。

学习目标

▲知识目标

1. 理解宠物常见泌尿系统疾病的发病原因和发病机制。

2. 掌握宠物常见泌尿系统疾病的临床症状、病理变化和诊断要点。

3. 掌握宠物常见泌尿系统疾病的治疗措施、预防与护理要点。

▲技能目标

1. 具备在实践中熟练运用常见泌尿系统疾病知识的能力。

2. 培养学生分析、归纳和总结的能力,树立自主学习、终身学习的意识。

3. 使学生具备与人沟通、团结协作能力。

4. 培养学生爱护动物、尊重生命、关注健康的意识。

▲思政目标

1. 泌尿系统是机体极其重要的排泄系统。泌尿系统发生疾病,就会引起机体内毒素排泄障碍,进而出现肾功能衰竭、尿毒症、肾性贫血、肾性高血压、肾性水肿、蛋白尿、管型尿、血尿、血红蛋白尿等一系列病变。

2. 随着宠物在人们家庭中地位的提高,有的宠物主人长期给犬、猫喂人用矿泉水,给幼犬、猫经常补充钙剂,给犬经常喂狗咬棒、狗咬骨等补钙壮骨产品,导致体内钙过量,容易形成尿路结石。

3. 随着人们生活水平的提高和对宠物健康的日益重视,宠物的寿命也越来越长,宠物的老年病也随之增多,如各种原因引起的肾功能衰竭。

4. 随着宠物产业的发展,宠物医院的仪器设备越来越完善,诊断泌尿系统疾病的仪器有血常规仪、血生化仪、血气分析仪、DR机、B超机、尿比重测定仪、血液透析机等,大大提高了临床诊断的准确率。

→ 系统关键词

排尿障碍、多饮多尿、蛋白尿、血尿、尿路结石、泌尿道感染、氮质血症、肾肿大。

→ 检查诊断

1. 排尿异常

(1)排尿症状异常。

常见排尿症状异常如下。①尿失禁:无排尿动作和姿势而不自主排尿,一般见于腰椎中1/3段及其以上部位脊髓损伤。②尿淋漓:排尿不畅,尿液呈滴状排出,一般见于膀胱炎、尿道炎和阴道炎等。③排尿疼痛:排尿过程中具有明显的疝痛姿势和疼痛表现,一般见于膀胱炎、尿道炎和尿路结石等。

(2)排尿次数和尿量异常:排尿次数和尿量的多少与肾脏的泌尿功能、尿路状态、饲料中含水量和宠物饮水量、机体从其他途径(如粪便、呼吸)所排水分的多少有密切关系。

①尿频:排尿次数增多,而一次尿量减少或呈滴状排出,故 24 h 内排尿总量不多。

②多尿:24 h 内排尿总量增多,其表现为排尿次数增多而每次尿量并不少,或表现为排尿次数虽不明显增加,但每次尿量增多,是因肾小球滤过功能增强或肾小管重吸收能力减弱所致。

③少尿:宠物 24 h 内排尿总量减少,排尿次数和每次尿量均减少。

④无尿:肾脏没有分泌尿液功能而停止排尿。

⑤尿闭:肾脏泌尿功能正常,但由于尿路阻塞导致尿液不能排出,因肾脏生成尿液的功能仍存在,尿液不断输入膀胱,故膀胱不断充盈,患宠多有尿意。

2. 尿液感官检查 通常采用清洁的容器在宠物排尿时直接接取尿液,也可使用塑料或胶皮制接尿袋固定在雄性动物阴茎的下方或雌性动物外阴部接取尿液,必要时可以进行人工导尿接取尿液。

视频:
公猫的导
尿与导尿
管的固定

临床上,尿液的检查对某些疾病,特别是对泌尿系统疾病的诊断具有重要的意义,如肝脏疾病、代谢性疾病等。

(1)尿量:尿量的多少,与肾脏的泌尿功能、尿路状态、饲料中含水量和动物饮水量、机体从其他途径(如粪便、呼吸、皮肤)所排水分的多少有密切的关系。

健康的犬 24 h 内排尿 3~4 次,尿量 0.25~1 L,但公犬常随嗅闻物体而产生尿意,短时间内可排尿十多次。

视频:
公犬导
尿技术

(2)尿色:犬新鲜尿液呈深浅不一的黄色,陈旧尿液颜色较深。尿呈黄色是因尿中含有的尿黄素和尿胆原,尿液颜色的深浅是因尿中成分的浓度高低而导致的。

尿黄素的排出一般是恒定的,其在尿液中的浓度则主要因尿液的多少而定。

(3)透明度:正常情况下,尿中因含有大量悬浮在黏蛋白中的碳酸钙和不溶性磷酸盐,刚排出时尿液浑浊不透明,尤其终末尿明显,长时间存放后,空气的氧化作用使尿液的浑浊度增加,静置时尿液的表面和底部都会出现一层碳酸钙沉淀。尿液浑浊常见于肾脏和尿道疾病。

尿液过滤后变透明,说明含有细胞、管型及各种不溶性盐类;尿液加醋酸产生泡沫而变透明,说明含有碳酸盐,不产生泡沫而透明时,说明含有磷酸盐;尿液加热或加碱而变透明,说明含有尿酸盐;尿液加热不透明而加稀盐酸(2%)变透明,说明含有草酸盐;尿液加入乙醚,振荡而变透明,说明含有脂肪;尿液加 20%氢氧化钾(KOH)或氢氧化钠(NaOH)而呈透明胶冻样,说明含有脓汁;尿液经上述方法处理后仍不透明,说明含有细菌(表 4-1)。

表 4-1 尿液浑浊的鉴别

尿 液 处 理	直 观 性 状	说 明 意 义
尿液过滤	变透明	含有细胞、管型及各种不溶性盐类
尿液加热、加醋酸,浑浊不消失	不产生气泡而透明	含有磷酸盐
	产生气泡而透明	含有碳酸盐
尿液加热	不透明,加 2%稀盐酸变透明	含有草酸钙
	或加碱而变透明	含有尿酸盐
尿液加 20%KOH 或 NaOH 振荡	呈透明胶冻样	含有脓汁
尿液加乙醚振荡	变透明	含有脂肪
尿液用上述方法处理	均不透明	含有细菌

(4)黏度:各种宠物的尿液均为稀薄水样,但犬的尿液中含有肾脏、肾盂和输尿管腺体分泌的黏蛋白而带有黏性,有时黏稠如糖浆样而可以拉成丝。在各种原因引起的多尿或尿呈酸性反应中,尿液黏度下降。当泌尿系统出现炎症如肾盂肾炎、输尿管炎症、膀胱炎时,炎性产物的分泌导致尿液的黏度增加,甚至呈胶冻样。

(5)尿气味:病理情况下,尿液的气味可有不同的改变,例如膀胱炎、长久尿潴留(膀胱麻痹、膀胱括约肌痉挛、尿道阻塞等)时,由于尿素分解生成氨,尿液具有刺鼻的氨臭味。

3. 肾脏检查

(1)视诊:观察患宠的体态、姿势,如有无腰脊僵硬、腰背弓起、运步小心、后肢向前、移动迟缓等。

肾性水肿,见于眼睑、肉垂、腹下、四肢、阴囊等处水肿。

(2)触诊:通过体表进行腹部深部触诊。犬、猫取站立姿势,检查者两手拇指放于犬、猫腰部。其余手指由两侧肋弓后方与髋结节之间的腰椎横突下方,由左右两侧同时施压并前后滑动,进行触诊。

肾脏的敏感性增高:宠物常表现出不安、弓背、摇尾和躲避压迫等反应。肾脏压痛:见于急性肾小球肾炎、肾脏及其周围组织发生脓性感染、肾脓肿等,在急性期压痛更为明显。肾脏肿胀、增大,压之敏感,并有波动感,见于肾盂肾炎、肾盂积水等。肾脏质地坚硬、体积增大、表面粗糙不平,见于肾硬变、肾肿瘤、肾结核、肾及肾盂结石。触诊呈菜花状,见于肾脏肿瘤。肾脏萎缩多提示先天性肾发育不全或慢性间质性肾炎(图 4-1、图 4-2)。

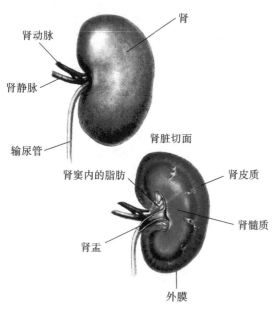

图 4-1　正常的肾脏

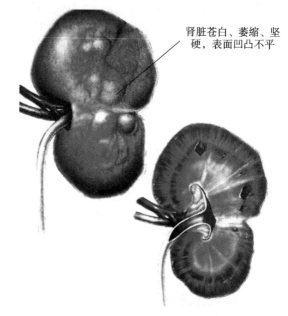

图 4-2　慢性肾小球肾炎病理变化(弥漫性或局灶性系膜增生,肾小球纤维化,肾脏质地变硬)

4. 膀胱与尿道检查

(1)内部触诊:助手提举犬的前躯,检查者一只手的食指带上指套,伸入直肠,另一只手触摸腹壁后部,内外结合地进行膀胱触诊。

(2)外部触诊:使宠物取仰卧姿势,可一只手在腹中线处由前向后触压,也可两只手分别由腹壁两侧逐渐向体中线压迫,以感知膀胱,宠物膀胱充满时,在下腹壁耻骨前缘触到一个有弹性的光滑球体。膀胱过度充盈时可达到脐部。

膀胱空虚、有压痛,提示膀胱炎;膀胱内有较坚实的团块,提示膀胱结石或肿瘤;膀胱高度充盈而呈富有弹性的球体,提示膀胱积尿;膀胱破裂时,表现为无尿、腹部膨大和腹腔积尿,直肠检查时可见膀胱空虚。

5. 化学检查

(1)尿比重:每毫升尿液中含固体物质的量。

尿比重升高:尿量少,提示急性肾小球肾炎、心力衰竭、脱水;尿量多,提示糖尿病。

尿比重降低:尿量少,提示尿毒症;尿量多,提示尿崩症。

(2)蛋白质检查:正常情况下尿液中很少,用普通方法一般不能测出。

尿液中可测出蛋白质时，称为蛋白尿。

肾小球性蛋白尿，提示肾小球损害性疾病，肾小球通透改变，见于各种急、慢性肾脏疾病、各种热性病、多发性骨髓瘤等。

肾小管性蛋白尿，提示肾小管损害性疾病导致肾小管重吸收减弱，见于间质性肾炎、中毒性肾病、汞中毒等。

混合性蛋白尿：同时具有肾小球性蛋白尿和肾小管性蛋白尿的特点，见于肾小管和肾小球同时受累。

溢出性蛋白尿：肾小球滤过及肾小管重吸收功能均正常，肾小管不能完全重吸收，常见于多发性骨髓瘤、巨球蛋白血症、急性溶血性疾病、大面积肌肉损伤。

（3）潜血检查：正常尿液中不含红细胞或血红蛋白。

尿液中检测出红细胞，常见于泌尿系统出血。

（4）尿胆素原。

尿胆素原减少：见于胆道阻塞、腹泻、使用广谱抗生素（四环素）、肾小球肾炎等。

尿胆素原增加：见于肝炎、肝硬化、溶血性黄疸、便秘等。

（5）尿糖检查。

尿糖阳性见于糖尿病、肾性糖尿病、甲状腺功能亢进等。内服或注射大量葡萄糖及精神激动也可致尿糖阳性。

（6）尿酮体检查。

尿酮体异常见于糖尿病、生产瘫痪、酮血病、饥饿、发烧、某些传染病等。

（7）尿液酸碱度（pH）测定：正常尿液呈酸性（pH 5.5～7.5）。

偏碱：见于碱中毒、膀胱炎、剧烈呕吐、细菌感染及碱性药物的治疗。

（8）尿沉渣检查。

新鲜尿液静置或离心机离心后，取少量沉淀物于清洁的载玻片上，铺平后盖上盖玻片镜检。显微镜下能看见无机沉渣（碳酸钙、碳酸镁、磷酸钙、磷酸镁等）、有机沉渣（红细胞、白细胞、肾上皮细胞、膀胱上皮细胞、尿道上皮细胞、管型等）（图 4-3、图 4-4）。

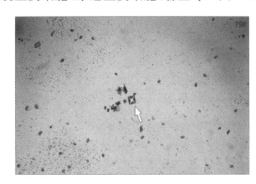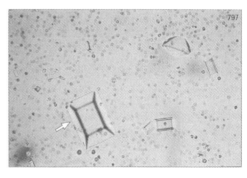

图 4-3 磷酸镁铵结石和三重磷酸盐肾结石（呈棺盖样）

扫码看彩图

常用药物

（1）对于感染性膀胱炎可用广谱抗生素、膀胱黏膜修复剂。常用药物：阿莫西林克拉维酸钾、拜有利、甲硝唑、麻佛微素。最好能根据尿液培养结果选择合适的抗生素。膀胱黏膜修复剂：N-乙酰-D-氨基葡萄糖。

（2）对于膀胱、尿道结石，除使用常规抗生素外，应降低尿液 pH 药物（氯化铵），或升高尿液 pH 药物（柠檬酸钾）。

（3）对于肾脏疾病，常用的利尿剂是呋塞米。急慢性肾功能衰竭时使用胺肾、肾宝等。需降低磷含量时使用肾康、碳酸镧。

Note

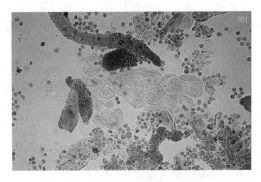

图 4-4　犬急性肾功能衰竭尿沉渣中的颗粒性管型

（4）镇痛：加巴喷丁、布托啡诺、美洛昔康。

（5）缓解痉挛：哌唑嗪、酚苄明。

（6）缓解应激反应：阿米替林、氯米帕明、丁螺环酮。

项目八　肾脏疾病诊治

任务一　肾小球肾炎诊治

肾小球肾炎是最常见的肾小球疾病,它通常由肾小球毛细血管壁上的免疫复合物引起。一般认为它是慢性肾功能不全或肾功能衰竭的主要原因。

【任务资讯】

1. 了解概况　肾小球疾病(GD)起病初期仅引起肾小球病变。由于肾单位各部分之间解剖和功能关系密切,随着病情发展,肾脏其他部位(肾小管、间质组织和肾血管)也可能会发生病变。GD 是最常见的犬肾脏疾病(患病率为 43%～90%)之一,猫患病率相对较低。无论何种致病原因,GD 均能引起肾小球滤过屏障的改变,使得正常情况下无法通过该屏障的分子(如大量白蛋白、抗凝血酶Ⅲ和免疫球蛋白)进入尿液。这些物质的流失导致 GD 的多种临床表现。

肾小球肾炎(GN)约占 GD 的 75%。因此,临床医生需熟悉 GN 的诊断与管理。一般认为,患 GN 的宠物主要为中老年犬、猫,但幼年犬、猫(亲本患家族性 GN)中也有出现。传染性疾病是 GN 的重要病因,传染源引起的 GN 无年龄限制。

2. 认知病因

(1)感染性因素:见于细菌(链球菌、双球菌、葡萄球菌、结核杆菌等)、病毒(犬瘟热病毒、肝炎病毒)、钩端螺旋体、寄生虫(弓形虫)等感染。

(2)中毒因素:内源性中毒见于胃肠炎症、代谢障碍性疾病、皮肤疾病、大面积烧伤等产生的毒素、代谢产物或组织分解产物;外源性中毒见于摄入有毒物质(汞、砷、磷等)或霉败食物等。

3. 识别症状　临床表现包括厌食、体重下降、嗜睡、多尿、多饮、呕吐等。有的宠物的临床表现可能为典型的肾病综合征(如腹腔积液、皮下水肿),还可能出现血栓相关的表现(如肺栓塞时出现突然发作的呼吸困难,髂动脉或股动脉栓塞时突然发生的后肢瘫痪),或由于全身性高血压造成视网膜脱落,而引起动物突然失明。

【诊断要点】

1. 问诊　询问宠物主人患有肾小球疾病的宠物出现的临床表现。

2. 临床检查　对宠物进行体格检查时可见较差的体况和被毛枯燥、脱水、口腔溃疡、小而不规则的肾脏,可能与严重的蛋白质丢失有关。另外,可能会发现潜在感染、炎症或肿瘤性疾病引起的体格检查异常,以及全身性高血压引起的视网膜出血、血管扭曲及视网膜脱落。

3. 实验室检查

(1)蛋白尿:肾小球肾炎的临床病理学标志。

(2)动物排出等渗尿,尿比重为 1.007～1.015。

(3)生化检查异常:如氮质血症、高磷血症、代谢性酸中毒。

(4)很多肾小球疾病患犬可发生低白蛋白血症。

(5)尿蛋白/肌酐比值的升高程度大致与 GD 的类型相关。

(6)区分 GN 和肾小球淀粉样变性唯一可靠的方法是肾脏活组织检查。

Note

【治疗措施】

(1) 积极治疗原发病:可使用依那普利、贝那普利、螺内酯等治疗蛋白尿。

(2) 给予抗菌消炎药:可选用速诺、氨苄西林钠、头孢噻呋、拜有利等。

(3) 给予呋塞米利尿排毒。

(4) 通过静脉输液补充能量和电解质。

(5) 饲喂蛋白质含量适度偏低、富含 ω-3 多不饱和脂肪酸的日粮。

任务二　肾功能衰竭诊治

【任务资讯】

1. 了解概况　肾功能衰竭是肾功能下降或完全丧失引起的以少尿或无尿、代谢紊乱及尿毒症为特征的一种疾病,根据病程分为急性和慢性两种类型。

2. 认知病因

(1) 肾前性病因:由泌尿系统以外的因素引起,如外伤或手术造成大出血、严重腹泻和呕吐、大面积烧伤、腹腔积液、休克、心力衰竭、心排血量减少等。

(2) 肾性病因:由肾脏本身的疾病引起。

(3) 肾后性病因:由于尿路不通、排尿障碍,如损伤、结石等引起的尿路阻塞导致肾小球滤过受阻,血氮增多。

3. 识别症状

(1) 少尿期:疾病初期,患犬、猫在原发病(出血、溶血反应、烧伤、休克等)症状的基础上,排尿量明显减少,甚至无尿。由于水、盐、氮质等代谢产物的潴留,可表现为水肿、心力衰竭、高血压、高血钾症、低血钠症、酸中毒和尿毒症等,并易继发或并发感染。少尿期历时不定,短者约 1 周,长者 2～3 周。如果长期无尿,则有可能发生肾皮质坏死。患慢性肾功能衰竭的犬、猫,临床上常表现为形体消瘦、被毛粗乱无光泽、口腔黏膜溃疡、口臭等(图 4-5、图 4-6)。

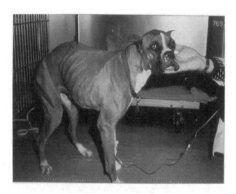

图 4-5　患有慢性肾衰竭的拳师犬(被毛枯燥、消瘦、鼻孔流出继发呕吐物)

图 4-6　慢性肾衰竭患犬的口腔溃疡

(2) 多尿期:患犬、猫经过少尿期后尿量开始增多而进入多尿期,表现为排尿次数和排尿量均增多。此时水肿开始消退,血压逐渐下降。同时,因水、钾、钠丧失,可表现为四肢无力、瘫痪,心律失常甚至休克,重者可猝死;因患犬、猫多死于多尿期,故此期又称为危险期。此期持续 1～2 周,如能耐过此期,便进入恢复期。

(3) 恢复期:患犬、猫排尿量逐渐恢复正常,各种症状逐渐减轻或消除。但由于机体蛋白质消耗量大,体力消耗严重,仍表现为四肢乏力、肌肉萎缩、消瘦等症状。因此,应根据病情,继续加强调养和治疗。恢复期的长短取决于肾实质病变恢复的速度。重症犬、猫,若肾小球功能迟迟不能恢复,可转为慢性肾功能衰竭。

【诊断要点】

1. 症状诊断 根据病史调查、临床症状、尿液变化及水肿症状可做出初步诊断。

2. 实验室诊断

（1）尿液检查：少尿期的尿量少，尿比重低。尿钠浓度偏高，尿液中可见红细胞、白细胞和各种管型及蛋白质。多尿期的尿比重偏低，尿中含有白细胞。

（2）血液学检查：白细胞计数增加和中性粒细胞比例增高；血中肌酐、尿素氮、尿酸、磷酸盐、钾含量升高；血清钠、氯、二氧化碳结合力降低。

（3）补液试验：给少尿期的患犬、猫补液 500 mL 后，再静脉注射利尿素或呋塞米 10 mg。若仍无尿或尿比重仍低，可认为是急性肾功能衰竭。

（4）肾造影检查：急性肾功能衰竭时，造影剂排泄缓慢。根据肾显影情况，可判断肾功能衰竭程度。如肾显影慢和逐渐加深，表明肾小球滤过率低；显影快而不易消退，表明造影剂在间质和肾小管内积聚；肾显影极淡，表明肾小球滤过功能极度障碍。

（5）B 超检查：可确定肾后性梗阻。

【治疗措施】

1. 防治原则 治疗原发病，防止脱水和休克，纠正高血钾和酸中毒，缓解氮质血症。

2. 治疗措施 首先治疗原发病，有创伤、烧伤和感染时，用抗生素控制感染；脱水和出血性休克时，要注意补液；如为中毒病，应中断毒源，及早使用解毒药，适度补液；尿路阻塞时，应尽快排尿。必要时，可采用手术方法消除阻塞，排除潴留的尿液后再适当补充液体。

 案例分析

视频：
犬、猫肾脏
摘除手术

案例：
一例犬急性肾功能
衰竭的诊治

案例：
一例猫肾功能
衰竭的诊治

案例：
一例犬急性肾功能衰
竭的诊断与治疗

案例：
一例猫急性
肾功能衰竭的诊治

案例：
一例猫尿闭引起肾功
能衰竭的诊断与治疗

案例：
一例猫尿路结石引起
急性肾功能衰竭的诊治

项目九 尿路疾病诊治

任务一 膀胱炎诊治

膀胱炎是指膀胱黏膜所发生的局限性炎症,呈急性或慢性经过,是宠物常见病。

【任务资讯】

1. 了解概况 膀胱炎可分为上行和下行两种,上行膀胱炎是指细菌从尿道口到膀胱发生的感染,下行膀胱炎是细菌随尿液从肾脏经输尿管流入膀胱发生的感染。按炎症性质将膀胱炎分为卡他性、纤维性、化脓性和出血性。其主要临床特征是尿频,尿中含有膀胱上皮细胞、脓细胞、白细胞和红细胞等。

2. 认知病因 常见于犬或偶见于猫的膀胱感染,大多数情况下,急性膀胱炎由通过尿道口进入膀胱的细菌引起,感染有时也可累及尿道。

(1) 细菌性感染:如链球菌、铜绿假单胞菌、葡萄球菌、大肠杆菌、变形杆菌、化脓杆菌等细菌通过血液循环或尿道感染膀胱。

(2) 物理性损伤:膀胱结石、膀胱肿瘤等引起膀胱黏膜损伤。

(3) 有害物质刺激:肾组织损伤碎片、尿长期蓄积发酵分解产生大量的氨及其他有害产物等,均可强烈刺激膀胱黏膜引起炎症。

(4) 继发因素:可继发于肾小球肾炎、前列腺炎、前列腺脓肿,以及阴道、子宫、输尿管疾病。

3. 识别症状 宠物有无泌尿系统异常、排尿努责、尿潴留或尿痛、尿异味或尿血、过度舔舐生殖区等。

【诊断要点】

1. 问诊 询问是否出现尿频、排尿困难、血尿。应注意将排尿困难、尿频和多尿区分开,并区分多尿和尿失禁。询问动物是否接触过有毒物质,如防冻剂(乙二醇)、百合(仅指猫)、氨基糖苷类药物、非甾体抗炎药。

2. 临床检查 对宠物进行全面的体格检查,认真评估动物的水合状态,是否出现腹腔积液或皮下水肿等肾病综合征的表现。检查宠物是否出现口腔溃疡、舌尖坏死及黏膜苍白。进行眼底检查时注意是否出现视网膜水肿、脱落、出血或血管扭曲。

可双肾触诊,评估肾脏大小、形状、质地、位置及疼痛情况。评估膀胱的充盈程度、疼痛情况。检查阴道,注意是否出现异常分泌物、团块及有无尿道口异常。

3. 实验室检查 评估血清肌酐及尿素氮浓度。分析尿液的理化性质及评估尿沉渣。

4. 影像学检查 通过超声和X线检查评估膀胱壁厚度、膀胱壁内或腔内是否有结石、血凝块或肿瘤团块。

【治疗措施】

对于不同类型的膀胱炎应采取不同的治疗方案。治疗细菌性膀胱炎时抗生素是首选;对于非细菌性膀胱炎主要针对病因治疗。依据尿液培养结果,选择合适的抗菌药物,短期用药。对无泌尿道感染病史的犬,可以不进行尿液培养,采用经验性用药。在最初48～72 h,可能需要抗炎药物以帮助控制临床症状。

案例：3例猫自发性膀胱炎的诊治

任务二　尿道炎诊治

【任务资讯】

1. 了解概况　尿道炎是尿道黏膜及下层发生炎症的统称。临床上以尿频、尿痛、尿淋漓、尿液浑浊和经常性血尿为特征。

2. 认知病因

（1）尿路阻塞：排尿不畅使得尿液冲洗尿道作用减弱，导致阻塞部近端尿液潴留，细菌大量增殖。

（2）尿道损伤：内窥镜检查或导尿管导尿时，消毒不严或操作不慎，公犬、猫相互咬伤、骨盆骨折、交配时过度舔舐或其他异物刺入尿道引起尿道黏膜损伤，导致细菌感染和尿道炎症。

（3）邻近器官炎症蔓延：见于膀胱炎、包皮炎、阴道炎、子宫内膜炎等。

3. 识别症状

（1）排尿变化：患犬、猫频频排尿，但排尿困难。

（2）尿液感官变化：由于尿中有炎性分泌物，故尿液浑浊，含有黏液、脓汁，有时排出脱落的黏膜。尿液有时带血，尤其在排尿初期含血量较多。

（3）局部检查：触诊或导尿检查时患部敏感，并抗拒或躲避检查。尿道黏膜潮红肿胀，严重时尿道黏膜溃疡、糜烂、坏死或形成瘢痕组织。常有黏液或脓汁从尿道口流出。当尿道狭窄或阻塞，导致尿道破裂时，尿液渗流到周围组织，使腹部下方积尿而发生自体中毒。

【诊断要点】

（1）症状诊断：根据排尿困难和排尿疼痛，触诊局部敏感，导尿困难等症状可做出初步诊断。

（2）实验室诊断：无菌采集尿液，离心后取尿沉渣，光镜下检查，可见尿道上皮细胞、红细胞、白细胞、脓细胞及病原微生物等，但无管型。

【治疗措施】

治疗原则：消除病因、控制感染和冲洗尿道。

口服或注射抗菌消炎药，如阿莫西林克拉维酸钾（速诺）、氨苄西林钠、头孢噻呋、拜有利。使用甲硝唑抗厌氧菌。通过静脉输液补充能量和电解质。使用呋塞米利尿排毒。

任务三　尿路结石诊治

尿路结石是指矿物质溶质沉淀在尿液中形成晶体，当晶体聚集到一定程度影响生理功能时，称为尿石或尿路结石。

【任务资讯】

1. 了解概况　根据尿路结石形成与阻塞的部位不同,尿路结石可分为肾盂结石、输尿管结石、膀胱结石和尿道结石。一般来说,膀胱结石和尿道结石在临床上较为多见,公犬因尿道长、弯曲、狭窄而尿道结石发病率更高。尿路结石是某些核心物质(如黏液、凝血块、脱落的上皮细胞、坏死组织片和异物等)被矿物质盐类(如磷酸盐、碳酸盐、草酸盐、尿酸盐、硅酸盐等)和保护性胶体物质(如黏蛋白、胱氨酸、核酸、黏多糖)环绕凝结而成。尿路结石的种类有很多,按其成分可分为磷酸盐结石、尿酸铵结石、胱氨酸结石、草酸钙结石、硅酸盐结石、黄嘌呤结石、碳酸盐结石等。尿路结石的形状各异,可呈球形、椭圆形或多边形,还有的呈细颗粒或沙石状,其大小也不一样。

2. 认知病因　尿路结石形成的原因尚未完全清楚,一般认为与尿路感染、维生素 A 缺乏、饮水不足、食物中矿物质含量过高、甲状旁腺功能亢进、维生素 D 含量过高、矿物质代谢紊乱、尿液 pH 改变等因素有关。

3. 识别症状

(1)肾结石:多位于肾盂,肾结石形成初期常无明显症状,随后表现出肾盂肾炎的症状,患犬、猫常做排尿姿势,频频排尿但每次排尿量少,尿中带血,肾区压痛,行走缓慢,步态强拘、紧张。严重时可形成肾盂积水。继发细菌感染时,体温升高。

(2)输尿管结石:急剧腹痛,呕吐,患犬、猫不愿走动,表情痛苦,步行弓背,腹部触诊疼痛。输尿管单侧或不全阻塞时,可见血尿、脓尿和蛋白尿;若双侧输尿管同时完全阻塞时,无尿进入膀胱,呈现无尿或尿闭,往往导致肾盂肾炎和肾盂积水。

(3)膀胱结石:患宠出现少尿、无尿或血尿,触诊犬、猫后腹部时,可见膀胱充盈,通过侧卧位 X 线检查、仰卧位 B 超检查可确诊(图 4-7、图 4-8)。

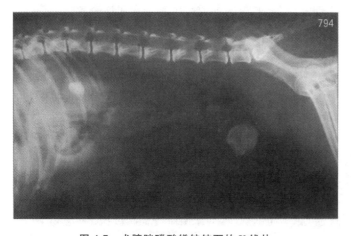

图 4-7　犬膀胱磷酸镁铵结石的 X 线片　　　　　　　图 4-8　膀胱结石

(4)尿道结石:多发生于公犬、猫。尿道不完全阻塞时,排尿疼痛,尿液呈滴状或断续状流出,有时排尿带血,排尿初期的尿液含血量多。尿道完全阻塞时,则发生尿闭、肾性腹痛。膀胱极度充盈时,患犬、猫频频努责,却不见尿液排出,随着病程拖长,可引起膀胱破裂或尿毒症。

【诊断要点】

1. 问诊　询问宠物是否出现尿频、排尿困难、血尿。

2. 临床检查　对宠物进行全面的体格检查,认真评估宠物的水合状态。触诊评估膀胱的充盈程度、疼痛情况。

3. 实验室检查　评估血清肌酐及尿素氮浓度。分析尿液的理化性质及评估尿沉渣。

4. 影像学检查　通过超声和 X 线检查评估膀胱情况。

【治疗措施】

对于细沙样结石,可先插入导尿管,然后用生理盐水高压冲洗尿道,使尿道扩张,将尿道内细沙样结石冲回到膀胱内,然后口服利尿通、排石冲剂、咪尿通等中药排石冲剂。对于体况稳定并怀疑为

Note

磷酸镁铵结石、尿酸盐或胱氨酸结石者,可尝试上述药物溶石。如果尿路完全阻塞,保守疗法无效时一般选择手术治疗。

案例分析

案例：
一例公犬尿
路结石的诊治

案例：
一例犬膀胱
结石的诊治

案例：
一例猫下泌尿道
综合征的诊治

知识拓展

尿液化验单

模块小结

表现泌尿系统症状的宠物疾病

肾小球肾炎、膀胱炎、尿道炎、尿路结石、前列腺炎、尿崩症、甲状腺功能亢进、甲状旁腺功能亢进、腹膜炎、钩端螺旋体病、附红细胞体病、犬巴贝斯虫病、抗凝血杀鼠药中毒、洋葱/大葱中毒、子宫蓄脓。

模块作业

1. 泌尿系统疾病对机体的危害有哪些?

2. 肾小球肾炎的发病原因有哪些? 急性肾小球肾炎有哪些临床症状?

3. 肾小球肾炎的治疗原则是什么? 如何选择和使用治疗肾小球肾炎的药物?

Note

4. 膀胱容易发生哪些疾病？如何诊断和预防？

 模块测验

执兽真题

Note

模块五　神经系统疾病诊治

模块介绍

本模块主要阐述了宠物常见的神经系统疾病,分为脑及脑膜疾病、脊髓疾病、功能性神经病。通过本模块的学习,要求了解神经系统疾病的发生原因和发病机制;熟悉神经系统常见病的特征性症状、示病症状或主要症状;掌握临床诊断、实验室诊断、影像学诊断等操作技能;具备在宠物门诊临床诊治等技能。

学习目标

▲知识目标

1. 理解宠物神经系统疾病的发生、发展规律。

2. 熟悉宠物常见神经系统疾病的诊疗技术要点。

3. 掌握宠物主要神经系统疾病的发生原因、发病机制、临床症状、治疗方法及预防措施。

▲技能目标

能够正确诊断和治疗代谢性脑病、肝性脑病、脑膜脑炎、热射病和日射病、脊髓炎、脊髓损伤、椎间盘突出症、癫痫、膈肌痉挛、舞蹈病、晕车症的能力。

▲思政目标

1. 培养学生分析、归纳和总结的能力,树立自主学习、终身学习的意识。

2. 使学生具备与人沟通、团结协作的能力。

3. 培养学生爱护动物、尊重生命、关注健康的意识。

系统关键词

精神兴奋、精神抑制、脑昏迷、昏厥、强迫运动、盲目运动、圆圈运动、暴进暴退、滚转运动、共济失调、痉挛、瘫痪、感觉障碍、反射障碍等。

检查诊断

图 5-1 为猫神经系统组成。

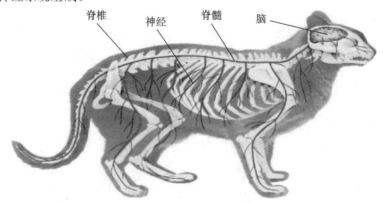

脊椎　神经　脊髓　脑

图 5-1　猫神经系统组成

1. 精神状态检查

(1)精神兴奋:见于脑部疾病,如脑膜充血、脑膜炎及颅内压升高等;中毒性疾病,如微生物毒素、化学药品或植物中毒;日射病和热射病;传染病,如传染性脑脊髓炎、狂犬病。

(2)精神抑制:沉郁见于许多疾病;昏睡常见于脑炎及颅内压增高;昏迷见于颅内病变及代谢性疾病。

(3)昏迷:①脑性昏迷:见于脑震荡及脑挫伤、脑室积水、中暑。②肝性昏迷:见于犬传染性肝炎、肝性脑病。③代谢性昏迷:见于低血糖、犬细小病毒性肠炎、沙门氏菌病。④中毒性昏迷:见于有机磷中毒、食盐中毒、重金属中毒。

(4)晕厥:突然发生的、短暂的意识丧失状态,因心排血量减少或血压突然下降引起急性脑贫血所致,也称为休克。

2. 头颅和脊柱检查

(1)头颅检查:注意头颅的形态和大小,发育是否与躯体各部位相协调,是否对称,有无温度、硬度等变化。

(2)脊柱检查:脊柱弯曲见于脑膜炎、脊髓炎、破伤风、骨质代谢障碍性疾病;脊柱压痛及僵硬见于创伤性骨折、药物中毒及风湿性疾病。

3. 运动功能检查

(1)强迫运动:不受意识支配和外界环境影响,而出现的强制发生的有规律的运动。

(2)盲目运动:宠物无目的地徘徊走动,对外界刺激缺乏反应,常见于脑炎、脊髓损伤所引起的意识障碍。

(3)圆圈运动:宠物按一定方向做圆圈运动,见于脑炎、脑脓肿、一侧脑室积水等。

(4)暴进暴退:暴进,表现为常步或速步,不顾障碍地向前狂进,见于大脑皮层运动区、纹状体、丘脑等受损;暴退,表现为头颅后仰,连续后退,见于小脑损伤、颈肌痉挛等。

(5)滚转运动:宠物不自主地向一侧倾倒或强制卧于一侧,或以躯体的长轴为中心向患侧滚转,见于延脑、小脑脚、前庭神经、迷路神经受损。

(6)共济失调:运动时肌群动作相互不协调所致宠物体位和各种运动的异常表现,常见有体位平衡性失调和运动性失调。

①体位平衡性失调:宠物在站立状态下出现的失调,如"醉酒状",常见于小脑、前庭神经或迷路神经受损。

②运动性失调:宠物在运动时出现的失调,常见于大脑皮层(额叶或颞叶)、小脑、脊髓(脊髓背根或背索)及前庭神经或前庭核、迷路神经受损。

(7)痉挛:肌肉出现不随意的急剧收缩,包括阵发性痉挛和强直性痉挛。

①阵发性痉挛:单块肌肉或单个肌群发生短暂、迅速的有节律的不随意收缩,突然发生,并且迅速停止。常见于传染病、中毒性疾病、代谢障碍(如钙镁缺乏症)及循环障碍。震颤见于中毒、过劳、衰竭、缺氧或危重病例濒死时;抽搐或惊厥,见于尿毒症等。

②强直性痉挛:肌肉出现长时间均等的连续收缩而无弛缓的一种不随意运动,见于破伤风、脑炎、马钱子中毒等。

(8)瘫痪(麻痹):肌肉的随意运动功能减弱或消失称为瘫痪或麻痹。瘫痪根据瘫痪程度分为轻瘫和全瘫;根据瘫痪发生部位分为单瘫、偏瘫和截瘫;根据神经系统损伤的解剖部位分为中枢性瘫痪和外周性瘫痪。

4. 感觉功能检查

(1)一般感觉检查:分为浅感觉检查和深感觉检查。浅感觉指皮肤的触觉、痛觉、温度觉和对电刺激的感觉。深感觉指皮下深部的肌肉、关节、骨骼、腱和韧带等的感觉。

①浅感觉异常:皮肤感觉性增高见于脊髓膜炎、脊髓背根损伤、视力损伤、末梢神经炎或受压、局部组织炎症;皮肤感觉性减弱或感觉消失,表明感觉神经传导路径发生毁坏性病变;皮肤感觉异常,如发痒、烧灼感、蚁走感,见于狂犬病、神经性皮炎、荨麻疹等。

②深感觉异常:提示大脑或脊髓受损害,如慢性脑积水、脑炎、脊髓损伤、严重肝病等。

（2）感觉器官检查：包括视觉、听觉、嗅觉器官检查。

①视觉器官检查。

斜视：眼球位置不正。

眼球震颤：眼球发生一系列有节奏的快速往返运动。

视力：当宠物前进通过障碍物时，冲撞于物体上，用手在动物眼前晃动时，宠物不躲闪，则提示视力障碍。

眼底检查：观察视神经乳头和视网膜。

②听觉器官检查。

听觉障碍：内耳损害所引起。

听觉增强：见于脑和脑膜疾病。

听觉减弱或消失：提示大脑皮层颞叶、延脑受损。

③嗅觉器官检查：让宠物熟悉物件或有芳香气味的物质的气味，然后让宠物闻嗅，但应防止其看见，以观察其反应。

5. 反射功能检查

（1）耳反射：用细棍轻触耳内侧皮毛，正常时宠物摇耳和转头。反射中枢在延髓及第1～2颈髓。

（2）肛门反射：轻触或针刺肛门皮肤，反射中枢在第4～5荐髓。

（3）瞳孔反射：注意瞳孔有无缩小或散大。

①瞳孔散大：交感神经兴奋或动眼神经麻痹，使瞳孔开张肌收缩。交感神经兴奋，瞳孔对光仍具有反应，见于宠物的高度兴奋、恐怖、剧痛性疾病及应用阿托品等药物。动眼神经麻痹时瞳孔对光无反应，提示中脑受侵害，病情垂危。

②瞳孔缩小：动眼神经兴奋或交感神经麻痹，使瞳孔括约肌收缩。见于脑膜脑炎、脑出血、虹膜炎、有机磷中毒及应用毛果芸香碱等药物时。

③瞳孔大小不等：见于脑膜脑炎、脑出血、虹膜炎、有机磷中毒及应用毛果芸香碱等药物时。

→ **常用药物**

（1）中枢神经系统用药：维生素 B_1、维生素 B_{12}、钙制剂、硝酸士的宁、胞磷胆碱。

（2）镇静催眠抗惊厥药物：异丙嗪、氯丙嗪、多咪静、地西泮、苯巴比妥。

（3）外周神经系统用药：新斯的明、加兰他敏、阿托品。

项目十　脑及脑膜疾病诊治

任务一　代谢性脑病诊治

【任务资讯】

1. 了解概况　由代谢性紊乱如低血糖、严重尿毒症、电解质紊乱、高渗透压等引起的精神异常、意识改变或癫痫,称为代谢性脑病。

2. 认知病因　引起犬、猫代谢性脑病的原因有很多,也很复杂,主要如下:严重内脏疾病,如肝炎、严重肺炎、心肌炎、尿毒症、胰腺炎、急慢性胃肠功能紊乱、中暑等;内分泌失调,如肾上腺皮质功能减退、甲状腺功能减退等;营养代谢性疾病,如低血糖、高血糖、高脂血症、B族维生素缺乏病、痛风、蛋白质和能量等营养不良症、维生素 A 缺乏病、维生素 C 缺乏病(坏血病)、维生素 D 缺乏病、骨质疏松症等;血液循环障碍性疾病,如高血压、血栓、心力衰竭等;电解质及酸碱平衡紊乱,如酸中毒、碱中毒、低钠血症、高钠血症、低钾血症、低镁血症;其他原因,如肿瘤、缺氧、外部创伤、感染、中毒、遗传性因素等。

3. 识别症状　代谢性脑病大多数以急性或亚急性起病,大多数开始表现为食欲不振、头晕、呕吐、意识障碍、对外界刺激淡漠等,也可伴有痉挛、抽搐、肌张力增高、心律不齐、呼吸不规则等。后期可发展成痴呆、昏睡以至昏迷及视力障碍。此外,还可表现为原发病的症状。对于本病,如不及时治疗,则预后不良,严重者可引起死亡。

【任务实施】

1. 诊断

(1)问诊:了解宠物正常的行为习惯、全身性表现,以及导致这种精神异常或意识改变发生的情境。

(2)临床检查:进行体格检查、神经学检查和眼科学检查。

(3)实验室检查:包括血常规、血生化、尿检。实验室检查可帮助鉴别和排查代谢性疾病引起的神经症状。

(4)影像学检查:胸部 X 线检查在排查转移性肿瘤、侵袭肺脏的感染性疾病、巨食道诊断上起重要作用。对考虑转移性肿瘤引起神经症状的宠物,可行腹部超声检查排查是否存在原发肿瘤。MRI和 CT 在脑部、脊髓疾病的定位、鉴别和特征描记中起重要作用。

2. 治疗　　根据病因,积极治疗原发病。

(1)病因治疗:因为代谢性脑病是在颅外疾病和全身性疾病的基础上出现的中枢神经系统的代谢障碍,因此针对多器官功能衰竭、中毒、感染及内分泌失调等病因的治疗,是治疗代谢性脑病的根本措施。

(2)对症支持:在病因治疗的同时,还应该加强对症支持治疗。

①营养支持。

②纠正低氧血症。

③维持水电解质平衡和酸碱平衡。

④控制血压。

Note

⑤降低颅内压。

⑥控制癫痫。

⑦预防深静脉血栓。

⑧控制继发感染等。

任务二 肝性脑病诊治

【任务资讯】

1. 了解概况 肝性脑病又称肝性昏迷,是由严重肝病引起的以代谢紊乱为基础,中枢神经系统功能失调的一种综合征,其主要的临床表现是意识障碍、行为失常和昏迷。犬多见,猫也有发生。

2. 认知病因 引起犬肝性脑病的原因有很多,主要有肝炎、脂肪肝、肝硬化、肝肿瘤等。肝实质损伤,尤其是急性肝坏死和慢性肝病晚期,肝脏的代谢功能减退,使氨、吲哚、巯基乙醇、短链脂肪等代谢产物在血液中堆积;先天性门脉系统短路可出现在肝内,多见于大型犬种,如爱尔兰猎狼犬、澳洲牧牛犬、拉布拉多犬;后天性门脉系统短路,见于严重的肝脏疾病(如慢性肝炎、肝硬化)。先天性尿素循环酶缺乏导致氨代谢为尿素的过程受阻,使血液中的氨大量蓄积,有毒物质在血液中堆积,导致脑功能障碍,即肝性脑病。

3. 识别症状 犬、猫常表现为食欲不振、体重减轻、生长停滞、烦渴、异嗜、呕吐、腹泻。对镇静剂、麻醉剂等药物耐受性差。伴有门静脉高压或严重低蛋白血症时,出现腹腔积液、腹部膨胀。猫还可出现明显流涎。在大量采食肉、肝脏等高蛋白质食物后出现神经症状,表现为精神沉郁、痴呆、昏睡以至昏迷及视力障碍等。泌尿系统检查可见肾脏肿大,多尿,有的伴结石、血尿、蛋白尿。

【任务实施】

1. 诊断 主要通过病史、临床症状和实验室检查做出诊断。血管造影术可确定门脉系统短路的部位和血液分流程度。血液检查可见红细胞增加,血清总蛋白和血清尿素氮水平降低,丙氨酸氨基转移酶和碱性磷酸酶水平升高,血氨水平于进食后明显升高。

2. 治疗 静脉注射磺溴酞钠,5 mg/kg,30 min后滞留超过5%。疑似本病的犬,口服氯化铵,0.1 g/kg,30 min后血氨明显高于投药前。X线检查可见肝萎缩或肝轮廓不清,有腹腔积液、肾肿大或泌尿系统结石。

任务三 脑膜脑炎诊治

【任务资讯】

1. 了解概况 脑膜脑炎是指脑膜和脑实质的炎症。临床上以伴有一般脑症状、局灶性脑症状和脑膜刺激症状为特征。脑膜脑炎可分为化脓性和非化脓性两类。

2. 认知病因

(1)原发性脑膜脑炎:由感染因素(狂犬病、犬瘟热、大肠杆菌病)和中毒因素(铅、砷、有机磷、磺胺类药物中毒)引起,多为非化脓性脑炎。

(2)继发性脑膜脑炎:多见于临近部位感染(如脊髓炎、副鼻窦炎、中耳炎等)的蔓延,化脓性疾病(大面积创伤感染、子宫蓄脓)引起的脓毒败血症,以及其他部位感染后化脓菌随血液循环进入脑部而引起。

3. 识别症状 神经症状可分为一般脑症状、局灶性脑症状和脑膜刺激症状。

一般脑症状:患犬、猫先兴奋后抑制或交替出现。

局灶性脑症状:取决于炎症灶在脑组织中的部位。大脑受损时,表现为行为和性情的改变;炎症侵害小脑时,出现共济失调,肌肉颤抖,眼球震颤,姿势异常;炎症波及呼吸中枢时,出现呼吸困难。

脑膜刺激症状:以脑膜炎为主的脑膜脑炎,常伴发脊髓膜炎,脊神经受到刺激,颈、背部敏感。轻微刺激或触摸该处,则有强烈的疼痛反应,肌肉强直性痉挛。

单纯性脑炎时体温升高不常见,但化脓性脑膜炎时体温升高,有的可达 41 ℃。

【任务实施】

1. 诊断

(1)问诊:任何病因引起的犬脑膜脑炎,都常发生颈部疼痛和僵硬,表现为犬不愿行走、弓背和抗拒头和颈的人为摆弄。高热可见于任何引起严重脑膜脑炎的疾病,可出现前庭功能障碍、癫痫、辨距过度或意识紊乱。

(2)临床检查:诊断时通常需进行全面的体格检查和眼科检查。

(3)实验室检查:需要进行脑脊液分析以确诊怀疑的中枢神经系统炎性疾病。脑脊液的细胞学检查结合临床症状和神经学检查,有助于确诊宠物个体炎性疾病的病因。

2. 治疗 脑膜脑炎的病因不同,治疗方法不同。对于肉芽肿性脑膜脑炎,糖皮质激素可使患犬临床症状的进程暂时性地停止或逆转。对于细菌、真菌或寄生虫性脑膜脑炎,需要抗感染治疗。临床常用脱水剂(20％甘露醇或 25％山梨醇)、镇静剂(盐酸氯丙嗪、静安舒)、抗菌药物(复方磺胺嘧啶、头孢菌素)等治疗。

任务四 热射病和日射病诊治

【任务资讯】

1. 了解概况 热射病和日射病是由纯物理因素引起体温调节功能障碍的疾病。因阳光直射头部,导致脑及脑膜充血、出血,引起中枢神经系统功能障碍的,称为日射病。因环境温度过高、湿度过大,导致机体散热障碍,引起体内积热的,称为热射病。

2. 认知病因

(1)夏季长时间暴露于阳光下,由于日光直晒头部,导致脑及脑膜充血、出血,导致日射病。或者由于环境温度过高、机体散热障碍(在通风不良的高温环境中、密闭的汽车内长途运输时、在水泥地面上的铁皮小屋等),体温急剧升高导致热射病。

(2)患有热性疾病、心血管系统疾病、泌尿系统疾病的宠物或手术中长时间的气管插管、过度肥胖的宠物更易发生本病。

3. 识别症状

(1)体温极高:体温急剧升高,可达 42 ℃以上。

(2)神经症状:突然发病,病初精神抑郁,站立不稳,运动失调,随后兴奋不安,神志紊乱、癫狂冲撞,最后卧地不起,陷于昏迷。有的突然倒地,肌肉痉挛,抽搐死亡。

(3)心力衰竭症状:随着病情的急剧恶化,出现心力衰竭,表现为心搏加快、脉搏细弱、静脉淤血、末梢静脉怒张、黏膜发绀。

(4)肺水肿症状:由于伴发肺充血和肺水肿,患犬、猫呼吸急促、浅表,张口伸舌,口、鼻喷出白沫或血沫。听诊肺部有湿啰音。

(5)剖检变化:剖检可见脑及脑膜血管均出现淤血和出血点;脑脊液增多,脑组织水肿;肺充血和肺水肿;胸膜、心包膜和肠系膜有瘀斑及浆液性炎症。

【任务实施】

1. 诊断

(1)问诊:环境温度过高、湿度过大、风速小,宠物机体散热障碍,导致体内积热。阳光直射,特别是在烈日下运动或在密闭的汽车内长途运输,导致脑部温度升高。体形肥胖、幼龄及老年宠物对热的耐受能力低是热射病的诱发因素。饲养管理不当,特别是饮水及食盐摄入不足可诱发本病。可针对以上几个方面询问宠物主人。

(2)临床检查:检查宠物有无出现神经功能障碍、体温升高、大量出汗,有无出现循环、呼吸功能的衰竭。

(3)实验室检查:血常规、血生化、血气和凝血功能。

2. 治疗 加强护理,消除病因,降低体温,防止脑水肿和对症治疗。

 案例分析

案例:一例犬中暑病的诊断与治疗

项目十一　脊髓疾病诊治

任务一　脊髓炎诊治

【任务资讯】

1. 了解概况　脊髓炎及脊髓膜炎是脊髓实质、脊髓软膜及蛛网膜炎症的统称。

2. 认知病因

（1）感染因素：犬瘟热、狂犬病、伪狂犬病、破伤风、弓形虫病、全身性霉菌病等疾病过程中，病原体沿血液或淋巴循环到达脊髓膜或脊髓实质引起炎症。

（2）中毒因素：细菌毒素或其他毒物随着血液循环到达脊髓，引起炎症。

（3）机械损伤：椎骨骨折、脊髓震荡、脊髓挫伤及出血等。

（4）继发因素：受寒、感冒、中暑、过劳、佝偻病、骨软症等。

3. 识别症状　急性脊髓炎初期，表现为发热、精神沉郁、不愿活动、容易疲劳、四肢疼痛等症状。随着病情发展，出现脊髓功能障碍。

【任务实施】

1. 诊断

（1）问诊：询问宠物有无做过免疫驱虫，有无吃过生肉或发霉变质食物，有无摔伤等情况。

（2）临床检查：检查宠物有无高热，通过神经学检查评估运动、感觉中枢及反射功能是否正常。

（3）实验室检查：血常规、血生化、传染病筛查。

（4）影像学检查：必要时需要行 CT 或 MRI 检查评估神经系统。

2. 治疗　加强护理，杀菌消炎，营养神经，兴奋中枢，促进吸收和对症治疗。

 案例分析

案例：3 例犬脊髓炎的诊治

任务二 脊髓损伤诊治

【任务资讯】

1. 了解概况 脊髓损伤是由于脊柱骨折、外伤等原因引起的脊髓挫伤及震荡。

2. 认知病因

(1)原发因素:常见的为外力打击、汽车或自行车等冲撞、跌倒、高处坠落、踢伤或锐利物体刺入等造成椎骨骨折、脱位等脊髓的创伤性损害(图5-2)。

(2)继发因素:宠物患骨软症、佝偻病及骨质疏松症时,因骨骼的质地疏松,韧带松弛,脊髓极易受损,从而引起脊髓挫伤。

3. 识别症状 宠物表现为疼痛不安、呻吟等。由外伤引起者,可见脊柱局限性隆起、变形、肿胀、触压疼痛,有时可听到骨摩擦音。脊髓损伤的部位、范围和程度不同,所表现的症状也不同(图5-3)。

扫码看彩图

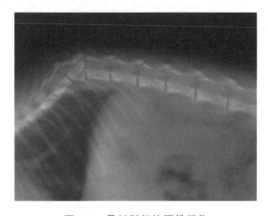

图5-2 骨折引起的腰椎损伤

图5-3 脊髓损伤引起的后肢瘫痪

【任务实施】

1. 诊断

(1)问诊:询问宠物主人,宠物有无打斗、冲撞、摔倒、跌落、被碾压等情况,询问宠物的饮食营养及发育情况。

(2)临床检查:检查宠物有无外伤,进行完整的神经学检查。

(3)影像学检查:用非离子碘造影剂(如碘海醇)进行脊髓腔注射(图5-4),然后行CT或MRI扫描检查脊椎有无损伤。

扫码看彩图

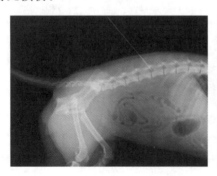 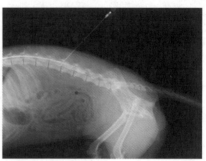

图5-4 脊髓造影技术

2. 治疗 加强护理,消除病因,给予镇静、消炎、营养神经和对症治疗。

Note

案例分析

案例:猫脊髓损伤的药物治疗

任务三　椎间盘突出症诊治

【任务资讯】

1. 了解概况　椎间盘突出症是指椎间盘变性、纤维环破裂,髓核突出,压迫脊髓引起的一系列症状。

2. 认知病因　多见于体形小、年龄大的软骨营养障碍类犬,非软骨障碍类犬也可发生。

3. 识别症状

(1)颈椎间盘突出症初期患犬颈部、前肢过度敏感,颈部肌肉疼痛性痉挛,爪尖抵地,腰背拱起,头颈不抬,行走小心,耳竖起,触诊颈部可引起剧痛或肌肉极度紧张,重者颈部、前肢麻木,共济失调或四肢截瘫。

(2)胸腹部椎间盘突出症初期严重疼痛、呻吟、不愿挪步或行动困难。有的病例剧烈疼痛后突然发生两后肢运动障碍(麻术或麻痹)和感觉消失,但两前肢往往正常。患犬尿失禁,肛门反射迟钝。上运动神经元病变时,膀胱充盈,张力大,难挤压;下运动神经元损伤时,膀胱松弛,容易挤压。后肢有无深部痛觉是重要的预后指征。感觉麻痹超过 24 h 提示预后不良。

【任务实施】

1. 诊断

(1)问诊:了解犬的饮食结构、有无外伤史等。

(2)临床检查:检查动物是否有弓腰、呻吟、不愿行走、跛行,甚至瘫痪、排粪排尿失禁、深部痛觉消失等。

(3)影像学检查:X 线检查提示椎间盘间隙狭窄,椎间盘、椎间孔钙化。

2. 治疗　给予消炎、镇痛、促进神经恢复的治疗。

案例分析

案例:2 例犬腰椎间盘突出症的诊治

Note

项目十二　功能性神经病诊治

任务一　癫痫诊治

【任务资讯】

1. 了解概况　癫痫是由脑细胞异常放电引起的一种急性、反复发作、一时性的短暂脑功能失调综合征。

2. 认知病因

(1) 原发因素：与遗传有关。由于大脑组织代谢异常，皮层或皮层下中枢受到刺激，导致兴奋与抑制失调而发病。犬的原发性癫痫一般认为是由中枢神经系统代谢性功能异常导致的，具有遗传性。

(2) 继发因素：脑器质性病变、传染病和寄生虫病、代谢失调、中毒等。

3. 识别症状　癫痫发作有 3 个特点，即突然性、暂时性和反复性。按临床症状，癫痫发作主要可分为既有意识丧失又有痉挛发生的大发作和仅有短时间晕厥、不伴有痉挛的小发作两种类型（图 5-5）。

【任务实施】

1. 诊断

(1) 问诊：询问宠物主人宠物的父母有无癫痫，发病前有无受到刺激或情绪激动；有无免疫驱虫，营养状态，有无可能吃到有毒物质等；宠物的营养状态等。

(2) 临床检查：进行全面系统的临床检查及神经学检查。

(3) 实验室检查：进行全血细胞计数和血生化检查以排除低血钙、低血糖、感染、肝性脑病、铅中毒。

(4) 影像学检查：进行 X 线检查以排除头部创伤或脑水肿。进行 CT 或 MRI 检查以排除大脑的占位性病变。

2. 治疗　本病病因较多，治疗的主要目的是减少癫痫发作次数，缩短癫痫发作时间，降低癫痫发作的严重性，但尚缺乏根治措施，不能完全治愈。应加强护理，增强大脑皮质的保护性抑制作用，镇静解痉，恢复中枢神经系统正常功能。临床实践证明可用清开灵、地西泮于大椎、百会注射，同时配合抗癫痫药物口服，如癫安舒、扑米酮等（图 5-6）。

图 5-5 癫痫引起的神经症状

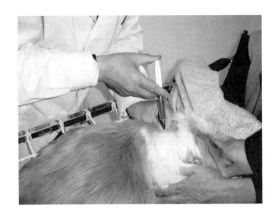

图 5-6 用清开灵、地西泮于大椎、百会注射

任务二 膈肌痉挛诊治

【任务资讯】

1. 了解概况 膈肌痉挛是由于膈神经受到异常刺激,兴奋性增高而发生的膈肌痉挛性收缩。

2. 认知病因 能引起膈肌痉挛的原因有很多,主要如下。

(1)膈神经受到刺激:消化器官疾病,如胃肠突然受到刺激、胃肠过度胀满、胃肠炎、消化不良、食道扩张等;急性呼吸器官疾病,如纤维素性肺炎、胸膜炎等;脑和脊髓的疾病,尤其是膈神经起始处的脊髓病;中毒性疾病,肠道内腐败发酵产生的有毒产物影响等。

(2)其他方面:如药物、全身麻痹、手术后、受到惊吓、天气变化、运输、电解质紊乱、过劳以及肿瘤、主动脉瘤等的压迫等,也都可以引起膈肌痉挛的发生。

3. 识别症状 本病的主要特征是患犬躯干、四肢出现有规律或无规律的抖动,腹部及躯干发生独特的节律性振动,尤其是腹肋部三起一伏有节律地跳动,俗称"跳肷"。同时伴发急促的吸气,心律不齐。俯身于鼻孔附近,可听到呕逆音。同步性膈肌痉挛,腹部振动次数与心脏搏动次数相一致;非同步性膈肌痉挛,腹部振动次数少于心脏搏动次数。膈肌痉挛时,患犬不食不饮,神情不安,头颈伸张,流涎。膈肌痉挛典型的电解质紊乱和酸碱平衡失调是低氯性代谢性碱中毒,并伴有低钙血症、低钾血症和低镁血症。膈肌痉挛的持续时间一般为 $5\sim30$ min,也可至 12 h 以上,最长者可达 3 周。如治疗及时,膈肌痉挛很快消失,预后良好。顽固性患宠,可死于膈肌麻痹。

【任务实施】

1. 诊断

(1)问诊:询问宠物有无消化不良、呕吐腹泻、呼吸困难等不适。应激、长途运输、电解质紊乱也有可能引起宠物发病。

(2)临床检查:腹部呈现有节律的振动,以两侧肋弓处最为明显。将手放在肋骨弓处可感觉到膈肌痉挛引起的腹部振动。

2. 治疗 加强护理,消除病因,镇静解痉。临床可皮下注射盐酸氯丙嗪或通过物理治疗,比如针灸或行膈神经阻滞术,具有较好的效果。

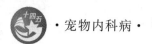
任务三 舞蹈病诊治

【任务资讯】

1. 了解概况 本病多因脑炎等病所致,临床上以头颈部或四肢和躯干的某块肌肉或肌群剧烈地间歇性痉挛和较规律无目的地不随意运动,行走时呈舞蹈样步态为特征,故又称为舞蹈病。但舞蹈病其实不是独立性疾病,而是脑部疾病的综合征。

2. 认知病因 舞蹈病主要为脑炎所致,见于犬瘟热、一氧化碳中毒、脑肿瘤、脑软化、脑出血等。

3. 识别症状 患病肌群多位于颜面、颈部、四肢、躯干等,严重的可波及全身各肌群。多伴有癫痫样发作、运动失调、麻痹或意识障碍,很快进入全身衰竭。头部抽搐发生于口唇、眼睑、颜面、咬肌、头顶及耳等。颈部抽搐时,可见颈部肌肉上下活动,出现点头运动。横膈膜抽搐时可见沿肋骨弓的肌肉间歇性痉挛。四肢抽搐限于单肢或一侧的前后肢同时抽搐。

【任务实施】

1. 诊断

(1) 问诊:询问宠物主人宠物的发病情况,有无免疫驱虫、外伤等情况。

(2) 临床检查:检查可见头颈部或四肢和躯干的某块肌肉或肌群剧烈地间歇性痉挛和较规律无目的地不随意运动,行走时呈舞蹈样步态。

(3) 实验室检查:行全血细胞计数和血生化检查以排除低血钙、低血糖、感染、肝性脑病、铅中毒等。

(4) 影像学检查:行X线检查以排除头部创伤或脑水肿。行CT或MRI检查以排除大脑的占位性病变。

2. 治疗 本病以对症治疗、镇静、抗惊厥为主。临床常用镇静剂,如盐酸氯丙嗪、癫安舒、溴化钠。

任务四 晕车症诊治

【任务资讯】

1. 了解概况 由于运输中运输工具的起伏、颠簸、摇摆与机器的振动、噪声、气味等对第8对脑神经前庭平衡感受器产生强烈刺激,发生一时性中枢神经系统与自主神经系统紊乱,称晕车症。

2. 认知病因 晕车症主要是由持续震动,前庭器官的功能发生变化而引起的一种应激反应。如果宠物胆小、易紧张、恐惧,更易发生晕车症。

3. 识别症状 宠物精神状态不佳,不安,低头耷耳,流涎,干呕或呕吐。

【任务实施】

1. 诊断

(1) 问诊:询问宠物主人宠物是否坐车或乘船,路上是否颠簸。

(2) 临床检查:宠物表现为卧地不动,两眼无神,精神倦怠,恶心呕吐,可视黏膜苍白,头低腰弓,行动迟缓等。

2. 治疗 加强护理,静卧休息,同时可选用抗组胺和抗胆碱类药物,如苯海拉明、盐酸氯丙嗪、东莨菪碱、地西泮等。

模块小结

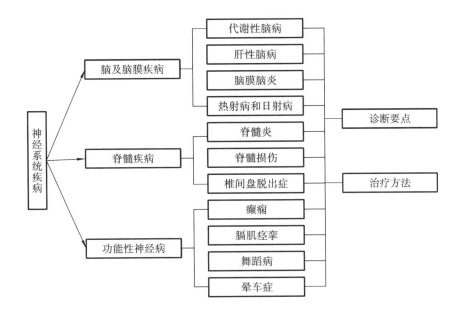

表现神经症状的宠物病

脑膜脑炎、中暑、脊髓损伤、癫痫、产后搐搦症、狂犬病、有机磷中毒、氟乙酸盐中毒、低血糖、休克、破伤风。

模块作业

1. 如何评价宠物神经系统疾病的治疗意义？
2. 宠物神经损伤性疾病的治疗措施有哪些？
3. 脑膜脑炎的发病原因有哪些？临床表现有哪些？如何诊断与治疗？
4. 什么是热射病？什么是日射病？如何预防？

模块测验

执兽真题

模块六　内分泌系统疾病诊治

扫码看课件
模块六

模块介绍

　　本模块主要阐述了宠物常见的内分泌系统疾病,分为下丘脑和垂体腺疾病,甲状腺及甲状旁腺疾病,肾上腺疾病,胰腺内分泌疾病四大类,共11种疾病。通过本模块的学习,要求了解常见重要内分泌系统疾病的诊断要点和治疗措施;掌握内分泌系统疾病的临床检查、实验室检查、影像学检查的操作流程和技术;并具备在宠物门诊中熟练配合主治医师完成动物保定、器械准备、配药注射等助理兽医的基本技能。

学习目标

▲知识目标

1. 掌握内分泌系统疾病的概念。

2. 掌握内分泌系统的组成、结构和功能。

3. 掌握各内分泌器官的投影位置。

▲技能目标

1. 掌握常见内分泌系统疾病的检查流程和诊断要点。

2. 掌握常见内分泌系统疾病的用药策略和防治措施。

3. 掌握内分泌系统疾病的护理技术和预防措施。

4. 传承和运用中药技术,倡导中西医结合疗法。

▲思政目标

1. 随着我国经济的迅猛发展,人民生活条件和生活水平的不断改善和提高,宠物的饲养量越来越多,宠物的饲养管理越来越好,宠物的寿命越来越长,随之而来的是宠物老年疾病越来越普遍。其中内分泌失调是常见的宠物老年病之一,主要包括下丘脑、垂体、甲状腺、甲状旁腺、肾上腺、胰岛内分泌功能的紊乱,因此重视老年宠物的养生保健,提高老年宠物的生活质量,是关乎宠物福利的重要一环。

2. 由于当今社会生活节奏的加快,尤其是城市居民,生活压力增大,生活成本提高,大家每天忙忙碌碌地工作,很少有时间陪伴家里的宠物,因此易出现青年犬、猫绝育、过食和运动不足而造成肥胖、脂肪肝、高血压、高血脂、心肌肥大等心血管系统疾病和糖尿病、甲状腺功能减退、甲状旁腺功能减退等内分泌失调。

3. 内分泌疾病属于慢性疾病,多随宠物的老龄化和青年犬、猫不适当的多饮多食、运动不足导致体躯肥胖所致。因此,跟人类的养生保健一样,宠物也需要节制饮食、加强运动。

→ 系统关键词

食欲、体重、烦渴、呕吐、嗜睡、抑郁、肥胖、脱毛、紊乱。

→ 检查诊断

　　1. 临床检查　有些内分泌疾病常常表现特征性临床症状,根据症状可以建立临床诊断,如糖尿病的"三多一少"症状,甲状腺功能亢进的高基础代谢率症候群和高儿茶酚胺敏感性综合征。但有些内分泌疾病没有特征性的临床症状,或呈现非典型的临床表现,或症状不明显,如肾上腺皮质功能减退,这类疾病仅依据临床表现很难做出诊断,此时应结合实验室检查结果进行判定。

2. 实验室检查 应依据临床表现,有目的地进行实验室检查,包括测定相应的生化指标,获取内分泌器官功能紊乱的间接证据,如肾上腺皮质功能减退所致氮质血症、低钠血症、高钾血症等;测定血浆中相关的激素含量,获得内分泌功能紊乱的直接证据。

3. 内分泌器官功能试验 其目的在于判定内分泌器官功能状态。对实验室检查结果不明显或存在亚临床症状的患宠,可进行内分泌器官功能试验,其结果可作为确切诊断的依据。内分泌器官功能试验分为刺激性试验和抑制性试验,促肾上腺皮质激素试验和促甲状腺激素试验属于刺激性试验,地塞米松试验和甲状腺原氨酸试验属于抑制性试验。

常用药物

左旋甲状腺素、甲巯咪唑、卡比马唑、0.9%氯化钠溶液、呋塞米、泼尼松龙、地塞米松、曲洛司坦、米托坦、酮康唑、10%葡萄糖、10%葡萄糖酸钙、氢化可的松、胰岛素、脱氧皮质酮、格列吡嗪、二甲双胍、肠泌素、碳酸氢钠、醋酸去氨加压素(DDAVP)、乳酸林格氏液。

项目十三　下丘脑和垂体腺疾病诊治

任务一　垂体性侏儒症诊治

垂体功能不全也称垂体性侏儒症，是常染色体隐性遗传病。幼犬的生长激素和促生长激素、促甲状腺激素、促肾上腺皮质激素等促激素类激素分泌减少，导致垂体功能减退和侏儒症，幼犬在2~3周龄呈现明显的临床症状，多发于德国牧羊犬及其亲系品种以及丹麦熊犬。最常见的原因是垂体前叶压迫性萎缩和分化缺陷引起脑垂体发育不全；另一种原因是颅咽管口咽外层的良性肿瘤。

【临床症状】

垂体性侏儒症最常见的临床表现是生长迟滞（即体形矮小）、内分泌性脱毛和皮肤色素沉着（表6-1）。患犬、猫通常在1~2月龄时体形正常，但之后生长明显比同窝其他犬、猫缓慢。患犬、猫3~4月龄时，会明显比同窝其他犬、猫体形小且通常无法达到正常成年犬、猫的体形。最明显的皮肤病表现是胎毛或次毛滞留，同时缺乏主毛，因此垂体性侏儒症宠物早期的被毛软而蓬松。胎毛很容易拔除且逐渐发生对称性脱毛。早期，脱毛局限于摩擦较多的部位，如颈部（项圈）和后肢后外侧。最终整个躯干、颈部和四肢近端都会脱毛，仅四肢远端和面部未脱毛。初始皮肤正常，但逐渐色素化、变薄、起皱和出现鳞屑。成年垂体性侏儒症宠物常存在粉刺、丘疹和继发脓皮症。皮肤和上呼吸道继发感染是常见的长期继发症。

表6-1　垂体性侏儒症的临床症状

项　　目	临 床 症 状
骨骼肌肉系统	生长迟滞
	骨骼变细、面部特征不成熟
	长方、矮胖体形（成年）
	骨骼畸形
	生长板闭合延迟
	出牙延迟
生殖系统	睾丸萎缩
	阴茎鞘松弛
	无发情周期
其他症状	精神迟钝
	刺耳、幼犬样吠叫
	继发甲状腺功能减退的症状
	继发肾上腺皮质功能减退的症状（不常见）
皮肤	被毛松软
	胎毛滞留
	缺乏主毛
	脱毛

Note

续表

项　目	临 床 症 状
皮肤	双侧对称性脱毛
	躯干、颈部和四肢近端脱毛
	皮肤高度色素沉着
	皮肤薄而脆
	皱褶
	痂皮
	粉刺
	丘疹
	脓皮症
	皮脂溢

【诊断要点】

病症、病史和体格检查通常可以提供足够依据。把垂体性侏儒症列入矮小的鉴别诊断(表 6-2)，通过详细的病史、体格检查、常规实验室检查(即血常规、粪检、血生化、血清 T_4 浓度和尿检)和放射学检查排除其他可引起矮小的潜在原因后，可强烈怀疑本病。

表 6-2　犬、猫矮小的潜在原因

分　类	病　因
内分泌原因	先天性生长激素过少症
	先天性甲状腺功能减退
	幼年型糖尿病
	先天性肾上腺皮质功能减退
	肾上腺皮质功能亢进
	先天性(少见)
	医源性
非内分泌原因	营养不良
	胃肠道疾病
	巨食道症
	炎症
	传染病
	严重的肠道寄生虫
	胰腺外分泌功能不全
	肝脏疾病
	肝门静脉短路
	糖原贮积症
	肾病和肾脏衰竭
	心血管疾病
	骨骼发育不良;软骨营养障碍症
	黏多糖贮积症
	脑积水

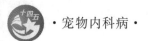

【治疗措施】

垂体性侏儒症的治疗主要是给予生长激素(GH),目前市面上没有治疗用犬生长激素。牛用商品化合成牛生长激素的浓度不适合犬。猪生长激素的氨基酸序列与犬一致,推荐皮下注射0.1～0.3 IU/kg,3次/周,连用4～6周。由于生长激素和甲状腺激素对生长具有协同作用,甲状腺激素浓度低于正常时,可能降低生长激素治疗的效果。因此对于怀疑促甲状腺激素(TSH)缺乏的犬、猫,必须每天同时补充甲状腺激素。同时要注意生长激素治疗不良反应如过敏(包括神经性水肿)和胰岛素抵抗引起的糖尿病。治疗期间,应频繁监测血糖和尿糖。

垂体性侏儒症的长期预后不良。尽管采取了治疗,多数宠物会在3～5岁时死亡。死亡原因通常有感染、退行性疾病或神经功能不全。

任务二 尿崩症诊治

精氨酸升压素在调节肾脏对水的重吸收、尿液的生成和浓缩以及水平衡方面具有重要作用。精氨酸升压素生成于下丘脑的视上核和室旁核,储存于垂体腺后叶。当血浆渗透压升高或细胞外液减少时释放,作用于肾脏远曲小管和集合管细胞,促进水的重吸收并形成浓缩尿液。精氨酸升压素合成和分泌缺陷、肾小管对精氨酸升压素的反应降低都会引起尿崩症。常见的有中枢性尿崩症(CDI)和肾性尿崩症(NDI)两种。

CDI是一种综合征,是由机体精氨酸升压素分泌不足导致尿液浓缩能力下降,进而使机体丧失储水功能,引起的多尿综合征。这种缺乏可能是绝对的也可能是部分的。绝对的精氨酸升压素缺乏(即完全性CDI)会引起持续性低渗尿和严重利尿,即使存在严重脱水,完全性CDI犬、猫的尿比重也通常保持在低渗状态(1.005或更低)。精氨酸升压素部分缺乏时,只要不限制饮水,也会引起持续性低渗尿和显著利尿。限水时,尿比重会升高至等渗尿范围(1.008～1.015),但即使动物严重脱水,尿比重也不会超过1.015。对于患部分CDI的犬、猫,脱水时最大尿液浓缩能力与精氨酸升压素缺乏程度成反比。也就是说精氨酸升压素缺乏越严重,脱水时尿比重越低。

任何损伤下丘脑的疾病都可能引起CDI。特发性CDI最常见,可发生于任何年龄、品种和性别的犬、猫。最常明确的病因是头部外伤(车祸或神经外科手术)、肿瘤和下丘脑垂体畸形。

NDI是一种多尿性疾病,它是肾单位对精氨酸升压素反应性受损引起的。在这类疾病中,血浆精氨酸升压素浓度正常或升高。

【临床症状】

多尿和多饮是尿崩症的标志性症状,也是先天性和特发性CDI以及原发性NDI犬、猫仅有的典型症状。由于排尿次数增加或失去正常的室内憋尿行为,许多宠物主人会误认为患宠存在尿失禁。

【诊断要点】

诊断多尿和多饮时,必须先排除获得性继发性尿崩症的病因。初步诊断检查包括血常规、血生化、T_4浓度、尿检、尿液培养、腹部超声等检查。大多数患犬的尿比重低于1.007;患猫的尿比重通常在1.008～1.012之间。

1. 随机血浆渗透压检测 测定随机血浆渗透压,有利于诊断原发性或精神性多饮,正常犬、猫的血浆渗透压为280～310 mOsm/kg。尿崩症是一种原发性多尿性疾病,为防止血浆渗透压降低和水中毒,代偿性引起多尿,基于实践经验和理论采取限水,宠物的随机血浆渗透压低于280 mOsm/kg时表明存在精神性多饮,而当血浆渗透压高于310 mOsm/kg时,表面可能存在尿崩症或精神性多饮。

2. 改良的断水试验(WDT) 试验的目的是确定在机体对脱水的反应过程中,是否释放内源性的抗利尿激素(ADH)以及肾脏是否对抗利尿激素有反应。进行试验前应排除导致多尿及多饮的一切常见因素,并且不能用于已经脱水的宠物。

（1）断水试验。

①取走所有饮水和食物，且排空膀胱。

②发现以下情况时，停止本次试验：尿比重大于 1.025（900 mOsm/L）；尿素氮异常升高（大于 50 mg/dL）；体重下降超过 5%；根据皮肤弹性程度或红细胞比容，估计脱水超过 5%。

③从实验开始后 2 h 起，每隔 1～4 h 对宠物进行检测。

④对试验结果的解释：完全性 CDI 和 NDI 的宠物不能将其尿液浓缩至尿比重 1.008 以上；不完全性 CDI 的宠物的尿比重通常为 1.010～1.020；原发性多饮症的宠物其尿液一般可浓缩至尿比重 1.025 以上，肾髓质损伤十分严重的可例外。

（2）外源性升压素反应试验。如果 WDT 结果提示尿崩症，可以进行 ADH 反应试验，以确定病因。

①在断水试验后，立即按 0.5 U/kg 的剂量肌内注射水溶性 ADH。

②排空膀胱，并在第 30 min、第 60 min、第 90 min 时采集尿液，以测定尿比重或渗透压。

③尿比重大于 1.015，提示 CDI；尿比重小于 1.015，提示 NDI 或肾髓质功能损伤。

3. ADH 试验

①在试验开始前 2～3 天，由宠物主人测量宠物饮水量，然后用醋酸去氨加压素（DDAVP）2～4 滴/次，1～2 次/日滴鼻或滴入结膜囊内，连续 3～5 天；或者用 DDAVP 1～2 μg 皮下注射，1～2 次/日，连续 3～5 天。

②饮水显著减少或尿液浓度增加 50% 以上，提示 ADH 缺乏，可确诊为 CDI。而患 NDI 和严重肾髓质功能损害的宠物，则对 ADH 毫无反应。

【治疗措施】

（1）治疗完全或部分 CDI，首选药物是 DDAVP。将 DDAVP 滴入结膜囊、鼻腔、包皮或阴门内，局部滴 1～4 滴，1～2 次/日。

（2）非激素治疗包括使用氯磺丙脲、噻嗪类利尿剂以及限制盐的摄入。

①氯磺丙脲可能加强 ADH 对肾小管的作用，并刺激 ADH 的释放。另外本药需要 ADH 存在方能发挥作用，因此只对 ADH 部分缺乏的病例有效。剂量为每天 10～14 mg/kg，口服。

②噻嗪类利尿药。噻嗪类药物可用于治疗 CDI 和 NDI。双氢氯噻嗪 2.5～5 mg/kg，口服，2 次/日；氯噻嗪 20～40 mg/kg，口服，2 次/日，应注意此药易引发低钾血症。

（3）宠物主人若不治疗，只要提供充足的饮水，并且渴觉中枢保持完整，这些未治疗的自发性和先天性尿崩症患宠也可能健康生活。

项目十四　甲状腺及甲状旁腺疾病诊治

任务一　甲状腺功能亢进诊治

甲状腺的正常位置在胸骨上方，颈前、气管上端两侧、甲状软骨的下方，也就是喉结下方的 2～3 cm 处，分左、右两叶，两叶之间有较窄的部分（图 6-1）。甲状腺功能亢进简称甲亢，是由于甲状腺激素分泌过多，基础代谢亢进所引起的内分泌疾病。本病为猫最常发生的内分泌疾病。据统计，超过 9 岁的猫中本病的发生率为 9%。

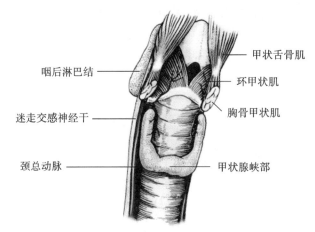

图 6-1　甲状腺位置

【临床症状】

甲状腺肿大，弥散性肿大者，多为两侧对称，腺体质软，触之有弹性。结节性肿大者，多为两侧不对称，有单个或多个结节，质地较硬。

甲状腺功能亢进的猫在食欲上有所改变，通常食欲会增加，此外，还可出现行为改变，如好动、焦躁不安，常处于应激状态，毛发凌乱。90% 的猫体重减轻、体态变差，触诊时会摸到肿大的甲状腺（表 6-3）。

表 6-3　甲状腺功能亢进的常见临床症状

临 床 症 状	发 生 率
体重减轻	88%～98%
食欲增加	49%～67%
多饮多尿	36%～45%
呕吐	33%～44%
多动症	31%～34%
下痢	15%～45%
昏睡、沉郁、厌食及虚弱	5%～10%
呼吸困难	2%

因为甲状腺功能亢进的猫无法承受应激,容易出现张口呼吸的症状,如果发生此种状况,不宜再进行任何检查。甲状腺功能亢进的临床症状有很多,若未加控制,可能会导致猫的肥厚型心肌病。

【诊断要点】

1. 临床检查 在猫的病例中,95%的甲状腺功能亢进都是甲状腺的良性肿大,还有 5%以上的病例为恶性肿瘤。犬出现的甲状腺功能亢进,几乎都是恶性的甲状腺肿瘤。90%~98%病例触诊时能摸到肿大的甲状腺。31%的病例有心动过速的表现。77%的病例肌肉丧失,也可能会有脱水症状。

2. 实验室诊断 内分泌系统中,TT_4(血清总甲状腺素)在猫有很高的特异性与敏感性。当宠物甲状腺功能亢进时,90%的病例 TT_4 数值会上升,仅有 10%的病例数值还在正常范围。当猫 $TT_4 <$ 0.8 $\mu g/dL$ 时,几乎不可能是甲状腺功能亢进;猫 $TT_4 > 4.7$ $\mu g/dL$ 时为甲状腺功能亢进。如果怀疑猫为甲状腺功能亢进,但 TT_4 水平正常,可间隔三周后再检查 TT_4 是否异常或者进行诊断性造影。

【治疗措施】

1. 抗甲状腺药物疗法 常用的有丙基硫脲嘧啶,日口服剂量:犬 10 mg/kg,猫 50 mg/kg,每 8 h 服药一次。临床症状明显改善,体重增加,心率减慢时,可逐渐减少用药剂量,直至病情稳定,疗程需经数月。该药有一定副作用,用药前 2 周 5%~10%的病例表现出食欲减退、呕吐、嗜睡;2 周后可发生皮疹、面部肿胀、瘙痒和肝病等药物过敏症状。甲巯咪唑、卡比马唑(又称甲亢平)可以阻断 T_3、T_4 的合成。甲巯咪唑:猫,2.5 mg、一天一次,口服 2~3 周(监测猫食欲和皮肤瘙痒情况),之后检查 T_4 数值,若 $T_4 > 2.4$ $\mu g/dL$,则改为每天两次,并每两周复诊一次并调整剂量,每次增加剂量为 2.5 mg,直到 T_4 水平降到正常为止。之后每 2~3 个月复诊一次。卡比马唑是甲巯咪唑的前驱药,所以在治疗上所需的药物剂量会比较高,猫 10~15 mg,每天一次。

2. 放射性碘治疗 放射性碘在甲状腺内放出 β 射线,破坏甲状腺滤泡组织,减少甲状腺素的合成,从而达到治疗的目的。使用时按甲状腺组织的重量计算剂量,一般每克甲状腺组织给予 60~80 μCi,一次口服,服药后约一个月开始显效,多数病例 3 个月后症状基本缓解。

3. 甲状腺切除手术 外科手术一般可以治愈此类疾病。外科手术前 2~3 周先口服甲巯咪唑,控制甲状腺功能亢进,减少甲状腺充血,让宠物的心血管系统稳定后再进行手术。手术时,必须要小心保护副甲状腺不被移除。术后应监测 T_4 水平,一侧性甲状腺切除,T_4 降低可持续 2~3 周,如不表现嗜睡症状,一般不宜实施甲状腺激素替代疗法,以免残留的甲状腺萎缩。两侧性切除病例,每天应服用左旋甲状腺素钠 0.05~0.1 mg,T_4 水平恢复后逐渐减少用量。

4. 护理 对甲状腺功能亢进进行诊断、治疗时,要监测心率、心律,行病理学检查和 TT_4、血生化(尤其是肾功能)检查,除此之外,还要观察猫在治疗时对药物的耐受性,同时加强护理,限制运动,补充多种维生素和高热量食物。

任务二　甲状腺功能减退诊治

甲状腺功能减退是由多种原因引起的甲状腺素合成、分泌或生物效应不足所致的全身性的代谢综合征。原发性甲状腺功能减退的两种常见组织学变化是淋巴细胞性甲状腺炎和原发性甲状腺萎缩。淋巴细胞性甲状腺炎是一种免疫介导性疾病,特征是甲状腺内淋巴细胞、浆细胞和巨噬细胞弥散性浸润。引发淋巴细胞性甲状腺炎的病因仍不清楚,可能与遗传有一定的关系。原发性甲状腺萎缩病因不清,可能是一种退化性疾病,也可能是自体免疫性淋巴细胞性甲状腺炎晚期。

继发性甲状腺功能减退可由医源性损伤导致,包括手术、药物和激素的运用;垂体和下丘脑疾病时 TSH(促甲状腺激素)和 TRH(促甲状腺释放激素)的分泌减少。

【临床症状】

较常见的临床症状发生于中年犬(2~6 岁)。皮肤和被毛变化是甲状腺功能减退患犬最常见的临床症状。典型的皮肤和被毛的变化:双侧对称性、非瘙痒性脱毛,头部和四肢正常(图 6-2),也有的仅表现为局部性和非对称性脱毛。皮脂溢和脓皮症也是临床常见症状。患犬的被毛粗乱、干燥,易被拔出,毛发再生缓慢,过度角化会引起鳞屑和皮屑,有时可看到不同程度的色素沉淀。严重的病例中,皮肤真皮层会蓄积酸性或中性的黏多糖,它与水结合,引起皮肤增厚,这种情况被称为黏液水肿,主要发生于前额和面部,并导致前额暂时性变圆,面部皮肤皱褶水肿和增厚,且伴有上眼睑下垂,出现"悲惨的面部表情"。

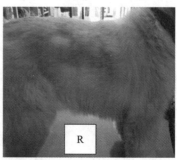

图 6-2　双侧对称性脱毛

神经肌肉症状:对于一些甲状腺功能减退的患犬,神经症状可能是主要问题。甲状腺功能减退引起的部分脱髓鞘和轴索病变可能会引起外周或中枢神经系统症状。如果黏多糖集聚于神经束膜和神经内膜,或出现大脑动脉粥样化或严重高脂血症,可能会导致中枢神经系统相关的症状,包括惊厥、共济失调或圆圈运动。这些症状常与前庭症状(如歪头、体位性前庭性斜视)或面神经麻痹同时存在。外周神经病包括面神经麻痹、虚弱和肘节突出或拖脚,同时伴有趾甲背部过度磨损。

生殖方面的表现:甲状腺功能减退能引起母犬发情期延长,发情中止,发情弱,隐发情,发情期间出血时间延长,异常乳溢和雄性乳腺发育。

呆小症:呆小症的患犬体格发育不均衡、头宽大、舌厚而突出,躯干宽呈矩形且四肢短。其他症状包括精神迟钝、嗜睡、出牙延迟,胎毛滞留,食欲不振等。

【诊断要点】

1. 常规实验室检查　甲状腺功能减退的犬大部分都有血胆固醇水平升高,血清中 ALT、AST、ALP、CK 水平轻度到中度升高。大约 30% 甲状腺功能减退的犬表现出红细胞正色素性非再生障碍性贫血,镜检红细胞形态时可见靶细胞数量增加,这是红细胞膜胆固醇含量增高引起的。白细胞计数一般正常。

2. 甲状腺素检查　目前有几种基础甲状腺激素检查,包括甲状腺素(T_4)、游离甲状腺素(FT_4)、三碘甲腺原氨酸(T_3)、游离三碘甲腺原氨酸(FT_3)和内源性 TSH 浓度检查。血清 TT_4 比 TT_3 更能反映甲状腺的功能,但是血清 TT_4 浓度会受品种、年龄、疾病和用药情况影响。血清 FT_4 不受血清结合蛋白的影响,相对来说受机体内外因素的干扰小。

TT_4 和 FT_4 对甲状腺功能的判读见表 6-4。

表 6-4　怀疑患有甲状腺功能减退时血清 TT_4 和血清 FT_4 浓度的判读

血清 T_4 浓度($\mu g/dL$)	血清 FT_4 浓度(ng/dL)	甲状腺功能减退的可能性
>2.0	>2.0	非常不可能
>1.5~2.0	>1.5~2.0	不可能
>1.0~1.5	>0.8~1.5	未知
>0.5~1.0	>0.5~0.8	可能
<0.5	<0.5	十分可能

3. 内源性 TSH(CTSH)　测定 TSH 浓度对于诊断有很大帮助,特别是在甲状腺功能减退时,

TSH 浓度一般很高,但大约 20% 甲状腺功能减退的犬 CTSH 浓度正常,所以 CTSH 必须与同一血样的血清 TT_4 或 FT_4 一起判读,不能当作判断甲状腺功能的唯一指标。当病史和外观症状相符,同一血样的血清 TT_4 和 FT_4 浓度下降而 CTSH 浓度升高时,表明存在原发性甲状腺功能减退;而当血清 TT_4 和 FT_4 浓度正常时,同一血样的 CTSH 浓度也正常时,可排除甲状腺功能减退。

4. TRH 刺激试验 每只犬无论体形大小,静脉注射 0.2 mg TRH,并在注射前和注射后 4 h 检测血清 TT_4 的浓度。TRH 剂量超过 0.1 mg/kg 时可能出现的副作用包括流涎、排尿、排便、呕吐、瞳孔缩小、心搏过速和呼吸困难。在进行 TRH 刺激试验时,应使用能最大程度刺激 T_4 分泌且不会引起副作用的最小剂量。甲状腺功能正常的犬进行 TRH 刺激试验时,注射 TRH 后血清总 T_4 浓度会超过 2.0 μg/dL。另外,正常犬注射 TRH 后血清总 T_4 浓度应比注射前至少升高 0.5 μg/dL。相反,原发性甲状腺功能减退的犬注射 TRH 后的血清总 T_4 浓度低于正常基础血清 T_4 浓度(即小于 1.5 μg/dL),且注射后 T_4 升高程度应小于 0.5 μg/dL。注射 TRH 后血清 TT_4 浓度介于 1.5~2.0 μg/dL 时无意义,这可见于甲状腺功能减退早期或甲状腺功能正常但存在并发疾病或使用抑制甲状腺素功能的药物治疗的犬。

5. 治疗性诊断 由于经济、时间以及判读 TT_4、FT_4、CTSH 比较复杂和有一定的不确定性,也可用甲状腺素进行治疗性诊断,前提是不会对患犬造成严重副反应。治疗效果明显的患犬可能是甲状腺功能减退,但不排除甲状腺素反应性疾病。由于它的组织合成作用,添加左旋甲状腺素钠对无甲状腺功能减退的犬也会有一定的改善外观效果,如被毛的质量改善。所以,当治疗性诊断见效时,临床症状消失后应逐渐停用左旋甲状腺素钠。如果临床症状复发,可以证实是甲状腺功能减退并再继续服用左旋甲状腺素钠治疗。如果临床症状不复发,表明是甲状腺素反应性疾病或对并发疾病治疗有利反应的结果。

【治疗措施】

左旋甲状腺素钠是目前治疗甲状腺功能减退的首选药物,口服可使血清 TT_4、TT_3、CTSH 浓度正常,也会被外周组织代谢成活性 T_3。大部分患犬可在一周内看到精神和活动的改善。一些内分泌性脱毛的犬在第一个月就开始长毛,但通常需要几个月被毛才能长好,色素沉着也会逐渐改善。如果治疗 8 周未见症状改善,必须进行总结分析。

(1)常见治疗失败的原因。

①诊断错误:如肾上腺功能亢进,因其外观症状和甲状腺功能减退有一定的相似性,再加上可的松对甲状腺素的抑制作用往往会被误诊为甲状腺功能减退。

②甲状腺功能减退的并发症未被发现和治疗:如过敏性皮肤病和跳蚤过敏,这些情况也是导致治疗失败的原因。

③用药的剂量和频率不合适:因个体差异及甲状腺功能减退的程度不同,用药剂量和频率也存在一定差异。

左旋甲状腺素钠治疗的副反应主要为甲状腺毒症。甲状腺毒症的常见表现有气急、攻击行为、多尿、多饮多食、体重下降和神经过敏。血清 T_4 的检查往往是支持甲状腺毒症的重要诊断方法,不过也有即使存在 T_4 中毒症状,其浓度也在参考值范围内的情况,还有些犬血清 T_4 浓度升高但无甲状腺毒症的表现。

(2)发生甲状腺毒症的原因。

①服用药物过量。

②左旋甲状腺素钠半衰期延长。

③甲状腺素代谢受影响(如并发肾和肝功能不全)。

(3)犬甲状腺功能减退的治疗方法和推荐监测程度如图 6-3 所示。

101

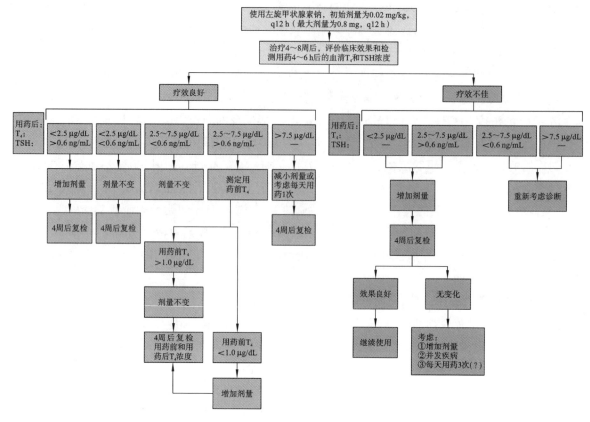

图 6-3 犬甲状腺功能减退的治疗方法和推荐监测程度

 案例分析

案例:3 例犬甲状腺功能减退的诊治

任务三　甲状旁腺功能亢进诊治

　　甲状旁腺功能亢进是甲状旁腺激素(PTH)产生和分泌持续增加的一种疾病。甲状旁腺内主细胞能合成和分泌 PTH——一种精确调节血液和细胞外液中离子钙浓度的肽类激素。甲状旁腺功能亢进大致分为原发性甲状旁腺功能亢进、继发性甲状旁腺功能亢进、假性甲状旁腺功能亢进和三发性甲状旁腺功能亢进。

　　原发性甲状旁腺功能亢进是由甲状旁腺本身病变引起的 PTH 分泌和合成过多所致。继发性甲状旁腺功能亢进是由于各种原因,如肾病、小肠吸收不良和维生素缺乏等导致低钙血症刺激甲状旁腺,使其增生肥大,分泌过多的 PTH 所致。假性甲状旁腺功能亢进是由于某些器官如肺、肝、肾等恶性肿瘤分泌类 PTH 多肽物质或前列腺素、破骨性细胞因子等致血钙水平增高,而血清 PTH 水平正常或降低。三发性甲状旁腺功能亢进是在继发性甲状旁腺功能亢进的基础上,由于甲状旁腺受到持久刺激,部分增生组织转变为肿瘤且功能亢进,自主分泌更多的 PTH,常见于慢性肾病后。犬、猫发生甲状旁腺功能亢进的情况非常少见。

【临床症状】

犬多发生于 6～13 岁,猫多发生于 8～15 岁,雌性宠物发病率略高。

原发性甲状旁腺功能亢进的临床症状是由高血钙引起的。

神经系统多表现为肌无力、昏睡、抽搐、步态僵硬、关节痛等,胃肠症状多表现为食欲缺乏、呕吐和便秘;其他症状有多饮、多尿、骨骼触压有痛感,B 超和 X 线检查时也可见部分软组织钙化、结石、骨密度下降等。

【诊断要点】

(1) 血清钙浓度通常为 1.2～1.8 mmol/L。血清磷离子浓度:一般犬为 0.7～1.6 mmol/L,猫为 0.8～1.9 mmol/L。犬用 PTH 放射性免疫测定试剂盒检测的正常范围为 16～136 pg/mL,猫用双点完整 PTH 检测方法检测的正常范围为 3.3～22.5 pg/mL。

(2) 血清钙浓度过高,血清 PTH 浓度升高,无氮质血症,可确诊为原发性甲状旁腺功能亢进。

(3) 血清钙浓度正常或下降、血磷浓度升高或正常、血清 PTH 浓度升高,提示继发性甲状旁腺功能亢进。

(4) 血清 PTH 浓度下降、血清钙浓度升高,考虑假性甲状旁腺功能亢进。

(5) 通过影像学检查可以确定甲状旁腺增生或肿瘤,如超声检查、MRI 和 CT。

犬、猫高钙血症的病因如表 6-5 所示。

表 6-5 犬、猫高钙血症的病因

疾 病	有助于诊断的项目
原发性甲状旁腺功能亢进	血清 PTH 浓度、颈部 B 超、手术
恶性肿瘤性高钙血症	体格检查、胸腹放射学、腹部 B 超、淋巴结和骨髓穿刺、血清 PTH 浓度
维生素 D 中毒	病史、血生化、血清维生素 D 浓度
肾上腺皮质功能减退	血清钠、钾、ACTH 刺激试验
肾功能衰竭	血生化、尿检

【治疗措施】

(1) 当出现严重的高钙血症并表现出神经系统症状、心律失常、脱水或无症状但血清钙离子超过 16 mg/dL 时,应紧急治疗。

①静脉输注生理盐水,按每天 130～200 mL/kg 给予,同时配合呋塞米,2 mg/kg,每天 2～4 次。

②如果输液治疗无效,用泼尼松龙 2～4 mg/kg,皮下注射,每天 2 次;降钙素 4～6 IU/kg,每 8～12 h 一次,糖皮质激素不可长期应用,否则后期将导致血清钙浓度升高。降钙素起效快,但作用时间短,当治疗控制以后可以改用长效制剂如鲑降钙素和依降钙素。

(2) 若血清钙的浓度不至于危及生命也可以考虑 PTH 抑制剂治疗,如西咪替丁、普卡霉素,但应注意副反应。

(3) 手术治疗:甲状旁腺功能亢进若由腺瘤引起,如果能保留一个以上的正常甲状旁腺就能防止甲状旁腺功能减退,则可将其他病变腺瘤摘除。若是增生性的,只能摘除全部甲状旁腺,否则几周以后甲状旁腺功能亢进的复发率很高。手术前、中、后都应密切关注血清钙浓度的变化,防止意外情况发生。

任务四 甲状旁腺功能减退诊治

甲状旁腺功能减退是指 PTH 分泌减少或功能障碍所引起的疾病。由于缺乏 PTH 对骨骼、肾脏和肠道的作用,最终引起低钙血症和高磷血症。甲状旁腺功能减退的症状与血清钙浓度下降直接

相关,血清钙浓度下降会引起神经肌肉兴奋性增加。

【临床症状】

犬出现甲状旁腺功能减退临床症状的年龄为 6 周～13 岁,平均为 4.8 岁,本病多发于母犬。主要临床症状直接与低钙血症有关,因其影响了神经肌肉系统的兴奋性,神经肌肉症状包括不安,全身抽搐,局部肌肉震颤、痉挛,后肢爬行或抽搐,共济失调,步态僵硬和虚弱。其他症状包括嗜睡,食欲减退,摩擦面部(频率高),咬、舔爪(频率高),有攻击行为和喘息。临床症状通常是突发的且很严重,多见于运动、兴奋和应激时。

【诊断要点】

(1)犬、猫出现持续性低血钙症和高磷血症,且肾功能正常时,可考虑原发性甲状旁腺功能减退。

(2)无法检测血清 PTH 浓度,且有低血钙,可以诊断为原发性甲状旁腺功能减退。

(3)血清镁低于正常值,血清钙低于正常值,血清 PTH 浓度降低或不能检测到,可诊断为低血镁性甲状旁腺功能减退。

(4)临床症状是低钙血症,血清钙浓度低于正常值,血清 PTH 浓度正常或升高,可以考虑是特发性甲状旁腺功能减退。

(5)血清 PTH 浓度下降、血清钙浓度下降,而又有其他病因,可考虑继发性甲状旁腺功能减退。

【治疗措施】

1. 治疗措施　治疗措施同"甲状腺功能减退",左旋甲状腺素钠的经验性用量为 20 μg/kg。

2. 防治原则　应频繁复查,以防发生危急情况,同时也应避免长期大量补钙。

项目十五　肾上腺疾病诊治

任务一　肾上腺皮质功能亢进诊治

肾上腺皮质功能亢进也叫库欣病(CS),是由各种病因造成肾上腺分泌过多糖皮质激素(主要是皮质醇)所致病症的总称,可分为垂体依赖性、肾上腺皮质依赖性和医源性。

(1)垂体依赖性肾上腺皮质功能亢进(PDH):垂体分泌过量 ACTH(促肾上腺皮质激素)或下丘脑分泌过量的 CRH(促肾上腺皮质激素释放激素),可见于垂体 ACTH 腺瘤,垂体 ACTH 细胞瘤,垂体 ACTH 细胞增生,鞍区神经节细胞瘤,异位垂体 ACTH 瘤,异源性 CRH/ACTH 分泌综合征等。异源性 CRH/ACTH 分泌综合征是指垂体以外的肿瘤组织分泌大量的 CRH/ACTH 或其他激素。

(2)肾上腺皮质依赖性肾上腺皮质功能亢进:肾上腺因自身疾病不受垂体的控制过量地分泌可的松。肾上腺皮质肿瘤、肾上腺皮质瘤以及原发性肾上腺皮质增生是导致肾上腺皮质功能亢进的原因,其中以肾上腺皮质肿瘤(ATS)最常见。这些肿瘤生成的可的松可抑制下丘脑 CRH 的分泌并降低循环血中 ACTH 浓度,从而引起无病变的肾上腺皮质和病变的肾上腺皮质的正常细胞萎缩。

(3)医源性肾上腺皮质功能亢进:由过量使用糖皮质激素以控制过敏性或免疫介导性疾病所致。使用含糖皮质激素的眼、耳或皮肤药物时也可以引发本病,尤其是 10 kg 以下的小型犬长期使用时。由于下丘脑-垂体-肾上腺皮质轴是正常的,因此长期过量使用糖皮质激素会抑制下丘脑分泌 CRH 并降低循环血中 ACTH 浓度,引起双侧肾上腺皮质萎缩。尽管外观临床症状出现肾上腺皮质功能亢进,但 ACTH 刺激试验结果却符合自发性肾上腺皮质功能减退。

【临床症状】

肾上腺皮质功能亢进发病年龄为 2～16 岁,平均发病年龄为 7～9 岁。当出现以下临床表现时,怀疑肾上腺皮质功能亢进:多饮、多尿、食欲增加、腹部增大/膨大、肌肉松弛、精神不振、肝大、肌肉萎缩、运动不耐受、体重增加、皮肤变薄、表皮钙化、气喘、对称性无瘙痒性脱毛、持续不发情、高血压。少见症状有昏迷、共济失调、圆圈运动、无目的行走、呼吸困难(肺血栓栓塞)、雄性宠物睾丸萎缩、雌性宠物阴蒂肥大(表 6-6)。

表 6-6　犬肾上腺皮质功能亢进的临床症状和体格检查异常

临床症状	体格检查异常
多饮、多尿	内分泌性脱毛
多食	表皮萎缩
喘	粉刺
腹部膨大	皮肤钙质沉着
内分泌性脱毛	色素沉着过度
虚弱	腹部膨大
嗜睡	肝大
皮肤钙质沉着	肌肉消耗

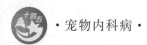

续表

临 床 症 状	体格检查异常
色素沉着过度	擦伤
神经症状(PMA)	睾丸萎缩
昏迷	神经症状(PMA)
共济失调	呼吸困难(肺血栓栓塞)
圆圈运动	
无目的行走	
蹒步	
行为异常	
呼吸困难(肺血栓栓塞)	

【诊断要点】

(1) 常规实验室检查常提示异常,但不具有特异性和确诊性。

①90%的病例血清碱性磷酸酶浓度明显升高,50%的病例血清胆固醇浓度升高,丙氨酸氨基转移酶活性增强,血糖浓度轻度升高,尿比重一般较低,尿蛋白和肌酐的比值大于3。

②血常规可能表现出应激性白细胞象(中性粒细胞增多、淋巴细胞减少、嗜酸性粒细胞减少),轻度红细胞增多以及出现散在的有核红细胞。

(2) 影像学检查对诊断有一定帮助。

①X线检查常见肝大,大约30%的肾上腺肿瘤已钙化,有的也会表现出钙化。

②超声检查有时可以反映双侧或单侧肾上腺增大、肿瘤等。

③计算机断层扫描(CT)或核磁共振(MRI)是评估肾上腺形态最精确和可靠的方法。

(3) ACTH刺激试验:ACTH刺激试验是诊断肾上腺皮质功能亢进最可靠、简单和安全的方法。主要用于肾上腺皮质功能亢进的筛查试验、肾上腺皮质功能亢进的治疗评估、医源性肾上腺皮质功能亢进的确诊、艾迪生病的确诊、非典型性肾上腺皮质功能亢进和X脱毛症的筛选。试验的准确性约为80%,约20%的肾上腺功能亢进宠物的ACTH刺激试验结果正常。猫的敏感性小于犬。

①采集血样测试基础可的松浓度(血清、血浆)。

②静脉注射0.25 mg合成ACTH(体重小于5 kg的犬和所有的猫使用0.125 mg),在注射60 min后采集第二次血样测试可的松浓度。或按照2.2 U/kg肌内注射ACTH凝胶,在注射120 min后采集第二次血样测试可的松浓度。

给予犬注射ACTH后血清或血浆可的松浓度介于6~17 μg/dL为正常,浓度为5 μg/dL或更低时提示医源性肾上腺皮质功能亢进或自发性肾上腺皮质功能减退;浓度介于18~24 μg/dL之间时为自发性肾上腺皮质功能亢进的临界值;浓度超过24 μg/dL时确诊为自发性肾上腺功能亢进。ACTH刺激后血浆可的松浓度升高,介于18~24 μg/dL之间时,本身不能确诊为肾上腺皮质功能亢进,特别是临床特征和临床病理学数据与诊断不一致时。

给予猫ACTH后可的松浓度小于12 μg/dL是正常的,介于12~15 μg/dL之间为边缘值,介于15~18 μg/dL则支持诊断,而大于18 μg/dL则强烈提示肾上腺皮质功能亢进。

(4) 地塞米松抑制试验(DDST)。

①低剂量地塞米松抑制试验(犬)(LDDST):在没有激素类用药史的基础上出现了肾上腺皮质功能亢进的症状时,首选LDDST确诊宠物是否为肾上腺皮质功能亢进。

操作步骤:

a. 早上8—9点采集第1次血样,分离血清0.5 mL,测皮质醇基础值。

b. 采样后立即静脉注射地塞米松(犬:0.01 mg/kg),因量很小,考虑使用灭菌用水稀释后注射以减小误差。

c. 注射地塞米松 4 h 后采集第 2 次血液样本(血清 0.5 mL)。

d. 注射地塞米松 8 h 后采集第 3 次血液样本(血清 0.5 mL)。

低剂量地塞米松抑制试验结果判读如表 6-7 所示。

表 6-7 低剂量地塞米松抑制试验结果判读

给予地塞米松 4 h 后可的松浓度	给予地塞米松 8 h 后可的松浓度	解 释
$<1.4\ \mu g/dL$	$<1.4\ \mu g/dL$	正常
$<1.4\ \mu g/dL$	$>1.4\ \mu g/dL$	PDH
$<50\%$ 给药前浓度	$>1.4\ \mu g/dL$	PDH
$>1.4\ \mu g/dL$ 且 $>50\%$ 给药前浓度	$>1.4\ \mu g/dL$ 且 $<50\%$ 给药前浓度	PDH 或 AT

②高剂量地塞米松抑制试验(HDDST):在 LDDST 确诊肾上腺皮质功能亢进的基础上,用于区分发病部位是垂体还是肾上腺本身。

操作步骤:

a. 早上 8—9 点采集第 1 次血样,分离血清 0.5 mL,测皮质醇基础值。

b. 采样后立即静脉注射地塞米松(犬 0.1 mg/kg;猫 1 mg/kg),因量很小,考虑灭菌用水稀释后注射以减小误差。

c. 注射地塞米松 8 h 后采集第 2 次血液样本(血清 0.5 mL)。

高剂量地塞米松抑制试验结果判读如表 6-8 所示。

表 6-8 高剂量地塞米松抑制试验结果判读

给予地塞米松后可的松浓度	解 释
$<50\%$ 给药前浓度	PDH
$<1.4\ \mu g/dL$	PDH
$\geqslant 50\%$ 给药前浓度	PDH 或 AT

③给予猫地塞米松 0.1 mg/kg,静脉注射,并采集给药前和给药后 4 h、6 h、8 h 的血样,注射地塞米松 8 h 后的血浆可的松浓度小于 1.0 $\mu g/dL$ 表明垂体-肾上腺皮质轴正常;1.0～1.4 $\mu g/dL$ 时无诊断意义;高于 1.4 $\mu g/dL$ 时,支持肾上腺皮质功能亢进的诊断。注射地塞米松 8 h 后的血浆可的松浓度越高,越支持肾上腺皮质功能亢进的诊断。

【治疗措施】

1. 犬的治疗

(1)米托坦。

①米托坦是治疗 PDH 最常用的方法。初期治疗时每天 40～50 mg/kg,连用 5～10 天,如果出现食欲下降、嗜睡、无力、腹泻等副作用,根据宠物整体状况,及时给予泼尼松龙每天 0.25～0.4 mg/d。最好通过 ACTH 刺激试验监测。维持期按 25 mg/kg 给予,每月 2 次。

②米托坦药物性肾上腺切除:使用过量的米托坦完全破坏肾上腺皮质。方案是使用米托坦 70～100 mg/kg,连用 25 天。每周通过 ACTH 刺激试验监测。

③米托坦治疗时应注意发生肾上腺素皮质功能减退的可能性,以及在维持治疗期间临床症状的复发。

(2)酮康唑:初期治疗时 5 mg/kg,每天 2 次,连用 7 天。如果未见食欲减退或黄疸,剂量可增加至 10 mg/kg,每天 2 次,连用 14 天。经过 10～14 天大剂量治疗后,应进行 ACTH 刺激试验,试验期间不停止给药。根据 ACTH 刺激试验结果调整用药剂量。

(3)曲洛司坦:体重 5～20 kg 用 60 mg,每天 1 次;体重 20～40 kg 用 120 mg,每天 1 次;体重 40～60 kg 用 240 mg,每天 1 次。连用 10～14 天后,通过 ACTH 刺激试验监测。

(4)L-司来吉兰:推荐剂量为 1 mg,每天 1 次;如果治疗 2 个月后仍无效果,增加至 2 mg/kg,每天 1 次。

（5）肾上腺切除术：肿瘤转移或浸润周围器官或血管；机体虚弱，麻醉风险高；尿蛋白与尿肌酐比升高；凝血异常者不适用于手术。

（6）放疗：当诊断为 PDH 时，可以试用。但仍需进行米托坦或其他药物治疗。主要治疗放射方式是 ^{60}Co 光子或线性加速光子放射，放射总剂量 48 Gy，每次 4 Gy，每周 3～5 次，连用 3～4 周。

（7）本病通常须终身用药，且伴有很多并发症。确诊后平均存活时间为 2 年。

2. 猫的治疗

（1）猫的 PDH 难以治疗。米托坦和酮康唑对猫来说基本无效。美替拉酮用于肾上腺双侧切除前的稳定治疗，剂量为 65 mg/kg，每天 2 次。氨基导眠能也可用于术前稳定，用量为 30 mg/天，每天 2 次。

（2）肾上腺肿瘤和 PDH 最好行手术治疗。术后应根据血清电解质给予醋酸氢化可的松或特戊酸脱氧皮质酮和泼尼松。

（3）放疗可以让垂体肿瘤体积变小，但临床症状无改善。

案例分析

| 案例：
1 例犬库欣综合征
的诊断与治疗 | 案例：
中西医治疗犬肾上
腺皮质功能亢进 | 案例：
犬医源性库
欣综合征 |

任务二　肾上腺皮质功能减退诊治

肾上腺皮质功能减退是由于肾上腺皮质分泌的糖皮质激素和盐皮质激素不足而引起的综合征。肾上腺皮质功能减退分为原发性和继发性两类，原发性肾上腺皮质功能减退（艾迪生病）由肾上腺自身的疾病引起，通常导致糖皮质激素和盐皮质激素缺乏。继发性肾上腺皮质功能减退是指因垂体和肾上腺皮质激素（ACTH）分泌不足，而导致糖皮质激素缺乏。

【临床症状】

常见的临床表现与胃肠道和精神状态变化有关，包括嗜睡、厌食、呕吐和体重下降。其他临床症状包括虚弱、脱水、心动过缓、股部脉搏微弱和腹痛等（表 6-9）。

表 6-9　犬、猫肾上腺皮质功能减退的临床症状

犬	猫
嗜睡 *	嗜睡
厌食 *	厌食
呕吐 *	体重下降
虚弱 *	呕吐
腹泻	多尿、多饮

续表

犬	猫
震颤	
多饮多尿	
腹部疼痛	

【诊断要点】

(1) 临床实践中大部分依据病史、临床症状和血清电解质浓度的异常变化来进行尝试性诊断。

(2) 确诊必须做 ACTH 刺激试验，ACTH 刺激后血浆可的松浓度 <2 μg/dL 判断为肾上腺皮质功能减退;血浆可的松浓度 >5 μg/dL 可排除肾上腺皮质功能减退;血浆可的松浓度介于 $2\sim5$ μg/dL 之间无诊断意义(图 6-4)。

ACTH 刺激试验能鉴别犬、猫自发的原发性肾上腺皮质功能减退、垂体衰竭引起的继发性肾上腺皮质功能减退以及医源性引起的原发性肾上腺皮质功能减退。

(3) 测定内源性 ACTH 浓度可以用来鉴别原发性或继发性肾上腺皮质功能减退。原发性肾上腺皮质功能减退时内源性 ACTH 浓度一般大于 100 pg/mL，而继发性肾上腺皮质功能减退时内源性 ACTH 浓度一般小于 45 pg/mL。

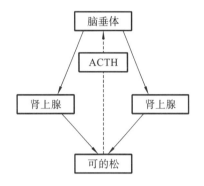

图 6-4　ACTH 调节垂体分泌可的松的作用机制

【治疗措施】

(1) 在治疗时必须依据血气和电解质的检测，结合 ACTH 刺激试验和临床症状来判断治疗效果。

(2) 急性原发性肾上腺皮质功能减退往往存在低血压、低血容量、电解质紊乱和代谢性酸中毒。因此快速纠正血容量是最重要的治疗措施。首先给予生理盐水，在最初 $1\sim2$ h 按每千克体重 $40\sim80$ mL/h 给予，以后减慢输液速度。高血钾时根据其浓度进行调整，调整常用的方法是输生理盐水、胰岛素-葡萄糖疗法、葡萄糖酸钙-碳酸氢钠注射。

胰岛素-葡萄糖疗法:0.5 U 的胰岛素加每单位胰岛素用 $1\sim1.5$ g 的葡萄糖静脉注射;葡萄糖酸钙按每千克体重 $0.5\sim1.5$ mL 静脉注射;碳酸氢钠按每千克体重 $1\sim2$ mg 的剂量静脉缓慢注射。酸中毒严重的(pH<7.1)，应考虑用碳酸氢钠进行治疗。

(3) 慢性和急性肾上腺皮质功能减退，根据临床症状和常规实验室检测指标进行输液或口服药物的治疗，并监测血液的皮质醇浓度。输液一般按每千克体重 $60\sim80$ mL/d 的剂量静脉输入生理盐水;补充糖皮质激素常口服泼尼松或泼尼松龙、每千克体重 $0.2\sim0.4$ mg/d，或口服醋酸可的松、每千克体重 1 mg/d;补充盐皮质激素常用特戊酸去氧皮质醇，皮下或肌内注射，按每千克体重 $1\sim2$ mg，$25\sim28$ 天注射 1 次。醋酸氟氢可的松也是有效的治疗药物，但只有片剂，大多数犬、猫治疗初期无法口服药物。

多数急性肾上腺皮质功能减退的犬、猫在合适的液体和糖皮质激素治疗 24 h 后，临床症状和生化指标会出现明显改善。在随后的 $2\sim4$ 天，犬、猫可逐渐开始饮水和采食。另外，应开始用盐皮质激素和糖皮质激素维持治疗。如果犬、猫不能顺利过渡，应怀疑持续性电解质紊乱、糖皮质激素补充量不足、并发内分泌疾病(如甲状腺功能减退)或并发其他疾病(常见肾上腺皮质功能减退引起的灌流量下降和缺氧，造成肾损伤)。

(4) 此病护理得当，按时服药，预后良好。

案例分析

　　6岁雄性贵宾犬出现食欲下降,精神极度沉郁,基本废食,体重下降及站立不稳。通过临床检查、实验室检查、影像学检查和ACTH刺激试验进行诊断,血常规结果显示红细胞比容和红细胞数目升高,提示患犬严重脱水;血气分析结果表明患犬出现低钠血症、高钾血症与低氯血症,属于肾上腺皮质功能减退的典型电解质紊乱;超声检查结果表明该犬肾上腺萎缩;ACTH刺激试验结果为肾上腺皮质功能减退,确诊该犬患有艾迪生病。采取静脉输液、口服醋酸氟氢可的松、肌内注射泼尼松龙等进行治疗,预后良好。

案例分析

案例:一例肾上腺皮质功能减退——艾迪生病的诊治

项目十六　胰腺内分泌疾病诊治

任务一　犬糖尿病诊治

犬糖尿病是指多种病因导致机体胰岛素缺乏或(和)胰岛素作用缺陷,从而引起糖类、脂肪、蛋白质、水和电解质等代谢紊乱,临床以慢性高血糖为主要特征。

犬糖尿病主要分为1型糖尿病(IDDM)、2型糖尿病(NIDDM)和继发性糖尿病。1型糖尿病属于胰岛素依赖型糖尿病,需要终身外源性胰岛素治疗。2型糖尿病属于以胰岛素抵抗为主伴胰岛素分泌不足或以胰岛素分泌不足为主伴胰岛素抵抗的非胰岛素依赖型糖尿病,治疗可口服降糖药或注射胰岛素。继发性糖尿病是由其他疾病以及其他药物引发的,根据诱发因素不同,其治疗和预后也不同。临床上犬的糖尿病主要是IDDM。

【临床症状】

多数犬发生糖尿病时为4～14岁,高发阶段为7～9岁。幼发型糖尿病指小于1岁的犬患有糖尿病,临床上不常见。典型症状包括多饮、多尿、多食和体重下降。最常见的并发症是白内障。患犬可能会出现渐进性酮血症和代谢性酸中毒的全身症状。非酮症性糖尿病患犬体格检查时无典型异常。许多糖尿病患犬出现肥胖,但身体其他状况良好。长期未治疗的糖尿病患犬可能存在体重下降。除非存在并发症(如胰腺外分泌功能不全),很少出现消瘦情况。被毛稀疏、干燥、易断、无光泽,且可因过度角化而出现鳞屑。

【诊断要点】

临床兽医常用的诊断方法是根据典型的临床症状且存在的持续性的高血糖和尿糖,用简易的血糖仪测定血糖浓度和尿试纸测定尿糖。

【治疗措施】

(1)治疗的目的是控制血糖和治疗或预防并发症。

(2)口服降糖药在宠物临床上目前极少使用。只有在胰岛素无法良好有效控制糖尿病的临床症状时才和胰岛素一起使用。推荐使用阿卡波糖12.5～50 mg,体重大于25 kg的犬最高剂量可增加到100 mg。

(3)胰岛素疗法。

①胰岛素是目前犬糖尿病治疗的主要方法。临床上有短效胰岛素、中效胰岛素、长效胰岛素和混合型胰岛素。选择胰岛素的种类和注射剂量及次数是相当重要的(表6-10)。

表6-10　胰岛素的种类和用法

项目	短效胰岛素 (Regular)	中效胰岛素 (NPH)	中效胰岛素 (Lente)	长效胰岛素 (Ultralente)	混合型胰岛素 (Mixed)
作用时间	短	中	中	长	中
注射方式	皮下/肌内/静脉注射	皮下注射	皮下注射	皮下注射	皮下注射
注射频率	间隔1～8 h	2次/天	2次/天	1～2次/天	2次/天
使用时机	急诊	单纯型糖尿病	单纯型糖尿病	单纯型糖尿病	单纯型糖尿病

Note

续表

项目	短效胰岛素 （Regular）	中效胰岛素 （NPH）	中效胰岛素 （Lente）	长效胰岛素 （Ultralente）	混合型胰岛素 （Mixed）
备注					25% Regular 混合 75% NPH/Ultralente

因个体差异，每只犬用胰岛素治疗都要经过一个尝试期。若有其他内外环境变动引起血糖异常时，还需灵活调整胰岛素的用量。最常用的治疗方法是在无并发症和稳定期时用中效胰岛素，每千克体重 0.5 U，皮下注射，一天 2 次。

②在血糖不易控制时，应做血糖曲线来找到合适的胰岛素注射剂量和注射时间。

③不要试图把血糖控制在正常值的下限，那样容易发生低血糖。并且开始治疗前应告知患犬主人有关糖尿病的并发症和治疗时的常见问题。若有条件，建议患犬主人每天进行患犬的尿糖检测。

④限制日常高糖类的摄取，进行有规律的运动，并定期做全身体检。

（4）苏木杰现象是指夜间低血糖，早晨未进食时高血糖。此现象是因过量胰岛素诱发低血糖，机体为了保护自身，通过负反馈调节机制，使具有升高血糖作用的激素分泌增加，血糖出现反跳性升高。出现苏木杰现象时只需下调胰岛素用量即可。胰岛素抵抗是指使用正常量的胰岛素出现的低于预期的正常的生物效应，当犬使用胰岛素超过 2 U/kg 时，应当怀疑胰岛素抵抗。同时排除并治疗相关的疾病（如母犬发情和感染等因素）。

 案例分析

案例:5 例犬糖尿病的诊治报告

任务二　猫糖尿病诊治

猫糖尿病是指猫因多种因素引起的复杂的代谢紊乱。其特征是胰岛素缺乏或胰岛素作用受损，出现持续性的高血糖，从而导致机体对糖类不耐受，以及蛋白质和脂肪的异常代谢。

猫糖尿病通常是根据是否需要胰岛素治疗分为 IDDM（1 型糖尿病）和 NIDDM（2 型糖尿病）。由于一些猫最初表现为 NIDDM，但后来发展为 IDDM，或是随胰岛素抵抗和 B 细胞功能的变化而在 IDDM 和 NIDDM 之间交换。因此上述分类有一定的局限性。

【临床症状】

糖尿病可见于任何年龄的猫，但临床多数患猫都在 9 岁以上，多见于绝育公猫。典型症状是多饮、多尿、多食和体重下降。其他临床症状有嗜睡，被毛干燥、无光泽、粗乱，活动减少，后肢虚弱等。

【诊断要点】

诊断主要基于相应的临床症状、高血糖和糖尿。暂时性、应激性高血糖是猫的一个常见问题，它

 Note

可使血糖升高至 300 mg/dL 以上。但是应激是一种主观的状态，难以准确测定且不易发现，每只猫出现的反应也不一样。应激性高血糖通常不出现糖尿，因为血糖暂时性升高并不能使葡萄糖在尿中聚集并达到可检测到的程度。因此诊断猫糖尿病时，必须存在持续的高血糖和糖尿。可让猫主人在家监测猫的尿糖浓度。另外，还可以测定血清果糖胺浓度。血清果糖胺浓度升高表明存在持续性高血糖。

【治疗措施】

（1）口服降糖药。口服降糖药主要用于控制 NIDDM。这类糖尿病在犬极为少见，但常见于猫。目前口服降糖药有六大类。临床上常用的有两大类，为磺酰脲类和双胍类。

①磺酰脲类：主要作用是直接刺激 B 细胞分泌胰岛素。使用磺酰脲类降低血糖，机体必须存在一定的胰岛素分泌能力。格列吡嗪是磺酰脲类中的一种，其主要用于无酮症和体格相对健康的猫，初始剂量是每只猫 2.5 mg，每天 2 次，与食物同服，如果治疗 2 周未出现副作用，剂量可以提高至每只猫 5 mg，每天 2 次。

使用格列吡嗪治疗时，对患猫每周至少进行 3 次血糖、尿糖和酮体监测。如果血糖正常或出现低血糖，格列吡嗪的剂量应减少或停止给药。一周后重新评估血糖浓度以决定是否需要继续使用该药。如果高血糖复发，可以再次使用格列吡嗪治疗；如果临床症状持续恶化，应停止用药，改为胰岛素注射治疗。

②双胍类：目前临床常用的是二甲双胍，它对 B 细胞功能无直接作用，但可通过增强肝脏和外周组织对胰岛素的敏感性，抑制肝糖原的产生和输出，抑制脂肪分解，减轻胰岛素抵抗，促进外周组织利用葡萄糖，最终使血糖得以控制和改善。常用剂量为每只犬或猫 25～50 mg，每天 2 次。但是副作用较大，疗效一般。

（2）胰岛素治疗。

①胰岛素的来源有很多，如猪、牛、基因重组等，但作用于动物的差异不大。若使用了不同来源的胰岛素，必须重新测量血糖曲线。猫的治疗建议是给予长效胰岛素，如首选的 Glargine（甘精胰岛素）、Detemir（地特胰岛素）。

Glargine（甘精胰岛素）：本药的 pH 值只有 4，注射时不用稀释。猫的起始剂量为 1～1.5 U/kg。注射后会沉积于皮下并缓慢地释放被动物身体所吸收，因此延长了作用时间。

Detemir（地特胰岛素）：使用剂量与 Glargine 相同，注射后与动物体内白蛋白结合，因此作用时间较长。

②对于患猫的主人，应告知其低血糖和苏木杰现象等知识，并定期对猫进行体检，防止并发症及健康和生命。

 案例分析

案例：一例美国短毛猫糖尿病的诊断和治疗

任务三　糖尿病酮症酸中毒诊治

糖尿病酮症酸中毒(DKA)是指由于胰岛素不足和升糖激素不适当升高引起的糖、脂肪、蛋白质和水盐与酸碱严重性的代谢紊乱综合征。

【临床症状】

DKA是糖尿病的一种严重并发症,常发生于未诊断为糖尿病的犬、猫,也发生于使用胰岛素治疗的犬、猫,这是因胰岛素剂量不足,同时伴有感染、炎症或出现胰岛素抵抗等疾病而引起的。

DKA早期会出现典型的症状:多饮、多尿、多食。当出现酮血症和代谢性酸中毒合并恶化时,可出现严重的临床表现,如呕吐、食欲废绝、嗜睡、抽搐、脱水以及呼吸中存在强烈的酮味。

【诊断要点】

首先存在相应的临床症状,即多尿、多饮、多食和体重下降和持续的禁食性高血糖和糖尿。测定乙酰乙酸的试纸条测出酮尿可确诊糖尿病酮症,当证明存在代谢性酸中毒时,即可确诊DKA。

【治疗措施】

(1)不存在或仅有轻度的全身症状时,体格检查不易发现明显的异常,代谢性酸中毒也是轻度的。为防止出现低血糖,注射胰岛素时可饲喂1/3日能量需求量。同时还应监测血糖浓度、尿酮体浓度以及临床状况。血糖浓度下降意味着酮体生成减少,通常在胰岛素积极治疗48~96 h内即可纠正糖尿病酮症。

(2)重症DKA犬、猫的治疗:如果犬、猫出现全身症状,如嗜睡、厌食、呕吐,应进行积极治疗。治疗的5个目标如下。

①补充足够的水分:输液是抢救DKA首要的、极其关键的措施。DKA犬、猫常存在严重的脱水,脱水程度为6%~12%,脱水应在24~48 h内得以纠正,除非犬、猫出现休克,通常不需要快速补充液体。初始输液量一般为每千克体重60~100 mL/d,接着应根据犬、猫的心脏状况、脱水程度、尿液排出量、氮质血症的严重程度等综合考虑分析后进行。开始用的液体以生理盐水为基础。

②提供合适的胰岛素:用常规结晶胰岛素,采用间歇肌内注射法。初始剂量为0.2 U/kg,然后每小时注射0.1 U/kg,直至血糖浓度低于250 mg/dL,然后换成皮下注射常规结晶胰岛素,6~8 h注射1次。然后低剂量静脉输液,初始速度为每小时0.05~0.1 U/kg,用生理盐水稀释静脉注射或输液泵给予,须单独选择一个静脉通路;根据每小时的血糖测定结果调整输液速度,当血糖下降至250 mg/dL以下时,换成皮下注射常规结晶胰岛素,6~8 h注射1次。

③平衡电解质,补充糖:DKA时会出现电解质紊乱,而电解质的紊乱会对机体产生非常严重的损害,甚至危及生命。DKA的血清钾浓度高低不一,但经胰岛素和补液治疗后都会出现低钾血症,当血清钾很低时会危及生命。所以在治疗中应密切监测血清钾的浓度。基于血清钾的浓度,补充钾;如果未知,初始时每升液体中加40 mg KCl。磷也应重点关注,低磷血症可致心肌、骨骼肌无力和呼吸抑制,甚至引发溶血和严重的心律失常。如果血清磷浓度<1.5 mg/dL,应补充磷。推荐剂量为每千克体重0.01~0.03 mmol/h。

当血糖浓度<250 mg/dL时,需要开始静脉注射5%葡萄糖溶液。

④纠正酸中毒:根据犬、猫的临床表现和血浆碳酸氢根或静脉二氧化碳总量来确定是否输入碳酸氢盐以及输入量。补碱的原则和方法是宜少、宜慢,补碱过多和过快易导致血清钾下降、脑水肿、组织缺氧加重以及反跳性碱中毒等。碳酸氢盐(mg)＝体重(kg)×0.4×(12－测定的碳酸氢根)×

0.5。补充时应持续 6 h 以上,不可静推。一旦血浆碳酸氢根浓度超过 12 mg/L,则停止补充。

⑤查找病因和处理并发症:临床上常见的原因有胰岛素剂量不足、宠物存在高应激反应、其他内分泌器官有问题等。在 DKA 时发生休克、心力衰竭和心律失常的,应及时给予对症治疗;肾功能衰竭大部分是由失水后休克造成的,也有一部分是肾脏自身有病变,加上失水、休克以及治疗不及时而加重的;脑水肿的发生有 DKA 导致的,也有医源性导致的;DKA 可引起低体温和白细胞升高。不能单靠有无发热和血常规来判断感染。DKA 的诱因以感染最为常见,且有少数患病宠物的体温正常或出现低体温,特别是昏迷者,不论有无感染均应给予适当的抗生素和免疫调节剂。

 案例分析

案例:1 例老龄猫糖尿病酮症酸中毒的诊断和治疗

知识拓展

鉴别诊断

模块小结

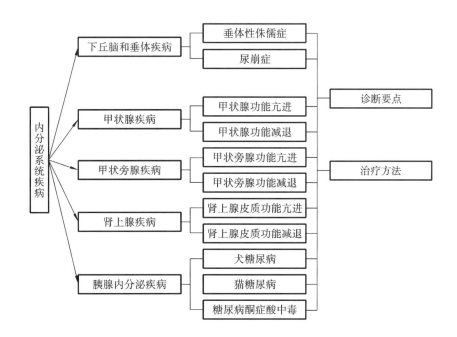

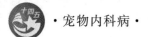
→ 模块作业

1. 简述侏儒症与呆小症的鉴别诊断。
2. 简述甲状腺功能亢进与甲状腺功能减退的鉴别诊断。
3. 简述甲状旁腺功能亢进与甲状旁腺功能减退的鉴别诊断。
4. 简述库欣综合征与艾迪生病的鉴别诊断。
5. 简述糖尿病与低血糖的鉴别诊断。

→ 模块测验

执兽真题

模块七　营养代谢性疾病诊治

扫码看课件
模块七

模块介绍

　　营养代谢性疾病是宠物营养紊乱性疾病和代谢障碍性疾病的总称。营养紊乱性疾病和代谢障碍性疾病关系密切,它们之间没有明显的差异。一般认为,营养紊乱性疾病是长期的、慢性的,只有通过补充日粮才能改善,而代谢障碍性疾病往往是急性的,动物对补充的营养物质的反应明显。本模块主要介绍宠物各种营养紊乱性疾病和代谢障碍性疾病的诊断和治疗方法。

学习目标

　　▲知识目标

　　掌握营养代谢性疾病的相关概念、发病特点、发病原因、诊断方法和防治措施;掌握糖类、脂肪、蛋白质、维生素、常量元素、微量元素代谢障碍性疾病的发病规律、临床症状及防治方法。

　　▲技能目标

　　会诊断和治疗宠物肥胖症、高脂血症、低血糖、维生素和微量元素缺乏症及矿物质代谢障碍性疾病。

　　▲思政目标

　　1. 由于我国经济的迅猛发展,人民的居住条件和生活水平不断改善和提高,饲养宠物的家庭越来越多,宠物的生活待遇也越来越好,过多喂食肉类食物、运动不足,加上绝育,导致肥胖犬、猫越来越多。因此日常门诊中经常出现肥胖症、高脂血症、高血压、脂肪肝综合征、心室肌肥大等病例,因此正确的饲养管理、合理的饮食、适当的运动锻炼是预防营养过剩的前提。

　　2. 宠物营养与保健是一门新兴的综合性科学。涉及糖类、蛋白质、脂肪、维生素、微量元素等各种营养素的平衡。某种营养素过多或过少,都不利于宠物的健康,甚至会引发机体疾病。因此,宠物主人应选择一款适合宠物生长阶段(幼年期、成年期)优质的全价日粮,另外在发病阶段,应选择一款适合病情矫正的处方粮。

　　3. 给宠物自制湿粮需要有科学的营养知识,不给犬、猫喂餐桌剩饭剩菜。选择大品牌宠物日粮比较放心。一些便宜的宠物日粮,往往原料比较便宜,而且会添加过多的香味剂。

➡ 系统关键词

　　肥胖症、高脂血症、高血压、脂肪肝综合征、心室肌肥大、高钙血症、低钙血症、高钠血症、低钠血症、高钾血症、低钾血症。

➡ 检查诊断

　　1. 肥胖症的临床评判与分级　犬、猫的体况评级标准为九分制,是根据脂肪沉积量和骨骼情况来判断评级的。

　　由于九分制评级过于专业(乏味),宠物主人可参考日常版五级的评级标准(图7-1)。

　　宠物的肥胖症越来越常见,很多宠物主人也没有意识到宠物肥胖、超重会给它们的健康带来风险。缺乏运动和高脂肪膳食是导致肥胖症的主要因素。

　　兽医的提醒评估及进食量建议如下。

　　(1)喂食不足:能很明显地看见肋骨(图7-2)。应增加喂食量,2～3周后再做比较,调整喂食量

Note

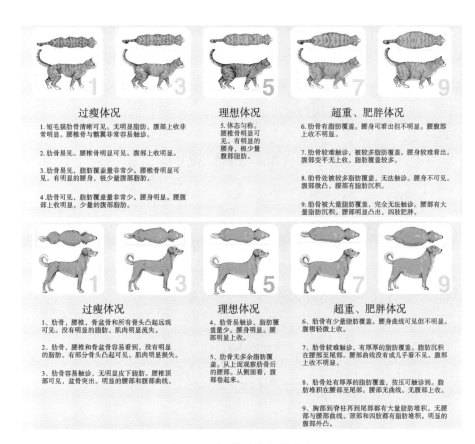

图 7-1　犬、猫的体况评分表

直到猫身体呈现理想状态。

（2）理想身体状态：能够摸到和看到肋骨的轮廓（图 7-3）。从上往下看时可以看到猫有腰。从侧面看，犬、猫的腹部向上收拢，可保持原来的喂食量不变。

（3）喂食过量：从上往下看不到猫有腰，从侧面看猫的腹部是圆的（图 7-4）。应减少喂食量，2～3 周后再做比较，调整喂食量直到猫身体呈现理想状态。

图 7-2　喂食不足　　　　　图 7-3　理想身体状态　　　　　图 7-4　喂食过量

英国威豪实验室研究出来的一种评估方法（FBMI，猫体脂肪指数表），也可用于判定猫是否肥胖。

2. 血生化检查　肥胖主要观察血糖（GLU）、甘油三酯（TG）、胆固醇（CHOL）；脂肪肝主要观察丙氨酸氨基转移酶（ALT）、总胆红素（TBIL）；心功能障碍主要观察肌酸激酶（CK）、碱性磷酸酶（ALP）等指标是否在正常范围内。

3. 肝区触诊和影像学检查 肝区触诊结合 X 线检查、B 超检查可以判断肝脏的大小、质地、敏感性;心脏彩超可以判断心室肌有无肥大、心脏容积有无扩张等病变。

 常用药物

(1)改善犬、猫的饲养管理:给予优质的全价日粮,定时定量,控制肉类饲喂量,不喂油腻含盐量高的剩菜剩饭。

(2)促进犬、猫运动和体能锻炼:经常遛狗,让犬跑步,强身健体;经常刺激猫运动,减少腹部脂肪沉积。

(3)选择高蛋白质低脂易消化处方粮。

(4)选择高蛋白质低脂处方罐头。

(5)补充缺乏的营养物质:如犬用或猫用的维生素、微量元素和矿物质片剂或其他剂型。

案例分析

案例:2 例犬肥胖症的诊治

项目十七 糖类、蛋白质、脂肪代谢障碍性疾病诊治

任务一 母犬低血糖诊治

母犬低血糖主要发生在妊娠母犬分娩前后，是血糖降低到一定程度而发生的综合征。临床上主要表现为神经症状。

【诊断要点】

1. 病史调查 引起母犬血糖降低的主要原因是胎仔数过多，胎儿迅速发育或分娩后给初生仔犬大量哺乳造成机体营养消耗过高，同时机体对糖代谢的调节功能下降。

2. 临床检查 发病一般较突然，患犬表现为体温升高达 41～42 ℃，呼吸加快，脉搏增速。全身呈强直性或间歇性抽搐，四肢肌肉痉挛，造成不能运动或共济失调，反射功能亢进。尿液有酮臭味，酮体反应呈强阳性。

3. 实验室检查 通过检测，血糖值在 40 mg/100 mL 以下，血液酮体在 30 mg/100 mL 以上，结合症状即可确诊。

4. 鉴别诊断 本病与母犬产后癫痫（产后子痫、产后抽搐症）的症状相似。但后者血钙明显低于正常值而血糖和尿酮体正常，且本病多见于分娩前后 1 周左右的母犬，产后癫痫多发生于产后 1～3 周。

【防治措施】

1. 补糖 20％葡萄糖溶液按每千克体重 1.5 mL，静脉滴注，或 5％葡萄糖氯化钠溶液 250～500 mL、地塞米松 2～4 mL，静脉注射，注射 3～4 h 后，葡萄糖粉按每千克体重 250 mg，口服。按上述方法每日处置 1 次至症状消失。

2. 升糖 每次皮下注射胰高血糖素 0.3～1 mg。分娩前后要注意增加营养，饲喂以糖类为主的食物。

任务二 幼犬一过性低血糖诊治

幼犬一过性低血糖多见于 3 月龄左右的小型玩赏犬。

【诊断要点】

1. 病史调查 主要因寒冷或饥饿诱发了幼犬的低血糖，有时也见于因消化器官功能障碍影响糖的吸收而导致低血糖。

2. 临床检查 病初精神沉郁，反应迟钝，步态不稳，可视黏膜苍白，颜面肌肉抽搐，全身出现阵发性痉挛，很快陷入昏迷状态。

3. 实验室检查 诊断的关键是测定血糖，血糖值低于 50 mg/100 mL 即可确诊。

【防治措施】

（1）静脉注射较高浓度的葡萄糖溶液有效。常用每千克体重 20％葡萄糖溶液加等量复方氯化

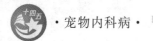
钠 10 mL,缓慢静脉滴注;或每千克体重用 10%～15%葡萄糖溶液 5～10 mL,缓慢静脉滴注直到血糖维持在正常范围。上述方法仍不能维持正常血糖水平时,可用泼尼松龙每千克体重 0.5 mg,皮下注射,或用氢化可的松每千克体重 1.2 mg,肌内注射,每日 1～2 次,直至症状消失 24～48 h 再停药。

（2）对易发病幼犬应加强饲养管理,每天少食多餐,每日给予 2～3 g 白糖,可有效防止发生低血糖。

任务三　乳糖不耐受症诊治

乳糖不耐受症多发生于成年犬,发病率随年龄的增长而升高,是一种消化吸收不良的综合征。

【诊断要点】

1. 病史调查　有的犬肠黏膜中的乳糖分解酶先天性不足或缺乏,有的犬断乳后,肠黏膜中乳糖酶活性迅速降低,特别是长期不吃乳制品的犬,也可使乳糖酶渐渐减少以致缺乏。在以上情况下,食物中的乳糖不能被消化分解而进入下部肠道,形成高渗状态或异常发酵可导致腹泻。

2. 临床检查　食入牛奶或其他乳制品后,数小时之内即出现腹泻,肠音高朗或肠鸣以及腹痛不安等症状。

【防治措施】

只要停喂含有乳糖的食物,症状即会很快消失。对于长期不喂牛奶的犬,不应突然喂食大量的牛奶,而要先少量喂食,再逐渐加量。对于先天性乳糖不耐受症的仔犬必须用不含乳糖的特制奶粉进行人工哺乳。

任务四　糖原贮积病诊治

糖原贮积病是指糖原过多地蓄积在肝脏、心脏、肌肉内引发的代谢障碍性疾病。多见于小型品种的犬。

【诊断要点】

1. 病史调查　主要病因是肝脏内的葡萄糖-6-磷酸酶先天性不足,而肝脏合成糖原的功能正常,致使糖原在肝脏等器官内异常蓄积。此外,成年犬的胰岛 B 细胞瘤时,由于分泌大量胰岛素,使大量糖原进入细胞,也可造成糖原蓄积。长途运输、高热、寒冷等应激因素以及体内外寄生虫感染、腹泻、呕吐等是本病发生的诱因。

2. 临床检查　发病迅速,患犬突然表现为精神沉郁、呆滞,间或不安、呻吟、号叫,共济失调,四肢呈蛙泳状。有时出现呕吐、流涎,稀便呈煤焦油样。有时出现癫痫样发作、大小便失禁。抽搐缓解后又能正常饮水。体温降低或正常,食欲稍减或正常。

3. 实验室检查　血糖值严重降低,可达 20～40 mg/100 mL,根据临床症状和血糖变化可做出诊断。其血糖持续长期升高可与一般的低血糖相鉴别。

【防治措施】

（1）首先要多喂高糖类食物,并增加饲喂次数。对出现症状的犬,每千克体重用 5%～20%葡萄糖溶液 5～10 mL,静脉注射,连用 3～5 日。同时给予皮质类固醇制剂及维生素类药物。必要时给予解痉或镇静药物,以缓解抽搐等神经症状。在护理上要注意保温,同时避免患犬受到刺激。

（2）手术疗法:做门腔静脉吻合术,目的是使糖原向全身转移,可明显改善其代谢。

（3）给予大剂量高渗葡萄糖之后血糖仍处在较低水平者,多为先天性葡萄糖-6-磷酸酶缺乏所致。

（4）犬、猫糖类代谢障碍多与其日粮有关,食物一般要求丰富、切忌单一,最好饲喂市场上出售的商品性犬、猫日粮，自己制作日粮时，配制全价平衡的食物，肉类和肝脏中的钙少磷多，长期饲喂肉类和肝脏时，一定要在食物中添加钙制剂。犬、猫的不同生长阶段对营养物质的需求各不相同，应供给各类营养成分，也可适量补充营养。因为某种营养成分过多或过少，加之饲喂时间过长，均可引发疾病，尤其是老年犬、猫或幼年犬猫。

任务五　猫脂肪肝诊治

猫脂肪肝是指猫特有的由于脂肪代谢障碍所引起的以肝大为特点的一种营养代谢性疾病。各种年龄和品种的猫均可发病，雌性的发病率高于雄性，多见于老年猫。

【诊断要点】

根据病史调查结合临床症状可做出诊断。

1. 病史调查　变更日粮、运动不足、饥饿以及抗脂肪肝物质不足等可引发脂肪肝。猫的脂肪肝主要是由于营养过剩、机体代谢异常以及毒素对肝脏造成损伤而导致的。

2. 临床症状　绝大多数脂肪肝患猫体态肥胖，腹围较大。早期可见精神沉郁，嗜睡，全身无力，行动迟缓，食欲下降或突然废绝，体重减轻（通常会超过体重的25%），脱水，患猫体温略有升高，尿色发暗或变黄，并且常见间断性呕吐。发病后期可视黏膜、皮肤、内耳和齿龈黄染。在少数情况下，有的患猫会出现肝性脑病，表现出异常神经症状。

【防治措施】

1. 提供高蛋白质食品　猫脂肪肝治疗主要依靠积极的营养支持，换句话说就是必须提供高蛋白质食品来改变身体的代谢性饥饿状态。有文献表明，若能够细致地做好这点，那么康复率能达到90%。

2. 强制喂食　严重厌食的猫，根本不会主动进食，因此，我们只能通过被动的方式来为它提供食物，如通过鼻饲管喂食。

3. 防脱水和酸中毒　严重脱水，半休克，严重水盐代谢、酸碱平衡失调的患猫必须补充5%葡萄糖氯化钠溶液和5%碳酸氢钠溶液以进行调整和能量支持。

 案例分析

案例：5例猫脂肪肝的诊断与治疗

任务六　犬痛风诊治

犬痛风是指由嘌呤代谢障碍所引起的一种疾病。临床上以犬关节肿胀、变形、肾功能不全和尿石症为特征。

图 7-5　犬痛风引起的跛行症状

【诊断要点】

1. 病史调查

（1）犬痛风的原因可能与饲喂富含蛋白质的动物性食品有关。

（2）维生素 A 缺乏亦可引起本病。

2. 临床检查

（1）急性期：趾、腕、跗关节肿胀、温热、疼痛，可伴有体温升高。

（2）慢性期：犬的关节肿大（图 7-5）、硬固、变形。

（3）有的犬可于关节周围形成痛风石，破溃时可流出白色尿酸盐结晶。常伴发尿石症，引起尿路阻塞，甚至肾功能衰竭。

【防治措施】

（1）平时饲喂犬时，应选用富含维生素 A 和低蛋白质食物。

（2）急性期可选用痛风宁、消炎痛、保泰松等药物，抑制犬的炎症反应。

（3）慢性期可给予羟苯磺胺、异嘌呤醇等促使尿酸盐排泄和抑制尿酸盐生成的药物。

（4）如有痛风石，行手术切除。

项目十八　脂溶性维生素缺乏症诊治

任务一　维生素 A 缺乏症诊治

维生素 A 缺乏症是指由于宠物体内维生素 A 或胡萝卜素不足或缺乏所导致的皮肤、黏膜上皮角化、变性,生长发育受阻并以眼干燥症和夜盲症为特征的一种营养代谢性疾病。

【诊断要点】

1. 病史调查

(1) 一般来说,犬出现维生素 A 缺乏症的概率不是很大,但如果犬长期患有慢性胃肠炎,影响维生素 A 的吸收,那么出现这种疾病的概率就会大大增加。

(2) 妊娠和哺乳期的犬需要更多的维生素 A,如果不增加食物中维生素 A 的含量,不仅会使犬患上维生素 A 缺乏症,还会影响胎儿或幼犬的生长发育和抗病能力。

(3) 食物中的脂肪能促进犬消化道对维生素 A 的消化吸收,因此食物中脂肪和蛋白质的缺乏也会导致犬发生维生素 A 缺乏症。

2. 临床检查

(1) 成年犬缺乏维生素 A 的症状主要表现为厌食、消瘦和毛发疏松。进一步发展可能导致毛囊角化,头皮屑增多,夜盲和眼干燥症,角膜增厚、浑浊,结膜炎症,畏光流泪和分泌红色分泌物。

(2) 由于鳞状上皮细胞的变化,角膜表面干燥,血管出现。若继发细菌感染,可发生角膜溃疡和穿孔。

(3) 当公犬缺乏维生素 A 时,会出现睾丸萎缩和精子失活。

(4) 母犬维生素 A 严重缺乏时有影响发情的可能。即使发情期和妊娠期临床表现较轻微,也容易发生流产或死胎。即使生下虚弱的活仔,也容易患呼吸道疾病,存活率低,产后也常见胎衣滞留。

(5) 出生后不久的幼犬由于骨骼畸形,颅骨和椎骨常增厚,枕骨大孔变窄,压迫小脑和脊髓。临床表现为共济失调、震颤痉挛,最后瘫痪。同一窝的所有幼犬都会受到影响,但严重程度不同。

【防治措施】

(1) 根据成年犬和生长期幼犬对维生素 A 的需求,增加妊娠期和哺乳期母犬维生素 A 的供给,促进维生素 A 的消化和吸收。

(2) 要加强喂养管理,可以喂一些含有较多维生素 A 的食物或营养素,但要控制量,这是一个长期的过程,要慢慢来。

(3) 发病后首先要消除致病的原因,必须立即使用维生素 A 进行治疗;要增喂胡萝卜,增补动物肝脏,也可内服鱼肝油,与此同时也可增加复合维生素的饲喂量,改善饲养管理条件。

任务二　维生素 D 缺乏症诊治

维生素 D 缺乏症是指由于机体维生素 D 摄入或生成不足而引起的钙、磷吸收和代谢障碍,以食欲不振、生长阻滞、骨骼病变、幼年动物发生佝偻病、成年动物发生骨软病和纤维性骨营养不良为主要临床特征的一种营养代谢性疾病。各种动物均可发生,但幼年动物较多发。

【诊断要点】

根据动物年龄、饲养管理条件、病史和临床症状,可以做出初步诊断。测定血清钙、磷水平、碱性磷酸酶活性、维生素D及其代谢产物的含量,结合骨的X线检查结果可以达到早期确诊或监测预防的目的。

1. 病史调查　动物长期生活在室内,皮肤缺乏太阳紫外线照射,同时饲料中形成维生素D的前体物质缺乏,是引起动物机体维生素D缺乏的根本原因。

(1)饲料维生素D缺乏:如动物常用的鱼粉、血粉、谷物、油饼、糠麸等饲料中维生素D的含量很少,易发生维生素D缺乏症。

(2)缺乏紫外线照射:阳光照射不足,如多云的天空、漫长的冬季都会导致紫外线缺乏。

(3)钙磷比例失调:钙磷最适比例为(1~2):1。当饲料中钙磷比例不适宜,如钙过量或磷不足,或脂肪酸和草酸含量过多,或饲料中锰、锌、铁等矿物质过高,可抑制钙的吸收。

(4)维生素D的需求量增加:幼年动物生长发育阶段,成年动物妊娠、哺乳阶段等,均可增加维生素D的需求量,若补充不足,容易导致维生素D缺乏。

(5)其他疾病的影响:当动物发生胃肠道疾病,长期胃肠功能紊乱,消化吸收功能障碍可影响脂溶性维生素D的吸收,造成维生素D缺乏症;肝肾疾病可影响维生素D的羟化过程,也可影响钙、磷的吸收和利用。

2. 临床检查　本病病程一般缓慢,1~3个月才会出现明显症状。

(1)幼年动物:幼年动物表现为佝偻病的症状。病初表现为发育迟滞,精神不振,消化不良,消瘦,严重异食,喜卧而不愿站立,强行站立时肢体交叉,弯腕或向外展开,跛行,甚至呻吟痛苦。随着病情的发展,管骨和扁平骨逐渐变形、关节肿胀、骨端粗厚,尤以肋骨和肋软骨的连接处明显,出现佝偻性念珠状物。骨膨隆部初有痛感。四肢管骨由于松软而负重,致使两前肢腕关节向外侧凸出而呈内弧圈状弯曲(O形)或两后肢跗关节内收而呈"八"字形分开(X形)的站立姿势,以前肢显著。

(2)成年动物:成年动物表现为骨软症的症状。病初表现为消化紊乱,异嗜,消瘦,被毛粗乱无光;继之出现跛行,运步强拘,运步时后肢松弛无力,步态拖拉,脊柱上凸或腰荐处下凹,腰腿僵硬,或四肢交替站立,四肢集于腹下,肢蹄着地小心,后肢呈"X"形,肘外展,肩关节、跗关节疼痛,喜卧,不愿起立;肋骨与肋软骨结合处肿胀,尾椎弯软,椎体萎缩,最后几个椎体消失,易骨折,额骨穿刺呈阳性,肌腱附着部易被撕脱。

【防治措施】

采取消除病因、调整日粮组成、加强饲养管理、给予药物治疗的综合性防治措施。

1. 查明病因　增加富含维生素D的饲料,增加患病动物的户外运动及阳光照射时间,积极治疗原发病。

2. 药物治疗　内服鱼肝油,可使动物3~6个月内不出现维生素D缺乏症。维丁胶性钙注射液,肌内注射。

对于幼犬和青年犬,可增加日粮中骨粉或脱氟磷酸氢钙的量,使其量比正常增加0.5~1倍,且比例合适,并增加维生素A、D、C等维生素的量,连续饲喂2周以上。有条件的多晒太阳。对腿软站立困难,尚无骨骼变形者,在以上日粮的基础上,可肌内注射维生素D_3或维生素AD注射液。

注意不可长期大剂量使用维生素D,在饲养中要根据动物种类、年龄及发病的实际情况灵活掌握维生素D的用量及时间,以免造成中毒;另外,当机体已经处于维生素A过多或中毒状态时,不能使用维生素AD制剂,应使用单独的维生素D制剂。

任务三　硒和维生素 E 缺乏症诊治

硒缺乏症主要是指日粮和饮水中硒供给不足或缺乏,引起多种器官、组织变性,细胞坏死、瘪缩等一系列的营养代谢性疾病。各种品种、年龄的犬均可发生。但以大型犬常见,且以幼龄犬多发。

【诊断要点】

(1) 本病主要特征以骨骼肌和心肌组织变性及肝营养不良为主,临床主要表现为白肌病和心肌炎等症状。

(2) 患病幼犬表现为不爱走动,四肢腕关节以下水肿,有指压痕,无热痛,精神沉郁,食欲减退。进而出现嗜睡,体温下降,黄疸,运步困难,爬行时向后拖拉。成年患犬肌肉无力,机体衰弱,心力衰竭,呼吸困难,全身出现皮下水肿。

【防治措施】

1. 治疗　无论幼犬或成年犬,都可以用 0.1% 亚硒酸钠维生素 E 注射液,按每千克体重 0.1 mL 肌内注射,同时按每千克体重 10 mg 口服维生素 E。

2. 预防　在日粮或饮水中添加硒和维生素 E。给孕犬补硒也可预防本病的发生。幼犬出生 3 天后注射 0.1% 亚硒酸钠注射液 0.5～1 mL 进行预防。

 案例分析

案例:犬白肌病的诊治

任务四　维生素 K 缺乏症诊治

维生素 K 缺乏症又称获得性凝血酶原减低症,是指由于维生素 K 缺乏导致维生素 K 依赖性凝血因子活性低下,并能被维生素 K 所纠正的出血。存在引起维生素 K 缺乏的基础疾病、出血倾向、维生素 K 依赖性凝血因子缺乏或减少为本病的特征。

【诊断要点】

1. 病史调查

(1) 维生素 K 摄入不足:食物特别是绿色蔬菜富含维生素 K,且肠道细菌可以以纤维素为主要原料合成内源性维生素 K。下列条件下可致维生素 K 摄入不足:①长期进食过少或不能进食;②长期低脂饮食,维生素 K 为脂溶性维生素,其吸收有赖于适量脂质;③胆道疾病,如阻塞性黄疸、胆道术后引流或瘘管形成等,因胆盐缺乏导致维生素 K 吸收不良;④肠瘘、广泛小肠切除、慢性腹泻等所致的吸收不良综合征;⑤长期使用(口服)抗菌药物(磺胺药、氯霉素),导致肠道菌群失调,内源性合成维生素 K 减少。

(2) 肝脏疾病:重症肝炎、失代偿性肝硬化及晚期肝癌等,由于肝功能受损,加之维生素 K 的摄入、吸收、代谢及利用障碍,导致肝不能合成正常量的维生素 K 依赖性凝血因子。

(3) 口服维生素 K 拮抗剂:如双香豆素类等。它们有与维生素 K 类似的结构但却无其功能,通

 Note

过竞争性抑制干扰维生素 K 依赖性凝血因子的合成。

（4）新生儿：出生后 2～7 天的新生儿，可因体内维生素 K 储存消耗、摄入不足及内生障碍等，导致维生素 K 缺乏而引起出血。

2．临床检查

（1）患犬感觉过敏，食欲不振，血液呈水样，凝固时间延长，黏膜苍白，心搏加快。本病的主要表现为出血。

（2）皮肤、黏膜出血，如皮肤紫癜、鼻出血、牙龈出血等。

（3）内脏出血，如呕血、黑粪、血尿等，严重者可致颅内出血。

（4）外伤或手术后伤口出血。

（5）新生儿出血症多见于出生后 2～3 天，常表现为脐带出血、消化道出血等。本病出血一般较轻，罕有肌肉、关节及其他深部组织出血的发生。

3．诊断参考标准

（1）存在引起维生素 K 缺乏的基础疾病。

（2）皮肤、黏膜及内脏轻、中度出血。

（3）血浆凝血酶原时间(PT)、活化的部分凝血活酶时间(APTT)延长，维生素 K 依赖性凝血因子(FX、FIX、FVII)及凝血酶原抗原及活性降低。

（4）维生素 K 治疗有效。

【防治措施】

（1）治疗相关基础疾病。

（2）饮食治疗。多食富含维生素 K 的食物，如新鲜蔬菜等绿色食品。

（3）补充维生素 K。

①出血较轻者：维生素 K_1 分次口服，持续半个月以上。

②出血严重或有胆道疾病者：可用维生素 K 15 mg 或维生素 K_3(甲萘醌)20 mg，肌内注射，每天 1～2 次，当有大量出血时，应立即输入新鲜血液，以补给凝血酶原；没有输血条件时，将维生素 K_1 加入葡萄糖溶液中静脉滴注。

（4）补充凝血因子。如出血严重，维生素 K 难以快速止血，可输注新鲜冷冻血浆。

项目十九　水溶性维生素缺乏症诊治

任务一　维生素 B_1 缺乏症诊治

维生素 B_1 缺乏症是指体内硫胺素缺乏或不足所引起的大量丙酮酸蓄积,以致神经功能障碍,以角弓反张和脚趾屈肌麻痹为主要临床特征的一种营养代谢性疾病,也称多发性神经炎或硫胺素缺乏症。

【诊断要点】

根据饲养管理情况、发病日龄、流行病学特点、多发性外周神经炎的特征症状和病理变化即可做出初步诊断。应用诊断性的治疗,即给予足够量的维生素 B_1 后,可见到明显的疗效。测定血液中丙酮酸、乳酸和硫胺素的浓度、脑脊液中的细胞数有助于确诊。

（一）病因

1. 饲料中硫胺素缺乏

饲料中缺乏青绿饲料、酵母、麸皮、米糠及发芽的种子,也未添加维生素 B_1,或单一饲喂大米等谷类精料易引起该病。如仅仅给小鸡饲喂精白大米也会出现多发性神经炎。

2. 饲料硫胺素遭破坏

硫胺素属水溶性维生素且不耐高温,因此,饲料经蒸煮加热、碱化处理、用水浸泡后,硫胺素被破坏或丢失。

3. 发酵饲料及蛋白性饲料不足

糖类过剩、胃肠功能紊乱、长期慢性腹泻、大量使用抗生素等,使肠道菌群失调,维生素 B_1 合成障碍,易引起该病。

（二）临床症状

维生素 B_1 缺乏症主要表现为食欲下降,生长受阻,多发性神经炎等,因患病动物的种类和年龄不同而有一定差异。

猫多以吃生鱼而发病,犬以食熟肉而发病,猫对硫胺素的需求量比犬大。主要表现为厌食、平衡失调、惊厥、勾颈、头向腹侧弯、知觉过敏、瞳孔散大、运动神经麻痹、四肢呈进行性瘫痪,最后呈半昏迷,四肢强直死亡。

【防治方法】

1. 改善饲养管理,调整日粮组成

若为原发性缺乏,犬、猫应增加肝、肉、乳的供给,可在日粮中添加维生素 B_1。若饲料中含有磺胺类药物或抗球虫药氨丙啉,应多添加维生素 B_1 以防拮抗作用。目前普遍采用复合维生素 B 防治本病。

2. 重症病例可注射硫胺素

严重缺乏时,一般采用盐酸硫胺素注射液,皮下或肌内注射;一般不建议采用静脉注射的方式给予维生素 B_1。若大剂量使用维生素 B_1,易出现呼吸困难、全身无力,进而昏迷的中毒症状,应及早使用扑尔敏、安钠咖和葡萄糖氯化钠溶液抢救。

Note

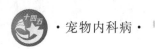

任务二　维生素 B_2 缺乏症诊治

维生素 B_2 缺乏症是指动物体内核黄素缺乏或不足所引起的黄素酶形成减少,生物氧化功能障碍,临床上以生长缓慢、皮炎、胃肠道及眼损伤为特点的一种营养代谢性疾病。

【诊断要点】

根据饲养管理情况、发病经过、临床症状可做出初步诊断。测定血液和尿液中维生素 B_2 含量有助确诊。全血中维生素 B_2 含量低于 $0.0399\ \mu mol/L$,红细胞内维生素 B_2 含量下降。

1. 病史调查

(1) 日粮中维生素 B_2 贫乏。各种青绿饲料和动物蛋白富含核黄素,但常用的禾谷类饲料中核黄素特别贫乏,不足 $2\ mg/kg$。所以肠道比较缺乏微生物的动物,如果单纯饲喂禾谷类饲料,又不注意添加核黄素,则易发生维生素 B_2 缺乏症。

(2) 日粮中维生素 B_2 遭破坏。日粮加工和储存不当,日粮霉变,或经热、碱、重金属、紫外线的作用,特别是在日光下长时间暴晒,易导致大量维生素 B_2 被破坏。

(3) 长期添加抗生素。长期大量使用广谱抗生素会抑制消化道微生物的生长,造成维生素 B_2 合成减少。

(4) 对核黄素的需求量增加。妊娠或哺乳的母犬、生长发育期的幼犬、应激、环境温度或高或低等特定条件下机体对核黄素的消耗增多,机体对核黄素的需求量也相应增加。

2. 临床检查　犬主要表现为食欲不振、生长缓慢、消化不良、腹泻、消瘦、神经过敏。胸、后肢和腹部鳞屑性皮炎,皮肤红斑、水肿,皮屑增多,脱毛,结膜炎以及角膜浑浊,眼睛有脓性分泌物;后肢肌肉萎缩无力,贫血,有的发生痉挛和虚脱,严重者导致死亡。妊娠期缺乏维生素 B_2,胎儿发育异常,出现并指(趾)、短肢、腭裂等先天性畸形。

猫表现为食欲下降,体重减轻,头部脱毛,有时出现白内障。

【防治措施】

调整日粮配方,增加富含维生素 B_2 的日粮,或补给复合维生素 B 添加剂。发病后,可将维生素 B_2 混于日粮中。复合维生素 B 制剂,每日一次,口服。也可饲喂饲用酵母。避免抗生素大剂量长时间应用;不宜把日粮过度蒸煮,以免破坏维生素 B_2;日粮中配以含较高维生素 B_2 的蔬菜、鱼粉、肉粉等,必要时可补充复合维生素 B 制剂。

任务三　维生素 C 缺乏症诊治

维生素 C 缺乏症也称为坏血病,所以维生素 C 又被称为抗坏血酸。在新鲜蔬菜和水果中,维生素 C 的含量较多,但是经过储存、加热后很容易被破坏。这种病多见于缺乏青绿饲料的动物,尤其是处在快速生长发育阶段的幼年动物。患有急慢性疾病,如腹泻、痢疾、肺炎、肺结核时,也易缺乏维生素 C。

【诊断要点】

1. 病史调查

(1) 哺乳期母犬长期缺乏维生素 C,则幼犬易患本病。

(2) 吸收障碍。慢性消化功能紊乱、长期腹泻等可致维生素 C 吸收减少。

(3) 需求量增加。幼犬生长发育快,维生素 C 需求量增多;患感染性疾病,严重创伤时对维生素 C 的消耗增多,维生素 C 的需求量亦增加,若不及时补充,易引起缺乏。

2. 临床检查

（1）一般症状：维生素 C 缺乏症一般 3～4 个月才会出现症状。早期表现为易激惹、厌食、体重不增、面色苍白、倦怠无力，可伴低热、呕吐、腹泻等，易感染或伤口不易愈合。

（2）出血症状：常见长骨骨膜下、皮肤及黏膜出血，齿龈肿胀、出血，继发感染局部可坏死，亦可有鼻衄、眼眶骨膜下出血，可引起眼球突出，可见消化道出血、血尿、关节腔内出血甚至颅内出血。

（3）骨骼症状：长骨骨膜下出血或骨干骺端脱位可引起患肢疼痛。患肢沿长骨干肿胀、压痛明显，微热而不发红。

【防治措施】

轻症者口服维生素 C，每次 10～150 mg，每日 3 次。重症者静脉注射，每日一次，一次 500 mg，待症状减轻后改为口服。同时应供给含维生素 C 丰富的水果或蔬菜，如西红柿等。有骨骼病变者应固定患肢，治疗 24～48 h，症状会有所改善，一周后症状消失，一年后骨结构恢复正常，治愈后一般不遗留畸形。如合并贫血，可加大维生素 C 的剂量，并视情况补充铁剂或叶酸。

孕犬及哺乳母犬应多食富含维生素 C 的食物，如新鲜水果、蔬菜，生产后 2～3 个月需添加含维生素 C 丰富的食物。

项目二十　钙、磷缺乏症诊治

任务一　佝偻病诊治

佝偻病是生长发育快的幼犬和幼猫因维生素 D 缺乏及钙、磷代谢障碍所致的骨营养不良。病理特征是生长骨钙化不足。临床特征是消化功能紊乱、异嗜癖、跛行及骨骼变形。本病常见于幼犬。

【诊断要点】

根据动物的年龄、饲养管理条件、慢性经过、生长迟缓、异嗜癖、运动困难以及牙齿和骨骼的变形等特征,很容易诊断;骨的 X 线检查及骨的组织学检查,可以帮助确诊。

1.病史调查

(1)日粮中维生素 D 缺乏:断乳后如果饲料中维生素 D 供应不足,或母乳中维生素 D 不足,导致钙、磷吸收障碍,这时即使日粮中有充足的钙、磷,亦会发生先天性或后天性佝偻病。

(2)光照不足:幼犬长期家养,或漫长的冬季都会发生光照不足,缺乏紫外线照射,从而导致幼犬发病。

(3)钙、磷不足或比例不当:日粮中存在任何钙、磷比例不平衡现象(比例高于或低于(1～2):1),就会引起佝偻病的发生。

(4)断乳过早或胃肠疾病:当幼犬断乳过早导致消化功能紊乱或长期腹泻等胃肠疾病时,影响机体对维生素 D 的吸收,从而引起佝偻病。

(5)缺乏运动:长期家养,缺乏运动,骨骼的钙化作用降低,骨质硬度下降。

2.临床检查　早期食欲减退,消化不良,精神沉郁,然后出现异嗜癖;患犬卧地,发育停滞,下颌骨增厚和变软,出牙期延长,齿形不规则,齿质钙化不足,排列不整齐,齿面易磨损、不平整;严重时,口腔不能闭合,舌突出,流涎,吃食困难;关节肿大,骨端增大,弓背,长骨畸形,跛行,步态僵硬,甚至卧地不起;四肢骨骼变形为"O"形腿或"八"字形腿,骨质松软,易骨折;肋骨与肋软骨结合处有串珠状肿大。伴有咳嗽、腹泻、呼吸困难、贫血或神经过敏、痉挛、抽搐等(图 7-6、图 7-7)。

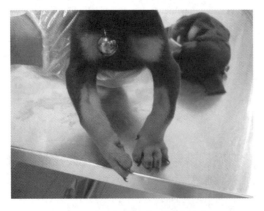

图 7-6　幼犬佝偻病呈"O"形腿

图 7-7　幼犬佝偻病呈"八"字形腿

3.X 线检查　长骨骨端扁平或呈杯状凹陷,骨骺增宽且形状不规则,骨皮质变薄,密度降低,长骨末端呈毛刷状或绒毛样外观。

【防治措施】

1. 日粮中添加足够的维生素 D 防治佝偻病的关键是保证机体获得充足的维生素 D,可在日粮中按维生素 D 的需求量合理补充。

2. 足够的阳光照射 保证幼犬得到足够的阳光照射或在家中安装紫外线灯定时照射。

3. 饲喂全价饲料 幼犬应饲喂全价幼犬粮,尤其注意钙、磷的平衡问题。可选用维丁胶性钙、葡萄糖酸钙、磷酸二氢钠等,在日粮中添加乳酸钙、磷酸钙、氧化钙、磷酸钠、骨粉等。

4. 补充维生素 D 制剂 有效的治疗是补充维生素 D 制剂,如鱼肝油或浓缩维生素 D 油、维生素 AD 注射液、维生素 D_3 注射液等。

 案例分析

案例:1 例狼狗佝偻病的诊治

任务二　犬骨软骨病诊治

犬骨软骨病是指处于生长发育阶段的幼犬发生的以骨坏死和骨发育不良为特征的一种疾病。如肩关节分离性骨软骨病、啄突分离症、膝关节分离性骨软骨病等。

【诊断要点】

1. 病史调查 本病的病因尚不明确。一般认为其直接原因是循环障碍或过度牵引和压迫性外伤。内分泌功能紊乱、营养不良及遗传因素也与本病的发生有关。

2. 临床检查

(1)肩关节分离性骨软骨病,多见于大型犬种,尤以 4～8 月龄雄性犬多见。突然发生跛行,且随运动而加重,休息后患肢呈僵直状态。触诊肩部或行外展运动,可表现疼痛,可闻及"喀嚓"音及捻发音,后期肩部肌肉发生萎缩。

(2)啄突分离症,多发生于 4～5 月龄的大型品种犬,常见前肢轻度跛行,休息后最初几分钟表现为步态僵直。两前肢稍外展,肘部弯曲靠近胸部,关节囊多扩张。

(3)膝关节分离性骨软骨病,表现为着地困难,呈关节发育异常的"蹑足"步样。后期形成骨关节病。

【防治措施】

(1)一旦发生骨关节疼痛,采用药物治疗和物理疗法效果不佳,一般多采用手术治疗。

(2)在发病早期,如果问题不严重可采用保守治疗,服用软骨素,让犬适当休息。病变的部位受到对应关节的压迫能够促使其愈合,如果疼痛可以配合一些消炎镇痛药,如果严重就需要手术清除病变的软骨下骨以及切除游离的软骨小体,并且手术应当尽早进行。

(3)预防措施。①首先进行日光浴:尽量多晒太阳,阳光能促使犬自身合成维生素 D,维生素 D 对钙、磷的吸收和代谢起着重要作用。②给予药物:给予维生素 D 制剂,可口服或肌内注射,但注意不能过量,也可在日粮中适当添加鱼肝油。③补充钙:可在日粮中添加骨粉或鱼粉,也可口服碳酸钙或乳酸钙。

Note

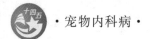

 案例分析

案例： 2例母犬低血钙的诊断与防治

项目二十一　微量元素代谢障碍性疾病诊治

一般把在体内含量在 1 μg/kg 以下的元素称为微量元素。研究证实,动物体内微量元素常作为酶的组成成分或激活剂,比如锌与上百种酶有关,铁与数十种酶有关,锰和铜亦与数十种酶有关等;微量元素构成体内重要的载体及电子传递系统,如:铁参与组成血红蛋白、肌红蛋白,起运输和储存氧的作用;铁构成的细胞色素系统,是重要的电子传递物质;铁硫蛋白是呼吸链中的电子传递体等。微量元素也参与激素和维生素的合成,比如钴组成维生素 B$_{12}$,碘构成甲状腺激素,因而微量元素与代谢的调控有密切关系。另外,微量元素影响机体免疫系统的功能,影响生长及发育,比如锌影响生长发育,能增强免疫功能;硒能刺激抗体的生成,增强机体的抵抗力。

【病史调查】

1. 饲料或饮水中一种或几种微量元素不足　这是引起本类疾病的主要原发性因素。微量元素不像糖、脂肪、蛋白质及部分维生素,在动物体内可以合成或转化,获得它们的唯一途径是从体外摄取。

2. 动物需求量增加　母畜妊娠或幼畜生长发育对某种(些)微量元素的需求量增加但供应不足而发生疾病。例如,仔猫缺铁性贫血就是由仔猫在生长发育过程中对铁的需求量增加但供不应求而造成的。

3. 拮抗元素作用　某种微量元素的含量正常,但由于摄入其拮抗元素过多,影响了这种微量元素的吸收和利用。例如,江西许多地区的饮水受到钼污染,当地的犬饮了含钼过多的水就会引起继发性铜缺乏症。

4. 疾病因素　动物患某种疾病时对微量元素的吸收量和排泄量发生了改变。例如,慢性肾病能使肾脏储存微量元素的功能减退,致使这些元素大量流失。又如,慢性腹泻和消化不良会影响微量元素的吸收,从而继发微量元素缺乏症。

任务一　铜缺乏症诊治

铜(Cu)参与血液形成、毛发及羽毛的色素沉着和角质化过程,为细胞色素氧化酶等十几种酶的组成成分。暹罗猫多发铜缺乏症。

【诊断要点】

1. 病史调查　一般情况下,经常饲喂肉类和动物内脏的猫一般不会发生铜缺乏症,但如果长期以牛奶为主食的猫,则易发生铜缺乏症;同时由于铜的吸收要靠肠黏膜细胞中的载体蛋白,当食物中的锌含量过高,影响铜的吸收,也可造成铜的缺乏,这可能是因为铜和锌会竞争相同的载体蛋白。

2. 临床检查　暹罗猫铜缺乏症的主要表现是贫血。初期常无明显症状,随着铜缺乏的时间延长,患猫逐渐表现为喜卧懒动,精神不振,运动减少,动则喘气,可视黏膜颜色变淡,甚至苍白,容易骨折;深色猫被毛颜色变淡。幼年猫生长发育减慢或停滞,关节变形,骨端粗大,行走时后躯摇摆,共济失调,容易摔倒。

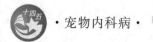

【防治措施】

（1）硫酸铜 0.2～0.3 g 内服，间隔 4～5 日 1 次或给猫饲喂全价配合日粮。也可给猫应用甘氨酸铜，10～20 mg 皮下注射，4～5 日 1 次。均可收到良好效果，若情况严重应及时就医。

（2）为了避免宠物铜的缺乏，尽量不要长期喂食单一的口粮，多种食物搭配以丰富营养。宠物铜缺乏时可以多吃一些含铜成分较多的食物，如动物内脏、白菜、蛋黄等。

任务二　铁缺乏症诊治

机体中的铁（Fe）主要存在于两类物质中，一类物质是血红蛋白、肌红蛋白以及一些酶系统，如细胞色素酶、过氧化氢酶和过氧化物酶等。前两者作用是运输氧和二氧化碳；后者作用是参与组织呼吸，推动生物氧化还原反应。另一类物质是铁传递蛋白、铁蛋白和含铁血黄素，铁蛋白是机体铁储存的主要形式，含铁血黄素是铁过量时的沉积物。机体中 60%～70% 的铁存在于血红蛋白中，3% 的铁存在于肌红蛋白中，其他存在于各种酶系统和铁蛋白及相关物质中，游离的铁离子极少。

【诊断要点】

1. 病史调查

（1）铁需求量增加：仔犬、仔猫，因生长发育迅速，靠母乳已不能满足对铁的需求，此时若不能获得足够的铁，就易患铁缺乏症。

（2）多种因素可影响食物中铁的吸收，通常植物性食物中由于其中含有较多的植酸盐、草酸盐等，与亚铁离子结合生成沉淀，影响铁的吸收。

（3）长期应用乳制品饲喂犬、猫，宠物体内外寄生虫和慢性出血等都可引起铁缺乏症。

（4）因犬、猫消化道慢性炎症，或饲料中含钴、锌、铬、铜和锰过多，也会使铁的吸收减少；铜缺乏时，也能使铁的吸收减少。

2. 临床检查　临床表现为无力和易疲劳，发懒，稍运动则喘息不止，可视黏膜色淡以至微黄染，食欲下降。幼犬、幼猫生长停滞，对传染病抵抗力下降，易感染、易死亡。

3. 实验室检查　血涂片镜检主要表现为小细胞低色素性贫血、红细胞大小不均匀、异形性红细胞增多症等。

【防治措施】

（1）犬、猫铁缺乏时，可以喂食一些铁含量较多的食物，如猪肝、牛肉、鸭肝、猪肉、猪血等。

（2）定期给犬、猫体内外驱虫，有效驱除宠物身上常见的螨虫、蜱虫、跳蚤、蛔虫、线虫等。

（3）给予硫酸亚铁。犬：100～300 mg，口服，每日一次；猫：50～100 mg，口服，每日一次。

（4）给予叶酸。犬：1～5 mg/d，口服或皮下注射；猫：2.5 mg/d，口服。

（5）输全血，贫血不严重可输血浆。

任务三　锌缺乏症诊治

锌（Zn）是多种金属酶的组成成分或是酶的激活剂；参与动物机体 DNA、RNA 和蛋白质的合成；参与激素的合成或调节活性，与胰酶活性有关；与免疫功能密切相关；维持正常的味觉功能。动物体中的锌主要存在于骨骼、皮肤和被毛中，血液中的锌大部分在红细胞中。

【诊断要点】

1. 病史调查　食物中某些成分比例不当或存在过多锌的拮抗剂，影响了机体对锌的需求量和吸收。食物中高钙能减少犬对锌的吸收而造成锌缺乏症。

2. 临床检查 锌缺乏症的主要症状:幼犬、幼猫食欲减退、腹泻、消化功能紊乱、消瘦、发育停滞。皮肤角化不全,脱毛,犬、猫被毛粗糙,眼、口、耳、下颌、肢端、阴囊、包皮和阴门周围出现厚的痂片,趾(指)垫增厚龟裂。身体上有色素沉着。另外,还表现为生殖能力下降,公犬和公猫睾丸变小萎缩,母犬和母猫性周期紊乱,屡配不孕,有的发生骨骼变形。

【防治措施】

(1)给予硫酸锌,10 mg/(kg·d),口服,连用 2 周。

(2)日常可以给宠物多吃一些坚果、海鲜、肉类、动物内脏、鱼类、蛋黄、羊奶等锌含量较高的食物。一般蛋白质类食物中锌含量较高,海产品是锌的主要来源,奶类和蛋类次之。

(3)饲喂全价日粮,尤其对生长期幼犬、幼猫和公犬、公猫要保持日粮中有足够的锌。

任务四 钴缺乏症诊治

钴(Co)主要参与维生素 B_{12}(钴胺素)的合成,参与造血过程,Co^{2+} 激活精氨酸酶等 10 多种酶。钴缺乏症很少由日粮引起,大多数由胰腺外分泌功能不全、慢性胃肠道疾病引起。

【诊断要点】

1. 临床症状 猫所有的组织功能的正常运作都需要钴胺素的参与,所以钴胺素缺乏引起的症状多种多样。有一些猫可能产生厌食、嗜睡、贫血及失重(体重减轻);有一些猫会出现持续性腹泻、间歇性败血症及产生严重的神经疾病;也有一些猫会产生异食癖。

2. 实验室检查 钴缺乏症诊断只需要检测血清中钴胺素浓度即可。得克萨斯农工大学给出的血清钴胺素浓度参考范围:290～1500 ng/L。检测不到血清钴胺素或其浓度低于正常范围,则说明已患钴缺乏症。

【防治措施】

补充钴胺素是治疗钴缺乏症的基础。

依猫体格大小,可皮下注射 100～250 μg,7 天一次,需要 6 周。这 6 周治疗结束后,再治疗 6 周,可以把治疗方案调整为 100～250 μg,14 天一次,皮下注射。

在最后一次皮下注射的 4 周后,检查血清钴胺素浓度来评估是否需要继续治疗。

与此同时,需要通过基础检查(血常规、血生化、尿液分析)、临床症状及病史等多种诊断方式判断产生钴胺素吸收异常的原因并治疗。

任务五 锰缺乏症诊治

锰(Mn)是犬、猫必需的微量元素,是多种酶的组成成分和激活剂,锰对脂肪代谢和蛋白质生物合成都起着重要作用,可促进骨骼的形成与发育,维持繁殖功能。

【病因】

犬、猫锰缺乏症时有发生。饲料中锰长期不足是锰缺乏症的主要原因。当犬、猫长期食用在缺锰的土壤中种植的玉米等植物性饲料时,则易发生本病。另外,日粮中含有过多锰的拮抗剂,如钙、铁、钴等时,也会影响锰的吸收利用,造成缺锰。

【诊断要点】

(1)锰缺乏症的症状是出现皮肤瘙痒。

(2)在受到外伤或者手术后伤口愈合时间延长。

(3)锰缺乏症还可能影响身体骨骼的正常生长发育和心脏的新陈代谢。犬、猫发生锰缺乏症时,正常的发育、繁殖和成骨作用受到影响,主要表现为骨骼畸形,运动失调,跛行,腿短而弯曲,关节肿大,站立困难,不愿行走。

(4)患犬、猫往往生长停滞,生殖功能紊乱,母犬、母猫发情延迟甚至不发情,不易受孕;公犬、公猫性欲下降,精子形成困难。

【防治措施】

(1)不要给宠物长期吃单一的食物,避免某种元素缺乏或过多。

(2)锰缺乏时可以多给宠物吃一些锰含量高的食物,如榛子、松子、开心果、核桃等坚果,小米、玉米、小麦、燕麦等谷物,黄豆、绿豆等豆子和豆制品,鱼类和鸡肝等。

(3)口服IGY抗特力,补充免疫球蛋白,提升宠物抗病毒能力,增强食欲,促进营养物质的吸收,每天1次,服用5天,每次1瓶。

任务六　碘缺乏症诊治

碘(I)主要参与甲状腺激素的合成。甲状腺激素可调节糖类、蛋白质和脂肪的分解;调节热的形成过程;影响动物的生长、发育和繁殖功能。一般情况下,犬粮的碘含量应该控制为 $1\sim11$ mg/kg,幼年猫粮和繁殖期猫粮中的碘含量需要控制为 $1.8\sim9$ mg/kg,成年猫粮则要控制为 $0.6\sim6$ mg/kg。

图 7-8　碘缺乏症引起的鼻端脱毛现象

【诊断要点】

犬、猫缺碘会导致甲状腺肿大,并且还很容易引发腹侧隆起、吞咽困难、声音异常等症状。而如果幼猫和幼犬长期缺乏碘,还会导致处于发育期的犬、猫出现精神呆滞、反应迟缓、嗜睡(呆小症)、被毛短而稀疏、皮肤硬厚脱屑等症状(图 7-8)。

【防治措施】

(1)碘化钾/碘化钠,4.4 mg/kg,口服,每日一次。

(2)复方碘液(含碘 5%、碘化钾 10%),每日 $10\sim12$ 滴,20 天为 1 个疗程,间隔 $2\sim3$ 个月再用药 1 个疗程。

(3)碘缺乏时要及时给宠物补充碘元素,日常需要丰富宠物的营养结构,可以多给宠物吃一些碘含量丰富的食物,如海鱼、海虾、海带、芹菜、菠菜、鸡蛋等。

→ 模块小结

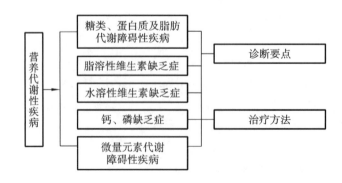

维生素缺乏症相关症状见表 7-1。几种常用的水溶性维生素的功效及其使用时的注意事项见表 7-2。

表 7-1　维生素缺乏症相关症状

症　状	缺乏的元素
眼睛干涩	维生素 A、胡萝卜素
口臭	维生素 B_6、锌
牙齿不坚固	维生素 A、钙、铁
唇干燥、脱皮	维生素 A、维生素 B_2
贫血、手脚发凉	维生素 B_6、铁、叶酸
易疲劳、精力差	维生素 B_1、维生素 B_2、维生素 B_6
脱发过多、头皮屑过多	维生素 A、维生素 B_6、锌、钙
头发枯黄、分叉	维生素 E、铁
黑眼圈	维生素 A、维生素 C、维生素 E
出现色斑、黄褐斑	维生素 C、维生素 E、叶酸
皱纹出现早、多	维生素 A、维生素 C、维生素 E、硒
皮肤无弹性、无光泽	维生素 B_1、维生素 B_2
皮肤干燥、粗糙，毛孔粗大	维生素 A、维生素 B_6、锌
发育迟缓	维生素 A、维生素 B_1、维生素 B_2
视力差、眼睛怕光、干涩	维生素 A、维生素 B_1、维生素 B_2、硒
虚汗、盗汗	维生素 D、钙、铁
舌头紫红、嘴角烂	维生素 B_3、维生素 B_2

表 7-2　几种常用的水溶性维生素的功效及其使用时应注意的事项

种　类	功　效	缺　乏　症	注　意　事　项
维生素 B_1	能保持循环、消化、神经和肌肉正常功能,调整胃肠道的功能	缺乏会引起消化功能紊乱、食欲不振、全身无力。若出现消化不良症状可以补充	维生素 B_1 肌内注射后可发生过敏性休克
维生素 B_2	能促进生长发育,保护眼睛、皮肤的健康	缺乏维生素 B_2 容易引起口腔炎、口角炎,并出现各种皮肤性疾病,以及对光有过度敏感的反应	过量服用维生素 B_2 会导致肾功能障碍
维生素 C	有增加抗体,增强抵抗力的作用,可解毒、抗毒、防治感冒和上呼吸道炎症以及防止坏血病	缺乏维生素 C 时伤口不易愈合,虚弱,易患各种感染性疾病	大剂量服用维生素 C 后可引起腹泻,还可能造成泌尿系统结石

 模块作业

1. 什么是犬痛风？如何治疗？

2. 犬维生素 A 缺乏的危害有哪些？

3. 犬硒和维生素 E 缺乏时的临床症状有哪些？

4. 怎样鉴别诊断犬、猫维生素 B_1 缺乏症与维生素 B_2 缺乏症？

5. 佝偻病与骨软骨病有何不同？

6. 哪些营养代谢性疾病易发生运动障碍和骨骼变形？怎样鉴别诊断？

 模块测验

执兽真题

Note

模块八　肿瘤性疾病诊治

扫码看课件
模块八

模块介绍

　　本模块主要阐述了宠物常见的内脏器官肿瘤性疾病,分为头颈部器官肿瘤、胸腔器官肿瘤、腹腔器官肿瘤和骨盆腔器官肿瘤四大类,共22种疾病。通过本模块的学习,要求了解常见肿瘤的诊断要点和治疗措施;掌握临床检查、实验室检查、影像学检查的操作流程和技术;并具备在宠物门诊中熟练配合兽医完成动物常规检查、肿瘤采样、辅助治疗等助理兽医的基本技能。

学习目标

　　▲知识目标

1. 记住动物各组织器官常见肿瘤。
2. 记住动物肿瘤的临床症状和检查方法。
3. 了解动物肿瘤的治疗方案和预后情况。

　　▲技能目标

1. 掌握动物常见内脏器官肿瘤的诊断要点。
2. 掌握动物常见内脏器官肿瘤的防治措施。
3. 掌握动物常见内脏器官肿瘤的预后情况。
4. 传承和运用中药和针灸技术,倡导中西结合疗法。

　　▲思政目标

　　随着人们物质生活条件的不断改善,宠物饲养环境与条件也得到不断优化,因此宠物的寿命越来越长,老年犬肿瘤的发病率逐渐升高。最近的一项研究表明,老龄犬的常见病有骨关节炎与退行性关节病、心脏病、癌症/肿瘤、行为改变与认知问题(老年痴呆症)、口腔和牙齿问题。我们需要普及常见病,成为老年宠物的健康倡导者。定期护理、及早发现和适当管理可以延长它们的寿命,最大限度地提高老龄犬的生活质量。

▶ 系统关键词

恶性肿瘤、良性肿瘤、存活时间、存活率、侵袭性、转移率、手术、化疗、放疗。

▶ 检查诊断

　　1. 体格检查　良好的体格检查所体现的价值不容忽视,早期诊断并应用介入治疗可获得较好的结果。所有超过5岁的犬的体格检查都应进行直肠检查,早期发现肿瘤会极大地影响手术效果。检查时发现外部肿物,需要触诊引流淋巴结是否增大,这是肿瘤分级的开始。

　　2. 建立基本数据库　大多数患癌宠物为中老年宠物,建立一个基本的数据库(包括血液学检查、血生化检查和尿液分析结果)是非常重要的举措。

　　3. 细胞学和活组织检查　肿瘤的性质基本上必须通过细胞学或组织学检查来确定,可以同时对其引流淋巴结进行细胞学评估。很多情况下,有必要切除肿瘤的前哨淋巴结,然后进行组织学评估。

　　4. 放射学检查　常规胸腔X线检查是中老年宠物基本的检查项目之一。有癌症或肿瘤的动物需进行全身的X线检查,至少包括左侧位和右侧位检查,有时腹背位/背腹位检查也有助于诊断。

CT 是检查肺部转移的金标准。

癌症动物检查区域及成像技术选择见表 8-1。

表 8-1 癌症动物检查区域及成像技术选择

区　　域	成像技术选择	其他成像技术
下颌	CT	X 线
头骨、额窦	CT	X 线、MRI
鼻腔	CT	X 线、MRI
大脑	MRI	CT
脊柱	MRI 或 CT	X 线（脊髓造影）
胸腔	CT	X 线、超声
腹腔	超声	CT、X 线
骨盆	CT	MRI、X 线
肌肉	MRI	CT、超声

5. 超声检查 在评价腹部肿瘤时，超声检查比 X 线检查更准确，它能确定肿瘤的位置和转移的区域。胸部超声检查可以评估纵隔、心包膜和心脏。超声检查的缺点在于不能确定检查到的团块是否为肿瘤。超声最大的优势在于其能在超声引导下进行活组织检查，可以不需要进行手术就能对腹部内和胸腔内的一些肿瘤进行诊断。

6. CT/MRI CT 是诊断肺转移的金标准，也能更好地评价骨损伤，包括骨肿瘤和软组织肿瘤对邻近骨的影响。通过三维重建和 CT 扫描有助于制订术前计划，将 CT 扫描纳入放疗计划有助于更好地实施放疗。

MRI 与 CT 相比能更好地评估软组织和脑部病变。

7. 鼻镜检查/上消化道内窥镜检查/结肠镜检查 鼻镜检查结合 CT 或鼻部 X 线检查用于诊断患病动物的鼻腔肿瘤，可以获取有诊断意义的活组织。消化道内窥镜可用来检查胃、十二指肠，该检查无创，但是样本较小，可能不具代表性，仍然需要手术取样。

8. 分期/分级 完整的诊断结果可以对患病动物的癌症进行分期。采用 TNM 分期（即原发肿瘤、淋巴结、远端转移），以量化肿瘤生长、扩散程度及预后。TNM 分期和肿瘤的个体差异有关，了解淋巴结的位置及分流方式也很重要。大多数犬、猫肿瘤分级的标准已经建立，包括有丝分裂指数、分化程度、浸润程度和血管内是否出现转移灶等。

外科兽医获取癌症宠物的相关信息后便可与宠物主人讨论适宜的治疗方案。

▶ **常用药物**

苯丁酸氮芥、达卡巴嗪、表柔比星、多柔比星、托西尼布、美法仑、卡莫司汀、长春碱、长春新碱、环磷酰胺、吡罗昔康、泼尼松、阿糖胞苷、羟基脲、卡铂、顺铂、地塞米松、地西泮、甲磺酸伊马替尼、甲磺酸马赛替尼、利多卡因、洛莫司汀、甲氨蝶呤、氟尿嘧啶、放线菌素、门冬酰胺酶、甲氧氯普胺、米托坦、米托蒽醌。

项目二十二 头颈部器官肿瘤诊治

任务一 脑肿瘤诊治

犬脑肿瘤的发病率为 14.5/100000，远高于其他家养动物，该病多发于老年犬（平均年龄为 9.5 岁）；拳师犬、波士顿犬、杜伯曼犬、金毛犬的发病率较高，短头犬（如拳师犬）更易发生神经胶质瘤，而长头犬更易发生脑膜瘤。犬发生脑肿瘤的病因尚不明确。

猫最常见的脑肿瘤为脑脊膜瘤，其次为猫颅内肿瘤，随后是脑垂体瘤、神经胶质瘤。

【诊断要点】

需要进行全面的神经系统检查，但大多数病例症状可能并无异常。20%的原发性脑肿瘤发生在嗅觉区域，尽管存在占位性病变，神经系统检查可能显示正常。

血液学检查、血清生化和尿检分析有助于原发性颅外部恶性肿瘤（如胰腺胰岛素瘤）的诊断。

原发性脑肿瘤很少发生转移，但如果患犬出现多病灶临床症状，应排除其他肿瘤导致的转移性病变。

在评估脑肿瘤时 MRI（核磁共振）优于 CT。

多数病例中，活组织检查并不适用于脑肿瘤的诊断。

脑肿瘤 MRI 和 CT 的成像特征：脑脊膜瘤通常根部较宽，使用造影剂后密度均一增强；神经胶质瘤位于密度非均一增强的环状组织的中央，边缘不规则；脉络丛肿瘤边缘清晰，造影后密度均一增强；垂体肿瘤位于蝶鞍，肿瘤周围仅少量组织水肿，向背侧延伸，边界清晰。

【治疗措施】

原发性脑肿瘤的动物必须控制肿瘤造成的继发影响，如肿瘤周围水肿、癫痫、颅内压升高等。类固醇能缓解水肿；癫痫动物应进行抗惊厥治疗（苯巴比妥或溴化钾）。

外科处理包括完全切除、部分切除及活检。犬的脑脊膜瘤通常比猫的更具有侵袭性，若切除脑干赘生物，死亡率较高，最好辅助其他治疗，例如放疗或化疗。猫脑肿瘤主体多为浅表性脑膜瘤，可以手术切除。

颅盖肿瘤如骨肉瘤、软骨肉瘤、多小叶骨软骨肉瘤通常可被成功切除。减瘤手术和辅助性放疗可用于治疗多小叶骨软骨肉瘤。

【预后】

转移到中枢神经系统的肿瘤预后不良，虽然放疗可缓解症状，但还没有被广泛报道。中枢神经系统淋巴瘤多预后不良。全脑放疗可达到短期控制，但一般中枢神经系统淋巴瘤是侵袭性很强的肿瘤，且易侵袭软脑膜。

任务二 牙龈瘤诊治

牙龈瘤发生于牙周韧带，是最常见的良性口腔肿瘤。其中纤维瘤型居首位（57%），其次为骨化型（23%），再次是棘皮瘤型（18%）以及巨细胞型。

1. 纤维瘤型牙龈瘤和骨化型牙龈瘤 患犬平均年龄为 8～9 岁,而且更常见于雄性。此类肿瘤常见于上颌前臼齿,有蒂牙龈瘤。与纤维瘤型牙龈瘤相比,骨化型牙龈瘤附着面积较大,蒂较少。它们被覆上皮、无溃疡、无浸润性、无骨转移、与牙龈增生非常相似。纤维瘤型牙龈瘤或骨化型牙龈瘤的分类以骨组织存在与否为依据。

该病在治疗上选择保守性手术切除,可以结合电烙术或单纯切除。保守性手术切除(不切除骨骼)肿瘤后的局部复发率为 0～17%。

2. 棘皮瘤型牙龈瘤 患犬的平均年龄为 8 岁,无性别倾向性,最常发生的部位为上颌犬齿(60%)和切齿的周围,具有局部浸润性,影像学显示 80%～90% 的病例出现骨溶解,但未发生转移。大面积手术切除后的预后良好,手术切除后的复发率只有 4%,12 个月存活率为 90%,中位生存期为 36 个月。小肿瘤进行放疗后的预后良好,复发率不足 5%,中位生存期为 37 个月。

任务三 口腔乳头状瘤诊治

口腔乳头状瘤为乳头瘤病毒的水平传播引起的,通常发生于年轻病例,且在犬身上更为常见。

【诊断要点】

口腔乳头状瘤病可能无症状,但是可以观察到犬伴有多发性的或大的乳头状瘤,表现为吞咽困难,流涎,口臭或者口腔疾病的其他症状(如食欲不振等)。

该病通常呈疣样并且在口腔、咽、舌和唇部多发性出现。一般在 4～8 个月会自行消退。

【治疗措施】

如果仅有几个乳头状瘤病灶出现,通常无须治疗。如果大的或多发性的乳头状瘤生长引起持续的临床症状或者不退化,治疗方法一般为手术治疗,如果较为棘手或已影响吞咽,可以行冷冻术或电烙术。原位病灶破损可能会释放抗原并引起免疫诱导性退化。

【预后】

该病预后良好。

任务四 口腔鳞状上皮癌诊治

在犬的口腔肿瘤中,鳞状上皮癌占 20%～30%,仅次于恶性黑色素瘤。患犬的平均年龄为 8～10 岁,未发现该病的性别和品种倾向性,不过大型犬的发病率可能较高。口腔内的鳞状上皮癌可发生于切齿、下颌的前臼齿或上颌的臼齿附近,舌和扁桃体也有可能发生。

【诊断要点】

鳞状上皮癌表现为不规则的菜花样突起,有的还出现溃烂。确诊时有 77% 的病例出现骨转移。局部淋巴结出现症状的病例不足 10%,但是淋巴结可能会因为肿瘤产生的炎症细胞因子而变大。而出现肺转移的病例也只占一小部分。位于舌根和扁桃体的鳞状上皮癌更易发生局部淋巴结转移和肺转移。幼犬的乳头状鳞状上皮癌会出现局部浸润,但不会发生转移。

【治疗措施】

手术治疗(尤其是下颌骨切除)的鳞状上皮癌病例预后良好。上颌骨切除术的效果也不错,患犬的 12 个月存活率为 57%(中位生存期为 10～19 个月),复发病例占 25%。

对于不进行手术而采取放疗进行姑息治疗的病例,其病情也能得到缓解,中位生存期为 16 个月。如果病灶边缘不能彻底切除,可以辅以放疗,其总体的中位生存期为 34 个月。

对于原发性和转移性鳞状上皮癌,目前还未发现有效的化疗药。

【预后】

位于舌根和扁桃体的鳞状上皮癌有很高的转移率和局部复发率。起源于牙龈的鳞状上皮癌如果只局限于口腔前部,则可能预后良好。如果手术治疗得当,鳞状上皮癌的患犬有可能长期生存甚至痊愈(不包括位于舌根和扁桃体的鳞状上皮癌)。

任务五　口腔纤维肉瘤诊治

口腔纤维肉瘤是犬口腔肿瘤中的第三常见病,比例为10%~20%。患犬的平均发病年龄为8岁,且雄性多发。纤维肉瘤的常发部位为齿龈,通常在犬齿和裂齿之间、硬腭和颊黏膜交界处的上颌弓区。纤维肉瘤一般为扁平、坚硬的分叶结构,而且与组织深部紧密相连。该肿瘤会侵袭局部的齿龈和骨骼,手术切除后常复发。

【诊断要点】

影像学检查:60%~65%的病例存在骨侵袭,少于10%的病例出现肺转移。局部淋巴结转移的情况并不常见。肉瘤最常见的问题是局部复发。

在低级别的口腔纤维肉瘤中,应注意鉴别生长缓慢的肉瘤与侵袭性生长(组织学分级低但生物学分级高)的肉瘤。

高级别未分化口腔纤维肉瘤的表现与侵袭性口腔纤维肉瘤相似。生长缓慢的低级别口腔纤维肉瘤和侵袭性口腔纤维肉瘤均具有较高的转移性。口腔纤维肉瘤中28%发生于下颌,而生长缓慢的低级别口腔纤维肉瘤更有可能发生于上颌表层。

【治疗措施】

上颌骨切除术/下颌骨切除术是治疗口腔纤维肉瘤的基础。口腔纤维肉瘤对放疗和化疗的反应较差。放疗可以单独进行也可以与手术切除联合应用。放疗与手术切除的联合应用有较好的治疗效果。化疗药的有效率低而且作用时间短。

对于肿瘤较大的患犬,在对其进行手术前应考虑先进行术前放疗以减小肿瘤体积。

【预后】

口腔纤维肉瘤的患犬在进行单纯的手术治疗后,局部复发率为32%~57%,1年存活率为31%~50%,中位生存期为9.5~11个月,而远端转移率为27%。

单纯进行放疗的患犬可获得7个月的中位生存期。

任务六　唾液腺肿瘤诊治

唾液腺肿瘤在犬身上极为罕见。患犬年龄一般在10岁以上。较常发的部位是下颌腺和腮腺。虽然大多数为恶性,如腺癌;但也有良性的,如腺瘤和脂肪瘤。其他类型的恶性肿瘤包括鳞状上皮癌、肥大细胞瘤等。

猫唾液腺肿瘤在就诊时通常已是晚期。患猫平均年龄在10岁以上,暹罗猫的患病风险有所增加,主要为恶性肿瘤(腺癌),其他恶性肿瘤包括鳞状上皮癌、肥大细胞瘤等。也有出现局部淋巴结、肺、骨、眼和肾转移的报道。此类肿瘤通常为单侧性的,但也有患双侧唾液腺癌并发生多处转移的猫的报道。

【诊断要点】

细胞学和组织学活组织检查对诊断很重要。对局部淋巴结进行触诊并做细针抽吸活组织检查,若淋巴结肿大还需要进行活组织检查。

胸部X线、CT检查有助于肿瘤分期。局部肿瘤CT、MRI扫描有助于明确手术切除范围。

【治疗措施】

由于位置的限制广泛性边缘切除可能比较困难,尤其是已发生广泛局部浸润的肿瘤。放疗和化疗可作为术后的辅助治疗。

可以将单侧迷走神经干、颈静脉和颈动脉切除以降低患犬的复发率。

【预后】

组织学分型不具有预后性,但临床分期有预后性。

任务七　甲状腺肿瘤诊治

犬甲状腺肿瘤占犬肿瘤的 $1\%\sim4\%$,常见于中老年犬,平均发病年龄为 $9\sim10$ 岁。甲状腺腺瘤占甲状腺肿瘤的 $30\%\sim50\%$,体积通常较小,常在病死后尸检时才发现。甲状腺癌可分为滤泡型(实体型或混合型)和滤泡旁型(髓质型或 C 细胞型)。滤泡型甲状腺癌可能较大且具有侵袭性,通常呈恶性, $16\%\sim60\%$ 的患病动物在初次诊断时已发生转移, $60\%\sim80\%$ 的患病动物在尸检时发现转移。通常向局部淋巴结和肺脏转移,其他转移部位包括肾上腺、脑部、心脏、肾脏、肝脏和骨骼。甲状腺癌也可能起源于异位组织,如舌头、颈腹侧及前纵隔。

【诊断要点】

1. 问诊　是否出现发声异常、呼吸困难、发音困难、吞咽困难及霍纳综合征。

2. 临床症状　许多甲状腺肿瘤病例很难被发现,仅当肿瘤非常大时才会被发现。肿物一般不引起疼痛或显著不适,患病动物可能有发声异常。

3. 实验室诊断

(1)细针抽吸细胞学检查:可见恶性上皮细胞,并常见血液污染,怀疑为甲状腺癌(图 8-1)。

(2)超声检查:确认肿物是否来源于甲状腺,超声引导下细针抽吸细胞学检查评估血管化程度,检查是否发生局部(如颈部和咽喉)淋巴结转移。

CT 或 MRI 对大而非游离性的肿瘤的诊断意义更大。

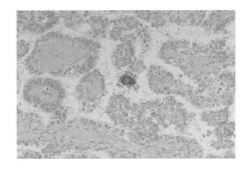

图 8-1　甲状腺乳头状癌(注意中心处小沙样瘤体)

扫码看彩图

【治疗措施】

手术是治疗游离肿块的最佳选择,如果肿块呈圆形、边界清楚,即便活动性小也可以手术切除。若肿块大而且有侵袭性并且完全固定不动,则无法手术切除。

单侧肿瘤手术时,可能会损害颈动脉、颈静脉及迷走神经干,但对动物的存活影响不大。局部侵袭、过量失血或局部凝血功能障碍可使手术复杂化。

放射线对甲状腺癌有多种用途。放疗可在不完全切除肿瘤后作为辅助治疗,以降低复发率;也可用于术前缩小肿瘤体积。大而难以切除的肿瘤首选放疗。无法切除的肿瘤,低分割放疗可获得良好的长期控制效果。

化疗对甲状腺癌的作用尚存争议。

^{131}I 适用于无法切除、切除不完全或转移的甲状腺癌病例,但由于放射安全及 ^{131}I 来源的问题而很少应用。

【预后】

(1)游离且较小的原发性肿瘤,及早诊断并完全切除通常预后良好,中位生存期为 36 个月。

(2)通常较大的肿瘤不利于手术切除,并可能已经发生了转移。

(3)若肿瘤无法切除,治疗只能起到缓解作用,如放疗(首选)或 ^{131}I 治疗。

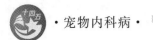

（4）双侧甲状腺癌患病动物的转移风险较单侧者高16倍。非髓质型甲状腺癌的转移风险更高。

任务八　咽喉癌诊治

犬、猫咽部肿瘤很罕见，也无易患品种。良性咽部嗜酸性粒细胞腺瘤（横纹肌瘤）偶见于年轻犬。其他良性肿瘤包括脂肪瘤、平滑肌瘤、软骨瘤和骨软骨瘤等。

犬咽部恶性肿瘤包括鳞状上皮癌、腺癌、软骨肉瘤、骨肉瘤、横纹肌肉瘤、肥大细胞瘤、浆细胞瘤和淋巴瘤。

淋巴肉瘤（LSA）和癌是猫常见的咽部肿瘤。

【诊断要点】

1. 问诊　老年动物表现出进行性消瘦，且出现胃肠道疾病的症状。

2. 临床症状　呼吸困难、喘息、咳嗽和喘鸣（可能为吸气的或呼气的）是常见的临床症状（通常是渐进性的），有时主要症状表现为吞咽困难和体重减轻。喉头肿瘤也可能改变动物的发声，咽部可触诊到肿块。动物可能因兴奋、应激、气温高或运动而症状加重。

猫比犬的耐受性强，耐受时间长，因为它们一般不容易过度活跃或兴奋。

3. 实验室诊断

（1）气管镜检查：大部分病例可通过咽喉镜或气管镜进行视诊检查。

（2）X线检查：在喉区见到明显的团块或气管管腔狭窄。

【治疗措施】

良性喉肿瘤（如横纹肌肉瘤或嗜酸性粒细胞腺瘤）可通过手术切除，大部分喉部恶性肿瘤需要进行整个喉头切除术以除去所有的局部病灶，并进行永久性气管造口术。

淋巴器官的肿瘤对化疗或放疗反应良好。

【预后】

良性喉肿瘤手术切除后预后良好且能保持喉的正常功能。

恶性肿瘤切除后动物会有吞咽困难、局部/远端肿瘤复发、永久性气管造口术切开的护理、短期或长期的病理状态等问题。

无论治疗与否，一般喉部恶性肿瘤预后不良。

任务九　食道癌诊治

犬、猫食道癌十分罕见，较常见的为鳞状上皮癌和其他上皮细胞癌、平滑肌肉瘤、纤维肉瘤和骨肉瘤。大部分恶性食道肿瘤具有局部侵袭性，可发生淋巴结和血源性转移。食道癌也可能继发于其他肿瘤，如甲状腺或心基部肿瘤。

【诊断要点】

1. 问诊　是否出现食道有关的症状，如反流、吞咽障碍、吞咽疼痛和吸入性肺炎。

2. 临床检查　常规体格检查。

3. 实验室诊断

（1）X线检查：可能见到胸部软组织不透明影像、异常的食道气体影像或吸入性肺炎的征象。阳性造影可能显示食道内腔变窄。

（2）内窥镜检查：有利于进行内窥镜活组织检查。但是如果平滑肌瘤或平滑肌肉瘤（起源于食道壁的平滑肌）未穿透黏膜下层突入食道腔内，用内窥镜很难获得活组织检查样本。在黏膜下层可见边界清晰、未发生溃疡的球状肿物，应怀疑平滑肌瘤或平滑肌肉瘤。

【治疗措施】

恶性食道癌的治疗难度最大。主要原因有暴露不良、切除范围大、张力大、食道缺损处重建困难和肿瘤转移性疾病等。放疗的效果非常有限。恶性食道癌的预后很差。良性平滑肌肿瘤通过手术切除预后良好。单发性浆细胞瘤可被完全切除,但若不能被完全切除,则须进行化疗,通常采取若干周期的环磷酰胺和泼尼松龙联合治疗,直至内窥镜检查肿瘤消失。

食道壁部分环状撕裂造成食道狭窄的可以利用肌肉和网膜皮瓣加强修补。

【预后】

如果切除的食道超过 5 cm(大于 20%),由张力造成崩裂的可能性增大。食道壁大面积缺损置换术的病例预后常不良。

项目二十三　胸腔器官肿瘤诊治

任务　肺肿瘤诊治

犬原发性肺肿瘤很罕见,但目前发病率有所升高,最常见的组织学类型为腺癌(支气管、支气管肺泡、肺泡),占原发性肺肿瘤的80%,鳞状上皮癌排在第2位,其他还有软骨瘤、肉瘤、纤维瘤和浆细胞瘤。

猫的肺肿瘤也很罕见,常发于老年猫,鳞状上皮癌是猫常见的原发性肺肿瘤,75%的原发性肺肿瘤会发生转移,除了局部淋巴结和其他肺区,肿瘤还可转移至多个肢端,表现为脚趾肿胀和跛行而非呼吸道症状。

【诊断要点】

1. 临床症状　包括轻微干咳,初期采用抗生素治疗有效,但临床症状仍会持续,体重减轻、厌食、运动不耐受、倦怠、呼吸急促或呼吸困难。

2. 血液学检查　非再生障碍性贫血、白细胞增多和高钙血症。

3. 胸部X线检查　通常可见到单个边界清晰的圆形肿物位于尾侧肺叶中(R>L),胸腔积液、淋巴结增大或有多个粟粒样病灶,可分为单一结节、多个结节(通常一个较大,其他较小),呈弥散性或浸润性。

4. CT扫描　对肿瘤转移的评估更加敏感,且能更好地确定肺部损伤及淋巴结增大。

【治疗措施】

肺叶切除术是治疗方法中的一种,适应证是不存在肺叶其他部位或胸膜外转移的迹象。肿瘤位于肺叶边缘可进行部分肺叶切除,切除范围越宽越好。通常选择在第5肋间切开胸壁而非正中胸骨处切开,这样可以更好地暴露肺组织,便于肺叶切除和淋巴结活组织检查。治疗、切开活组织检查及预后判断可通过手术完成。

【预后】

犬肺肿瘤总体平均存活时间为12个月,猫为115天(只进行手术治疗)。原发性肺肿瘤会首先蔓延至回流路径中(肺门)的淋巴结,其次为其他肺叶。对猫来说,不常见的转移部位为肌肉骨骼系统。

项目二十四　腹腔器官肿瘤诊治

任务一　胃肿瘤诊治

犬胃肿瘤不常见,在犬所有肿瘤病例中所占比例小于 1%,平均发病年龄为 8 岁,犬胃肿瘤常见的有腺癌(占胃癌的比例为 70%～80%)、平滑肌肉瘤(第二常见肿瘤)、平滑肌瘤和淋巴瘤。猫最常见的胃肿瘤为淋巴瘤。

【诊断要点】

临床症状包括逐渐恶化的间歇性呕吐(通常呕血)、体重减轻、食欲不振或厌食。

慢性失血可能导致非再生障碍性贫血、正常细胞性贫血和低色素性贫血。呕吐能导致低氯血症、低钾血症和代谢性碱中毒。

消化道造影阳性后 X 线检查可能会显示充盈缺损或流出道梗阻。

胃壁的超声检查对肿瘤的筛查很敏感,可显示胃壁层次的破坏(浸润性或非浸润性)。

内窥镜(胃镜)是一种非常有效的工具。

【治疗措施】

大部分胃肿瘤病例首选手术治疗。疾病分期、手术难度(解剖位置)及动物的虚弱程度会使手术复杂化,手术过程中要尽可能大范围地切除胃壁。

【预后】

对犬单发性胃淋巴瘤进行完全切除和辅助性化疗,其预后可能会比预期好,而那些肿瘤不能被切除或肿瘤边界不清的病例,即使联合化疗预后也不良。

胃腺癌成功切除后预后仍然不良,大部分动物于术后 6 个月内死亡。

犬胃平滑肌肉瘤的平均存活时间约为 1 年。

任务二　肠道肿瘤诊治

犬、猫最常见的肠道肿瘤为淋巴瘤,在小肠多表现为多灶性或弥散性(大肠更少见)。其次是腺癌,通常呈环形生长。

【诊断要点】

1. 问诊　老年动物表现为进行性消瘦,且有出血性胃肠道疾病的症状。

2. 临床检查　体重减轻、食欲不振、间歇性呕吐/腹泻、厌食、出血(溃疡-贫血、低蛋白血症、血小板减少症)、腹膜炎(腹部疼痛和发热)和吸收不良(肠绒毛布满肿瘤细胞,导致淋巴管阻塞和梗阻)。

3. 实验室诊断

(1)血常规检查:小细胞性贫血。

(2)动物生化检查:一般无明显变化,可能 BUN 上升,可能出现低蛋白血症。

(3)X 线检查:腹部肿物,肠道积液、积气,排空时间延长、充盈缺损提示壁层损伤、黏膜溃疡或邻近的肠管移位。胸部 X 线片很少能显示肿瘤转移,可能见到由腹膜炎引起的腹腔积液。

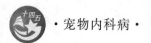

（4）超声检查：肠壁增厚，肠壁分层消失，多数的肠腺癌患犬有低回声肿瘤且大多数肠运动减弱。可在超声引导下穿刺，针吸活组织检查。

（5）活组织检查：开腹进行近端或远端肠道肿瘤活组织检查更为可行，全层肠道活组织检查有助于确诊。

【治疗措施】

除淋巴瘤外，手术切除是肠道肿瘤的主要治疗方法。只要不发生广泛性的浆膜浸润或粘连，通常肿瘤可以完全切除。

对于肠道单个的恶性肿瘤，最佳的治疗方案为大范围手术切除和肠吻合手术。需沿肿物切除4～8 cm的正常组织，大范围切除包括肿瘤、肠系膜和淋巴结，即使发生了转移也能暂时缓解症状。

除非肠穿孔、肠梗阻或活组织检查必须手术，淋巴瘤的主要治疗方法是化疗。与单用化疗相比，手术和化疗联合治疗消化道淋巴瘤并不能提高患猫生存率。

对于癌扩散病例，对猫使用卡铂，犬用顺铂或氟尿嘧啶进行腔内治疗可能会有帮助。

【预后】

没有局部或远距离转移的犬、猫手术后可长期存活。没有治疗的小肠腺癌犬平均存活时间只有12天，小肠腺癌手术切除后存活时间约为114天，小肠腺癌患猫的手术风险很大，手术后2周内的死亡率很高，但是手术后2周存活下来的猫可以得到长期控制，平均存活时间为15个月。

大肠肿瘤中，大肠淋巴瘤手术后的猫无论有无接受辅助性化疗都同样预后不良。淋巴瘤患猫手术后存活率仅约3.5个月，腺癌为4.5个月，肥大细胞瘤为6.5个月，辅助性化疗可显著增加腺癌患猫的生存时间。

平滑肌肉瘤可能导致肠穿孔。

任务三　肝脏肿瘤诊治

肝脏肿瘤很罕见，约占犬肿瘤病例的1%，猫肿瘤病例的2%。平均发病年龄为10岁，无品种和性别倾向。但黄曲霉毒素、放射线和多种化学致癌物可诱发该病。肝脏转移性肿瘤比原发性肿瘤更常见（可能是由于门静脉和肝静脉的双重供血），通常起源于胃肠道肿瘤、脾脏血管肉瘤、胰腺肿瘤、乳腺肿瘤和肛囊腺癌。

（一）犬肝脏肿瘤

犬肝脏肿瘤从形态学上分为3类：团块型、结节型和弥散型。

1. 团块型　单个，体积较大。不同文献报道的转移率不同，但一般较低。局限于肝脏的某一叶。最常见的是肝细胞癌，但也可能为胆管癌或肉瘤。

2. 结节型　多发性肿瘤，常累及多个肝叶，可能为肉瘤、肝癌或类癌。结节性增生是老年犬常见的良性体征，也是结节性肝病主要的鉴别诊断之一。据报道，超声诊断的犬局灶性病变中，结节性增生占25%～36%。

3. 弥散型　可能为肿瘤发展的末期，结节融合，肝实质消失。最常见于肝癌或类癌。

（二）猫肝脏肿瘤

猫原发性肝脏肿瘤有胆管腺瘤和胆管腺癌、肝细胞肿瘤（HCC）以及髓脂瘤。猫可见胰腺、肠道和肾脏肿瘤向肝脏转移。猫原发性肝脏肿瘤中，良性比恶性常见。猫的良性肿瘤手术切除（部分切除或全部切除）后预后良好，存活时间可延长几年。猫的恶性肝脏肿瘤预后不良，86%的病例死亡，或在住院期间被安乐死。

1. 胆管腺瘤和胆管腺癌　胆管腺瘤占猫肝脏肿瘤的50%以上。胆管腺癌是常见的恶性肿瘤。胆管腺癌一般具有侵袭性，67%～80%的病例可发生弥散型腹腔转移和扩散。猫胆囊肿瘤在胆管系统癌症中的比例小于 5%。胆管腺癌可能出现在肝内或肝外,发病部位无明显倾向性。

胆管腺癌占猫恶性肝胆肿瘤的 22%～41%,肝内胆管腺癌比肝外胆管腺癌更常见。肿瘤可分为实质性或囊性(囊腺癌),可能为团块型、结节型或弥散型,转移率较高(56%～88%)。在胆管腺癌病例中,猫胆囊肿瘤不足 5%,手术治疗预后慎重。

2. 肝细胞肿瘤 肝细胞肿瘤分为肝细胞腺癌、肝细胞癌、肝母细胞瘤和肉瘤。肝细胞肿瘤仅次于胆管肿瘤。分为弥散型、结节型和团块型。最常见的是团块型,通常发生于单个肝叶,肝左叶最常发病。分级较低的肝细胞肿瘤病变肝叶切除后预后良好。如果患猫的肝细胞腺瘤发生癌变,应实施全肝切除术。良性肝细胞腺瘤比恶性肝细胞癌常见,通常为突然发现,表现为呕吐、腹泻、倦怠和厌食症状。

3. 髓脂瘤 髓脂瘤为单个或多个存在的、分化良好的脂肪组织,具有正常的造血功能。施行肝叶切除术后预后良好。

4. 肉瘤 肉瘤占肝脏肿瘤的一小部分,多数具有局部侵袭性,可发生早期转移(转移率 86%),通常转移至脾脏。最常见的为平滑肌肉瘤,其次为血管肉瘤、血管瘤、纤维瘤、骨肉瘤、软骨肉瘤、恶性间叶瘤、葡萄状横纹肌肉瘤和脂肪肉瘤。超过 50% 的猫不出现临床症状,大部分肿瘤为良性,如出现症状一般表现为无指向性、非特征性症状,如食欲减退、体重减轻、呕吐、倦怠、发热、多饮多尿,腹围增大、肝大等。50%～70% 的患猫可触诊到腹部肿物。黄疸通常并非特征性症状。如果肿瘤级别较高,可能会出现肝性脑病。

【诊断要点】

(1)血常规检查:非再生性障碍贫血(常见)和非特异性白细胞增多症,凝血因子减少,有可能出现血栓。

(2)血生化检查:ALT 和 AST 升高,低血糖,低蛋白血症和氮质血症。

(3)X 线检查:确诊时胸部 X 线检查很少发现肺转移。

(4)超声检查:腹部超声对于分级和活组织检查很重要。

【治疗措施】

手术切除是首选的治疗方法。肝脏切除80%,6～8 周可以再生。肝脏切除术使用外科缝合设备止血效果好、安全可靠、使用方便,速度快,能使健康组织得到最大限度保留。

切除 70% 的肝脏后患病动物可能出现低血糖,应在 6 h 内使血糖升高至术前的 70%,严格检测血糖水平,术中或术后补充葡萄糖(10%葡萄糖溶液,1g/(kg·h)静脉滴注)。

肝脏肿瘤对全身性化疗的反应不佳,放疗也很少用于控制肝脏肿瘤。

不切除肝叶,可以借助介入性放射摄影术将细胞毒性药物直接放置于肿瘤处进行治疗。

【预后】

良性肿瘤和低级别肿瘤通过切除部分肝脏,预后良好。弥散性肿瘤预后不良。全身化疗对肝脏肿瘤的控制作用不明确。

任务四 胰脏外分泌腺肿瘤

胰腺腺癌是一种胰腺外分泌腺肿瘤,起源于腺泡细胞或腺管上皮。犬、猫罕见。发病犬、猫中以公犬多见。易患品种为拳师犬、可卡犬,但是所有品种都有可能发病。老年犬、猫(平均年龄为 10～12 岁)更易发病。胰岛细胞腺瘤如图 8-2 所示。

【诊断要点】

1. 问诊 是否有呕吐、厌食、虚弱、体重减轻、腹痛、黄疸等情况。

2. 临床检查 观察可视黏膜是否黄染,是否有腹痛。

Note

3．实验室诊断

（1）血常规检查：一般无特征性病变，表现为贫血、中性粒细胞增多。

（2）血生化检查：胆红素血症、血清淀粉酶和脂肪酶活性呈现不一致的增高。

（3）X线检查：钡餐造影可能显示肠道排空减慢，十二指肠侵袭性或压迫性病变，50％的病例可发现胰腺团块。

（4）超声检查：肿瘤多为单个较大的团块，而结节性增生通常表现为多个较小的病灶。

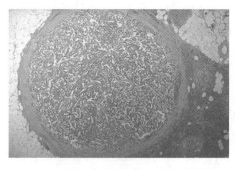

图 8-2　胰岛细胞腺瘤（左边圆形区域是胰岛细胞腺瘤，右边是正常的胰腺组织）

【治疗措施】

一般情况下，手术是为了获得诊断样本。手术切除可引起动物死亡，也不能延长存活时间，特别是发生转移的病例。其他治疗包括化疗和放疗，但没有治疗价值。

据报道，该病对甲磺酸伊马替尼有一定的反应，甲磺酸伊马替尼是一种酪氨酸酶抑制剂，如果有进一步的研究证明这一点，可能预示着化疗的可行性。

【预后】

根据肿瘤的位置、侵袭性和转移性判断，本病预后不良，目前尚无存活一年的报道。

任务五　脾脏肿瘤诊治

肿瘤浸润脾脏后会引起脾脏广泛性增大，或者出现游离性的团块。肿瘤可能起源于骨髓或髓外组织。引起脾脏广泛性增大的常见肿瘤性疾病包括淋巴瘤、肥大细胞瘤和组织细胞性病变，而常见的非肿瘤性疾病包括炎性疾病、脾炎和髓外造血。猫常见的脾脏肿瘤是淋巴瘤和肥大细胞瘤。

脾脏血管肉瘤（HSA）是犬常见的脾脏肿瘤，老年犬易患该病，平均发病年龄为 9 岁，但年轻犬也可能会发病。易患品种包括德国牧羊犬、金毛犬和拉布拉多犬。

HSA 通过血液循环转移，转移率很高。主要转移器官为肝脏，但 25％的脾脏 HSA 患犬右心室也有肿瘤。若肿瘤发生出血或破裂，肿瘤细胞可通过网膜和肠系膜直接播散。其他转移位置包括肺部、皮肤和大脑。

【诊断要点】

1．问诊　犬是否虚弱，有无急性虚脱或嗜睡。

2．临床检查　观察黏膜是否苍白，有无出血、失血性休克。

3．实验室诊断

（1）血液学检查：白细胞增多，红细胞减少。

（2）腹部 X 线检查：肿物可能较小，也可能被积液掩盖。

（3）腹部超声检查：典型的 HSA 表现为复杂的低回声肿物，充满血液的海绵空隙提示手术前不要进行活组织检查，因为活组织检查可能会引起严重出血。

（4）腹腔穿刺：若出现积液，提示需进行腹腔穿刺。若为血性积液，则需测量积液的红细胞比容，并与外周血的红细胞比容进行对比。

（5）胸腔 X 线检查/CT：用以排除转移性疾病，如果发生肺部转移，则不建议手术。

（6）凝血检查：手术前需进行凝血检查。如果条件不允许，可检查活化凝血时间和颊黏膜出血时间。

【临床分期】

临床分期非常重要（表 8-2）。

表 8-2　犬脾脏 HSA 的临床分期

分　　期	疾病严重程度
Ⅰ期	局限于脾脏
Ⅱ期	脾脏破裂、无明显转移
Ⅲ期	脾脏破裂并发生转移

视频：
犬脾脏摘除
或部分切
除术

【治疗措施】

犬脾脏 HSA 的最佳治疗方法是脾脏切除术。

手术时未有肉眼可见转移的病例可进行辅助性化疗。明显转移的病例即使行手术切除或手术后辅助性化疗，预后都非常差。

【预后】

由于 HSA 会快速发生转移（主要转移至肝脏，也会转移至其他器官），因此该病预后慎重。若患犬仅采取手术切除脾脏，其平均存活时间约为 2 个月（1~3 个月）。血管瘤或血肿患犬预后良好。

任务六　肾脏肿瘤诊治

犬、猫肾脏原发性肿瘤比较罕见，猫的肾脏肿瘤中肾脏淋巴瘤最常见。犬的肾脏肿瘤中转移性肿瘤更为常见，且 90% 以上的肾脏肿瘤为恶性肿瘤。犬肾脏肿瘤有品种高发性，且公犬的发病率比母犬高。原发性肿瘤常为单侧性的，而猫肾脏淋巴瘤可能为单侧也可能为双侧。

【诊断要点】

（1）血尿并非常见的临床症状。大多数症状是非特异性的，例如体重减轻、嗜睡或厌食。其他症状包括腰椎区疼痛、发热、腹围增大、不安、骨盆区水肿等。肾功能衰竭并不常见，除非发生肾脏淋巴瘤。体格检查可能会发现一些病例的腰区不适、肾脏肿大，触诊时疼痛。

（2）血液学检查常无明显变化，生化检查确定是否发生肾脏损伤。

（3）X 线检查可能提示肾肿大。

（4）肾脏超声检查可显示肾脏结构和肿瘤的侵袭程度。

【治疗措施】

单侧病变最好采取手术切除肾脏，若输尿管和腹膜后肌肉也发生浸润可一并切除。肾脏淋巴瘤主要采取化疗。

【预后】

肾脏肿瘤手术切除后一般存活时间很短，患癌者的存活时间为 16 个月，患肉瘤者的存活时间为 9 个月，患肾母细胞瘤者的存活时间为 6 个月。双侧肾脏囊腺癌发病缓慢，转移率达 43%，肾功能衰竭、继发性皮肤感染和转移均会导致病例死亡。肾母细胞瘤手术切除（或联合化疗）后 65% 的患病动物的存活时间少于 12 个月。

任务七　肾上腺嗜铬细胞瘤诊治

肾上腺嗜铬细胞瘤很罕见，起源于肾上腺髓质或交感副神经节（副神经节瘤）的嗜铬细胞（少见）。平均发病年龄为 11 岁，无性别倾向。肾上腺嗜铬细胞瘤可产生肾上腺素、去甲肾上腺素及多巴胺（少数情况下），是一种功能性肿瘤。

【诊断要点】

（1）临床表现为虚弱和晕厥，其次是厌食、呕吐、腹泻、体重下降、精神沉郁、抽搐、不安、运动不

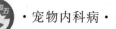

耐受、嗜睡、腹围增大等。

（2）血常规检查无特异性。

（3）X线检查可显示肾上腺周围的团块或钙化。

（4）超声检查：腹部超声可有效检查肾上腺团块。

（5）增强 CT 和 MRI：定位和评估肿瘤局部侵袭性及转移性较敏感的影像学技术。

【治疗措施】

肾上腺切除术是首选的治疗方法。并发症很常见，术前应稳定患病动物的血压和心率。应用 α 受体阻断剂，如苯氧苄胺（逐渐升高剂量）或哌唑嗪可降低慢性高血压患病动物的血压并恢复正常血容量。使用 β 受体阻断剂，如普萘洛尔或艾司洛尔可治疗心动过速以及快速型心律失常，但必须在使用 α 肾上腺素能药物治疗之后，因为若不先控制肿瘤引起的高血压，而仅使用 β 受体阻断剂会降低心率，可能会导致高血压危象。患病动物最好在手术前治疗 1～2 周。

手术中可能需要使用普萘洛尔和多巴酚丁胺等药物，同时可能需要进行静脉液体治疗并使用胶体液。

肾上腺切除后，患病动物可能由于儿茶酚胺浓度下降而发生血容量下降。

化疗对肾上腺嗜铬细胞瘤的效果未知，对无法手术切除的患病动物，药物治疗的主要目的是控制高血压和心律失常。肿瘤转移可联合使用长春新碱、环磷酰胺及达卡巴嗪。

【预后】

若患病动物能安全度过手术后的一段时间，则半数生存期为 15 个月。

项目二十五　骨盆腔器官肿瘤诊治

任务一　前列腺肿瘤诊治

前列腺肿瘤常见于老年犬,中位生存期为 10 岁,大多数犬前列腺肿瘤是恶性的,和性激素之间的联系不大,绝育也不能预防该病。常见的前列腺疾病包括前列腺良性增生、前列腺炎、囊肿、鳞状化生、腺癌和混合型病变。

【诊断要点】

1. 问诊　是否出现血尿或排尿困难。

2. 临床检查　直肠检查或腹部触诊前列腺,评估前列腺大小、形状、对称性、活动性和均一性。正常前列腺光滑、对称、无痛,呈胡桃状,背部中间凹陷,不超过骨盆的 50%,是第二腰椎(L2)的 1.1～1.3 倍。

3. 实验室诊断

(1) 血液学检查:一般无明显变化。

(2) X 线检查:X 线片可显示钙化征象。

(3) 超声检查:任何前列腺疾病的病例都需要进行超声检查。经直肠进行超声检查可探及尿道、前列腺周围组织和局部淋巴结。超声检查可从回声征象上区分良性前列腺增生和肿瘤,通过超声引导的针咬活组织检查可最终确诊。

【治疗措施】

手术治疗(或任何治疗手段)的目的在于缓解尿道梗阻。不推荐侵入性手术(前列腺切除术),因为大多数病例于确诊时已达到晚期,治疗很难改善患犬的生活质量,且该病也不能被治愈。大多数犬(93%～100%)在手术后会出现小便失禁、伤口裂开、狭窄、感染和败血症等并发症。

膀胱切开术(耻骨前)留置导尿管能缓解流出道梗阻,改善患犬的生活质量。

尿道植入支架(经荧光光镜引导放置)技术侵入性最小,非常有可能解除流出道梗阻。

放疗能缩减部分患犬的肿瘤,缓解尿道梗阻和顽固性便秘,但存活时间很短。

环氧化酶抑制剂吡罗昔康和美洛昔康化疗能改善患犬的生活质量,但其抗肿瘤效果尚存争议。

【预后】

患犬的临床表现和治疗方案不同,其存活时间也不同,总体来说,该病预后慎重。

任务二　睾丸的精原细胞瘤诊治

睾丸肿瘤是公犬最常见的生殖道肿瘤,可通过绝育预防。隐睾和腹股沟疝患犬早年发生睾丸肿瘤的风险较高。易患品种包括古代牧羊犬、西伯利亚雪橇犬、挪威猎麋犬、大丹犬、萨摩耶犬、斗牛犬、荷兰狮毛犬等。雌性化现象也非常罕见。

Note

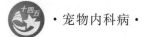
【诊断要点】

18%的精原细胞瘤为双侧的,34%为隐睾。前列腺疾病、肛周增生、肛周肿瘤和会阴疝等会增加发病风险。

常规检查发现睾丸肿大或睾丸肿物均提示睾丸肿瘤。可通过腹部触诊、睾丸触诊、直肠触诊、腹部超声、X线检查(腹部和胸腔)、开腹探查、血液学检查、血浆雌二醇水平和组织病理学检查诊断。成年隐睾犬需进行超声检查以排除睾丸肿瘤。

【治疗措施】

未发生转移者,绝育并切除大段精索可以治愈。已发生转移的患犬采用放疗。

【预后】

未发生转移者,睾丸的精原细胞瘤可以通过手术治愈。

任务三 子宫肿瘤诊治

犬的子宫肿瘤很少见,可能跟大部分犬进行过绝育有关。大多数犬子宫肿瘤起源于间质(85%～90%是良性平滑肌瘤,而10%为平滑肌肉瘤)。

【诊断要点】

子宫肿瘤病例的临床表现是非特异性的,一些病例能触诊到肿物,一些病例会出现阴道分泌物。腹部X线检查显示软组织团块可能和子宫联系紧密。腹部超声检查有助于检查肿物是否已发生局部淋巴结转移。

【治疗措施】

子宫卵巢切除术。化疗和放疗的效果尚不明确。

【预后】

由于子宫肿瘤多为良性,患犬预后良好。

任务四 阴道和外阴肿瘤诊治

阴道和外阴肿瘤的发病率比卵巢和子宫肿瘤的高,很多肿瘤起源于间质。平滑肌瘤常见于老年(10～11岁)未绝育母犬,占犬阴道和外阴肿瘤的85%左右。雌激素和肿瘤形成有关。平滑肌肉瘤是阴道和外阴最常见的恶性肿瘤。平滑肌肉瘤具有局部侵袭性,但转移速度很慢。

【诊断要点】

1. 临床检查 会阴检查可能会见到肿物,直肠检查或阴道检查也可触诊到会阴部肿物。

2. 实验室诊断

(1)血液学检查:一般无明显变化,但慢性失血可能会引起贫血、低蛋白血症和血小板减少症,还会出现低血糖,也可能继发感染引起白细胞增多症。

(2)X线检查:阴道、尿道逆行性造影检查可显示肿瘤位置及大小,胸腔X线检查可排除肺部转移。

【治疗措施】

阴道肿瘤都是激素依赖性肿瘤,切除肿瘤的同时需进行绝育手术,以防肿瘤复发。由于阴道和会阴处血管丰富,因此手术切除很复杂。手术过程中可能会大量失血。

若肿瘤有蒂或有管腔需结扎后进行贯穿缝合。如果肿瘤较大，可能需要进行减瘤手术，良性肿瘤或组织学分级较低的肿瘤均可采取这种治疗手段。若无阴道分泌物，并且触诊能确定肿瘤来自阴道壁（结合直肠检查和阴道检查），可通过会阴背侧、腹侧和侧壁等手术通路切开外阴，充分暴露肿瘤。如果外科切开活组织检查显示肿瘤为恶性，例如侵袭性肉瘤、鳞状上皮癌或腺癌，在切除全层阴道壁后需进行吻合术。手术前最好插上导尿管，以防损伤尿道。

【预后】

腺癌和鳞状上皮癌引起的阴道和外阴肿瘤可能会发生转移或局部复发，因此预后较差，而良性或低级别间质肿瘤的预后较好。

任务五　膀胱肿瘤诊治

泌尿道肿瘤好发于膀胱，约占犬肿瘤的 1%，最常见的肿瘤是移行细胞癌（TCC）。移行细胞癌是一种侵袭性很强的肿瘤，主要见于膀胱三角区，可转移至局部淋巴结和肺部，是恶性肿瘤。TCC 常见于中老年犬，母犬发病率高于公犬。

【诊断要点】

1. 问诊　是否出现血尿或排尿困难。

2. 临床检查　最常见的临床症状是血尿，这一症状可能是暂时性的，抗生素治疗有效。其他下尿路症状包括痛性尿淋漓和排尿异常。

3. 实验室诊断

（1）血生化检查：评估是否发生输尿管积水和肾盂积水。

（2）X 线检查：造影检查可显示腔内肿物。

（3）超声检查：可在超声检查和超声引导下进行活组织检查，其敏感性和特异性达 90%。

【治疗措施】

手术完全切除肿瘤是不可能的，肿瘤细胞播散会导致局部复发，还有可能出现局部和远端转移。

环氧化酶抑制剂吡罗昔康能改善 TCC 患犬的生活质量，副作用主要是胃肠道损伤和亚临床肾脏毒性。

4 个周期的米托蒽醌化疗，5 mg/m²，静脉给药，每 3 周 1 次，吡罗昔康按标准剂量给药，75% 的患犬采用该方案耐受良好。

【预后】

该病预后不良，化疗后容易出现腹泻和氮质血症。

知识拓展

肿块、肿瘤与癌的区别及肿瘤诊断的金标准

→ 模块小结

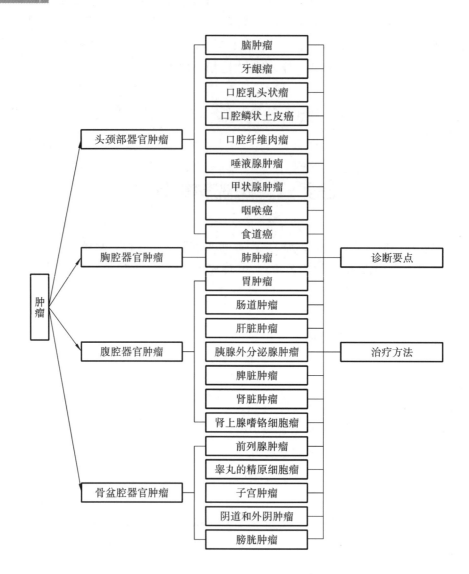

→ 模块作业

1. 肿瘤的生长方式有 _____ 、 _____ 、 _____ ,转移途径有 _____ 、

_____ 、 _____ 。

2. 常见的癌前病变有 _____ 、 _____ 、 _____ 、 _____ 、 _____ 、

_____ 、 _____ 八种。

3. 肝癌转移到肺称 _____ 。

4. 恶性淋巴瘤包括 _____ 、 _____ 两大类。

5. 肿瘤的异型性表现包括 _____ 和 _____ 。

6. 来源于被覆上皮的良性肿瘤称为 _____ 。

7. 经典型霍奇金淋巴瘤的组织学类型有 _____ 、 _____ 、 _____ 、 _____ 四

型。其中 _____ 预后最差。

8. 肿瘤命名的原则是_____、_____、_____。

9. 肿瘤的分类是以肿瘤的_____和_____为依据。

10. 良性肿瘤常见的生长方式为_____和_____。

11. 恶性肿瘤最常见的生长方式为_____。

 模块测验

执兽真题

模块九　中毒性疾病诊治

模块介绍

　　中毒是指有毒物质作用于动物机体而引起的疾病甚至死亡。一般中毒性疾病,多呈急性发作,而且多数无特效的解毒药物,因此,采取一般治疗措施,对于缓解中毒症状,维持生命,从而使动物获得康复,具有极其重要的意义。本项目主要介绍宠物常见中毒性疾病的病因、症状、诊断及治疗方法。

学习目标

　　▲知识目标
　　了解中毒性疾病的发生、发展规律;熟悉常见中毒性疾病的诊疗技术要点;掌握宠物中毒性疾病的发生原因、发病机制、临床症状、治疗方法及预防措施。
　　▲技能目标
　　能正确诊断和治疗宠物常见的食物中毒、药物中毒等中毒性疾病。
　　▲思政目标
　　1. 犬、猫的日常饮食和环境都比较固定,接触有毒、有害物质的概率也不大,所以宠物中毒相比其他疾病更加罕见。但是,即便中毒情况不常发生,宠物主人也要了解与宠物中毒相关的知识,以更好地预防宠物中毒。宠物中毒情况主要有食物中毒和药物中毒,但也存在其他的中毒情况,因此,给大家普及与宠物中毒相关的知识很有必要。
　　2. 宠物药物中毒,大部分都是人药兽用和用量过度所致,所以为了防止宠物药物中毒,宠物主人一定不要擅自用药,而是应该根据医生的建议用药。平时家里备的药物也应该放在宠物接触不到的地方,避免宠物误食。

系统关键词

　　犬中毒、猫中毒、饮食中毒、吸入中毒、注射中毒、皮肤吸收中毒、皮肤红肿、呼吸异常、呕吐、腹泻、黄疸、发热、排泄异常、抽搐、瘫痪、肾功能衰竭、胃肠道溃疡、脑水肿、肝脏功能障碍。

检查诊断

　　1. 病史调查　重点是检查饲料,调查饲料来源、成分、是否拌入有毒物质及饲料的保存情况。
　　2. 临床检查　观察动物的临床症状。由于中毒原因很多,其临床症状表现也多种多样,但它们也有共同特点:神经系统表现为失神、昏睡、麻痹等;循环系统表现为心跳加快、心力衰竭;消化系统表现为减食、绝食、流涎、腹痛、腹泻,粪便有黏液或血液;泌尿系统表现为少尿、血尿和尿闭等。这些症状往往突然发生,变化急剧(图 9-1)。
　　3. 尸体剖检　在征求宠物主人同意的前提下,尤其是怀疑有人恶意投毒时,为了取得法律证据,有必要请有资质的鉴定机构对病死宠物进行病理剖检,作为重要的诊断依据。
　　4. 毒物分析　有些难以确诊的中毒,须采集剩余的饲料、饮水、呕吐物或者胃内容物送相关部门进行化验方可确诊。

图 9-1 猫食物中毒

→ 常用药物

一般中毒性疾病,多呈突然急性发作,而且目前对多数毒物尚无特效的解毒药物,因此,采取一般治疗措施,对于缓解中毒症状,维持生命,从而使动物康复,具有极其重要的意义。

1. 排出消化道内毒物

(1)催吐:经口食入毒物若不超过 2 h,毒物未被吸收或吸收不多时,应催吐,使毒物同胃内容物一起吐出体外。可选用阿扑吗啡、1%硫酸锌(铜)溶液、2%碘酊、3%过氧化氢等药物。当毒物食入已久,并进入十二指肠已被吸收时,催吐治疗无效。此外,误食强酸、强碱或腐蚀性毒物时,不宜催吐,以防损伤食道和口腔黏膜或使胃破裂(表 9-1)。

视频:
犬、猫导尿
灌肠与催吐

表 9-1 犬、猫催吐常用药参考

药 物	方 法	适 用 对 象
阿扑吗啡	0.04 mg/kg,静脉滴注或 0.08 mg/kg,肌内注射/皮下注射;或压碎少量加入结膜囊	犬
3%过氧化氢	1.5 mL/kg,口服,连用 1~2 次	犬、猫
吐根酊	1~2 mL/kg,口服	犬、猫
隆朋	1~3 mg/kg,静脉滴注/肌肉注射	犬
隆朋	1~2 mg/kg,肌肉注射	猫
硫酸铜	每次 0.1~0.5 g,配成 1%溶液,口服	犬
硫酸铜	每次 0.05~0.1 g,配成 1%溶液,口服	猫
硫酸锌	每次 0.2~0.4 g,配成 1%溶液,口服	犬、猫
2%碘酊	每次 2~5ml/次,加水稀释 10 倍后,口服	犬

(2)洗胃:经口食入毒物不久尚未吸收时,可采取洗胃措施。常用生理盐水进行洗胃。

(3)吸附毒物:经口食入毒物已超过 2 h,虽进入肠道但尚未完全吸收时,可服用活性炭吸附毒物,以减少肠道吸收,30 min 后再灌服缓泻剂。

(4)灌肠:促进肠道内有毒物质排出,选用灌肠法。选用温热(38~39 ℃)自来水、1%~2%小苏打水或肥皂水、0.1%高锰酸钾溶液等灌肠。

(5)导泻:加速肠道内容物排出体外,以减少肠道对毒物的吸收。一般多用盐类泻药,或选用润滑性泻药。但对脂溶性毒物,不宜使用植物油(可促进毒物吸收)导泻。

2. 清除皮肤和黏膜上的毒物 对皮肤和黏膜上的毒物,应及时用冷水或温水洗涤,洗涤越早越彻底越好。

对不宜用水洗涤的毒物,可酌情使用酒精或油类物质迅速擦洗,并且边擦洗边用干毛巾擦净。对已知毒物,最好选用具有中和或对抗作用的药物来清洗体表或黏膜上的毒物。但注意选用洗涤药

Note

物时,不能使用可增强毒物毒性的药物,如敌百虫中毒时,严禁用碱性溶液,如肥皂水、小苏打水清洗。

3. 加速毒物从体内排出 多数毒物通过肝脏代谢由肾脏排出,有的毒物通过肺或粪便等途径排出。保护肝脏,可给予葡萄糖、大剂量的维生素 C。猫的肝脏与犬不同,缺乏葡萄糖醛酸转移酶,因而某些化学物质不能及时与葡萄糖醛酸结合由肾脏排出,导致这些物质排泄缓慢,使其毒性增强。

饲喂利尿剂增加尿量,以加速排毒。但必须在宠物机体肾功能正常的情况下方可给予利尿剂,如速尿(呋塞米)或 20% 甘露醇。此外,改变尿液 pH 时,可促使某些毒物排出(如使用碳酸氢钠使尿液碱化,以防磺胺类药物中毒)。当中毒宠物发生少尿或无尿,甚至肾功能衰竭时,可进行腹膜透析或血液透析,从而使体内代谢产物或某些毒物通过透析液排出体外。

项目二十六　食物中毒诊治

宠物在食用有毒食物或者是被细菌污染的食物后会出现急性中毒症状,通常会伴随恶心、呕吐、腹泻、腹痛等,也可能会引发全身症状,或是导致宠物直接死亡。按照毒物的性质,食物中毒可分为细菌感染中毒、真菌感染中毒、人类食品中毒和有毒植物中毒,具体如下。

任务一　细菌感染中毒诊治

【诊断要点】

沙门菌、葡萄球菌、肉毒杆菌等致病菌都会导致宠物中毒,这些致病菌可能会附着在食物上,宠物吃了被细菌感染的食物就会出现中毒现象。致病菌进入宠物的肠道之后,会大量繁殖并分泌毒素,这些毒素会导致宠物出现胃肠性食物中毒。就拿沙门菌来讲,宠物被沙门菌侵袭后,会出现腹泻、腹痛、发烧、厌食等症状,如果细菌繁殖速度极快,宠物还会出现极度虚弱、休克、四肢麻痹等症状,甚至直接导致宠物死亡。

【治疗措施】

(1) 立即停喂可疑食物。

(2) 尽早进行催吐。可以给猫咪大量饮用盐水、食用植物油、肥皂水、双氧水、猫草等物质,促使肠胃中的食物全部快速吐出来,也可以送往宠物医院,请医生紧急催吐。

(3) 上吐下泻严重时,需要进行输液,补充能量合剂和电解质。

(4) 口服抗菌消炎药,如磺胺脒、速诺、拜有利等。

(5) 补充益生菌制剂。

任务二　真菌感染中毒诊治

如果宠物摄入了发霉变质的食物很容易出现真菌感染中毒。除了黄曲霉毒素之外,玉米赤霉烯酮也是很重要的一种毒素。肉类食物是比较常见的会腐败变质的食物,但花生、玉米等食物发霉变质后也可能引起真菌感染中毒。有些散养的宠物喜欢去垃圾堆里找吃的,这样就很容易误食被真菌感染的食物而中毒。

【诊断要点】

(1) 黄曲霉毒素急性中毒的犬、猫,会出现明显的神经系统亢奋的情况,全身肌肉震颤,过度兴奋,步态不稳等,严重者死亡。同时伴有腹泻、尿频、生殖器肿胀、食欲减退、精神萎靡等症状。

(2) 犬、猫玉米赤霉烯酮慢性中毒时,主要影响的是生殖系统,出现外生殖器肿胀、流产、死胎的情况。出现频繁发情、假孕的症状,乳房肿胀,有乳汁分泌等(雌激素样作用)。

(3) 对动物进行解剖,会发现淋巴结水肿、胃肠道充血、肝脏肿胀等情况。

(4) 宠物中毒后会出现口腔异味、腹痛、腹泻、剧烈呕吐、心跳加速等症状,也可能会导致神经系统损伤。

(5) 宠物医院无法确诊,根据临床症状以及检查报告判断疑似玉米赤霉烯酮中毒时,将可疑的

Note

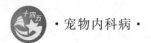

食物样本送去实验室诊断,确认样本中含有超标的黄曲霉毒素或玉米赤霉烯酮,即可确诊。

【防治措施】

针对真菌感染中毒,没有特效的解毒药。

(1)立即停喂可疑发霉变质的犬粮猫粮。

图9-2 猫中毒后出现呕吐

(2)尽早进行催吐。可以给猫咪大量饮用盐水、食用植物油、肥皂水、双氧水、猫草等物质,促使肠胃中的食物全部快速吐出来,也可以送往宠物医院,请医生帮忙紧急催吐(图9-2)。

(3)上吐下泻严重时,需要进行输液治疗,补充能量合剂和电解质。

(4)口服制霉菌素。

(5)补充益生菌制剂。

(6)临床上理想的治疗方法就是腹膜透析,腹膜透析针对各种毒素引起的中毒都有良好的治疗效果。但一般的医院不具有腹膜透析设备。

(7)宠物主人在购买粮食以及猫砂等用品时,应该补习功课,购买安全的品牌。购买大包装宠物粮食用品,短期内无法使用完时,应尽量使用夹子、真空桶、真空机等物品,密封避光保存,防止霉变。

任务三　人类食品中毒诊治

子任务一　犬洋葱中毒诊治

【诊断要点】

人可以经常吃但会导致宠物中毒的一些食物,比如葱类(图9-3)和韭菜中含有大量的二硫化物,而犬、猫体内并没有代谢这种物质的机制,所以食用后可能会导致犬、猫体内器官缺氧并引发溶血性贫血。

图9-3 犬、猫禁食洋葱、大葱

【治疗措施】

一旦发现犬吃洋葱中毒,首先应立即停喂含洋葱或大葱等葱属植物的食物。轻度中毒的犬,停止饲喂洋葱后,不经治疗可自然康复;中毒较重的犬需进一步治疗,可用大剂量的抗氧化剂维生素E保护血红蛋白,防止红细胞破裂溶血,延长红细胞寿命,阻止海因茨小体形成;同时采取支持疗法输液、补充营养,可静脉滴注葡萄糖溶液、林格氏液、维生素 C、ATP、辅酶 A 等,也可适当给予抗生素防止继发感染;给予适量利尿剂如速尿注射液肌内注射,促进体内变性血红蛋白随尿排出;由于洋葱中毒时犬的肝和肾均受到一定影响,因此也应该注意肝、肾的保护和治疗;多数情况下,经过停止饲喂洋葱和药物治疗,3 天左右临床症状即可消失。对于溶血引起严重贫血的患犬,可考虑进行输血治疗,可获得较好的疗效。

 案例分析

案例:2 例洋葱中毒的诊治

子任务二　巧克力中毒诊治

巧克力中毒是指动物由于长时间或过量摄入巧克力而引起的以呕吐、腹泻、尿频和神经兴奋为主的中毒性疾病。各种动物对巧克力均敏感。临床上主要见于犬、猫,特别是小型犬更易发生。

犬、猫中毒主要是饲养者经常饲喂巧克力糖、冰激凌、面包、饼干等引起,节假日发病率高,特别见于 1～3 kg 的小型犬。另外,过量使用含咖啡因、可可碱、茶碱的药物也可引起中毒。由此可见,巧克力中毒与巧克力的类型、犬的大小有直接的关系,巧克力越纯、犬越小,越容易发生中毒。

【病理生理】

(1) 甲基黄嘌呤:主要是可可碱和咖啡因,可抑制腺苷受体,导致血管收缩、心动过速和中枢神经系统受刺激。

(2) 抑制磷酸二酯酶:增加环磷腺苷,产生儿茶酚胺效应。

(3) 复合作用:引起大脑血管收缩、心肌收缩和中枢神经刺激、癫痫。

【受影响系统】

(1) 胃肠道:早期出现呕吐和腹泻。

(2) 神经系统:敏感性和反射性增加,可能出现震颤和癫痫。

(3) 心血管系统:心肌收缩力增加,心动过速。

【病史】

(1) 近期摄入巧克力。

(2) 呕吐和腹泻:摄入后 2～4 h 出现。

(3) 早期烦躁不安,兴奋性增加。

(4) 多尿:可能由于利尿作用所致。

(5) 严重症状:四肢僵硬、兴奋、癫痫、反射亢进。

【体格检查】

(1) 发热。

(2) 反射亢进、肌肉僵硬。

(3) 呼吸急促。

(4) 心动过速。

(5) 低血压。

(6) 严重时导致心力衰竭、虚弱、昏迷和死亡。

(7) 死亡:摄入后 12～36 h 可能死亡。

Note

【实验室检测】

(1) 低血糖:可能继发于肌肉活动增强。

(2) 尿比重下降,有时出现蛋白尿。

【心电图检查】

出现心动过速和室性心律不齐。

【治疗措施】

治疗原则:减少巧克力吸收和对症治疗。

(1) 早期催吐,给予活性炭(0.5~1.0 g/kg,口服)以吸收胃肠道内生物碱。渗透性导泻:给予硫酸钠(1 g/kg,口服),促进胃肠道内巧克力排出。

(2) 兴奋和癫痫:给予地西泮(0~5 mg/kg,每 10~20 min 可达 4 次);难治性癫痫可给予苯巴比妥(3~15 mg/kg,缓慢静脉注射)。

(3) 室性心动过速(犬):利多卡因(无肾上腺素),先 1~2 mg/kg,静脉注射,然后每分钟 0.03~0.05 mg/kg 静脉注射。

(4) 严重难治性心律失常:心得安(0.04~0.06 mg/kg,静脉注射,速度不要超过 1 mg/min)。一旦患病动物稳定,可口服给予(0.2~1.0 mg/kg,每 12 h 一次)。

(5) 液体治疗:呕吐时纠正电解质紊乱。

(6) 避免应激和兴奋。

(7) 急性发病动物不要饲喂,之后给予温和食物以利于胃肠炎的恢复。

【禁忌证】

(1) 使用利多卡因时不要合并给予肾上腺素。

(2) 禁用红霉素和皮质类固醇:这些药物可降低甲基黄嘌呤的排泄。

(3) 患猫不要给予利多卡因。

【预后】

(1) 病程通常持续 12~36 h,主要取决于摄入巧克力的量和治疗措施。

(2) 治疗成功的动物通常完全恢复。

(3) 摄入后 2~4 h 能得到有效清除的动物预后较好;出现癫痫和心律不齐等严重症状的动物预后慎重。

子任务三　夏威夷果中毒诊治

夏威夷果富含蛋白质、氨基酸、维生素、夏威夷果油等,人类适量食用,可预防心血管疾病,增强记忆,补钙和通肠润便。夏威夷果也含有不饱和脂肪酸,可以降血压、降血脂。

【诊断要点】

夏威夷果对犬、猫而言也属于剧毒食物,虽然迄今为止还未找到中毒原因,但大部分犬、猫在食用夏威夷果后会出现呕吐、流涎、痉挛、发热、后肢无力等症状,情况严重时会导致瘫痪。甚至会在短时间内死亡。症状通常出现在食用后的 12 h 内,并可持续 12~48 h。

【治疗措施】

一旦犬、猫出现中毒症状,食用不多的情况下可以马上使用催吐药催吐,或者使用泻药,让犬、猫快速排出有毒物质,缓解中毒症状。如果犬、猫吃了比较多的夏威夷果,出现了严重的中毒现象,需要立即将患宠送往宠物医院接受治疗。

子任务四　葡萄中毒诊治

犬吃了过多葡萄或者葡萄干引起的中毒。

【诊断要点】

犬葡萄中毒是犬误食葡萄或葡萄干等食物所引起的急性中毒综合征,若抢救不及时则容易引起急性肾损伤,威胁犬的生命。葡萄干是葡萄含水量降低到15%以下的加工产物,与葡萄相比更容易引发不良反应。有文献指出,犬葡萄中毒的剂量为19.6~148.4 g/kg,而葡萄干中毒的剂量为2.8~36.4 g/kg。犬葡萄中毒并无特殊的示病症状,主要通过主诉有无摄入葡萄或葡萄干等食物来判断。症状一般在中毒后24 h内快速出现,常见表现有呕吐、腹泻、少尿甚至无尿、血尿、肾功能衰竭等,也偶尔发生心动过缓或心动过速、低热或高热、贫血、白细胞增多、发绀、呼吸抑制、震颤等,部分患犬因未及时进行诊治而死亡。葡萄中的花色素、单宁酸、白藜芦醇甚至高浓度的葡萄糖等成分都是潜在的致毒因素。但国外一些针对犬食用葡萄皮和葡萄籽提取物的安全性的研究并未显示葡萄的提取物具有明显毒性。

【治疗措施】

由于现在对犬葡萄中毒的发病过程、致毒因素都不清楚,因此并无特效的治疗办法。犬在摄入葡萄或葡萄干等物质后,应积极主动寻求治疗,摄入时间较短的可以通过紧急催吐、洗胃、活性炭吸附等方法,减少体内的有毒物质,减缓毒物的吸收;犬胃的排空时间一般为4~6 h,超过这个时间催吐意义不大。对于送诊较晚的病例,可通过输液的方式稀释血液中的有毒物质,因犬对糖类异常敏感,高浓度的单糖也是引发中毒的可疑因素,所以在抢救输液时采用0.9%氯化钠和地塞米松等抗过敏药,而非高浓度的葡萄糖。因葡萄干中可能残留霉菌毒素、杀虫剂、重金属或一些未知的毒素,用药时考虑使用消旋山莨菪碱(654-2),既可以解除葡萄中残留的毒物,又可以起到止吐作用。某些犬在摄入葡萄或葡萄干后会导致肾脏方面的疾病,严重时可能会导致死亡,患犬的生化检测中血磷升高,尿常规显示尿蛋白和潜血阳性,均提示发生了急性肾损伤,尿胆原和胆红素的升高提示有肝损伤情况,所以可采用碳酸镧和甘利欣进行对症治疗。如果病情进一步发展,肾毒素导致低血容量和肾脏缺血时,可以静脉补充犬全血或血浆,恢复期使用科特壮和奥普乐注射液等,调节机体肝肾代谢,以帮助恢复肝肾功能。

任务四　有毒植物中毒诊治

因为宠物的好奇心比较重,尤其是猫,所以很可能会误食植物,但很多植物含有毒素,这就很容易导致宠物中毒。

【诊断要点】

(1)病史调查:询问宠物主人家里是否种植万年青、绿萝、菊花、茉莉、百合、绣球、芦荟、水仙花等植物并且宠物是否有采食这些花草。

(2)临床检查:宠物误食这些植物后是否出现呼吸急促、抽搐、口腔灼烧、口吐白沫、流涎、腹泻等症状,如果误食植物过量,很可能会直接导致宠物死亡。

【治疗措施】

(1)口腔冲洗:应仔细冲洗口腔,特别是摄入刺激性植物时;冲洗应在患猫呕吐后重复数次。

(2)催吐净化:居家猫友可采用吐根糖浆催吐;宠物医院可采用赛拉嗪催吐,在呕吐之后用育亨宾逆转。

(3)活性炭净化:按照说明书配制活性炭液体混合物,根据说明书给药;建议采用胃管给药,以便快速可靠地将活性炭灌服。

(4)轻泻剂:可用聚乙二醇电解质溶液或乳果糖,一般能奏效。

(5)液体疗法:如果出现全身症状,应采用液体疗法,应用平衡电解质溶液。

(6)控制刺激:硫糖铝可作为胃肠保护剂;西咪替丁可以抑酸护胃。

一旦发现猫咪植物中毒,宠物主人就要立刻采取治疗措施或直接送去医院治疗,不然很可能会造成无法挽回的后果。

Note

项目二十七　药物中毒诊治

宠物药物中毒一般是药物使用不当所致，比如宠物主人给宠物服用人用药物，或是过量服药，或是宠物误食人用药物或误食过量兽用药物。比较常见的会引起宠物中毒的药物如下。

任务一　阿司匹林中毒诊治

图 9-4　犬中毒时出现呕吐

【诊断要点】

阿司匹林是一种非甾体抗炎药，具有消炎镇痛的功效，但这是人用药物。有些宠物主人在宠物患有某些疾病需要消炎镇痛时，可能会给宠物服用阿司匹林，从而造成宠物阿司匹林中毒。宠物服用阿司匹林后会出现食欲不振、呕吐（图 9-4）、腹泻等症状，如果服用过量，还可能会出现消化道出血、四肢僵硬、昏迷等情况。

【治疗措施】

无特效解毒药。阿司匹林中毒的治疗取决于中毒的程度、阶段和临床症状以及相应的治疗规范。主要措施是应加速药物的清除以及调节电解质和解除酸中毒。

任务二　布洛芬中毒诊治

布洛芬为解热镇痛类非甾体抗炎药。本品通过抑制环氧化酶，减少前列腺素的合成，产生镇痛、抗炎的作用；通过下丘脑体温调节中枢而起到解热作用。

【诊断要点】

布洛芬的主要功效也是消炎镇痛，一般用于治疗人的发热症状，并且效果明显，所以许多人会在家中常备此药。但布洛芬不能给宠物服用，不然会导致呕吐、血便、癫痫等中毒症状，宠物很可能会因为布洛芬中毒而昏迷或死亡。消化道反应为最常见的不良反应，大剂量服用时有骨髓抑制和肝功能损害。严重肝肾功能不全者或严重心力衰竭者禁用。

【治疗措施】

无特效解毒药。

（1）立即停用。

（2）催吐洗胃下泻。

（3）保肝解毒。

（4）输液补充电解质。

任务三　对乙酰氨基酚中毒诊治

【诊断要点】

对乙酰氨基酚(扑热息痛)是人感冒药中比较常见的成分,可以起到解热镇痛的作用,一般用于治疗人感冒引起的发热和疼痛症状。如果宠物主人在宠物感冒的时候给它服用小儿感冒药,就会导致宠物对乙酰氨基酚中毒,因此对乙酰氨基酚禁用于犬、猫。

对乙酰氨基酚会对宠物的肝造成不可修复的损害,也会导致宠物呼吸困难、四肢肿胀、体温下降,严重者会出现黄疸、昏迷等症状。

【治疗措施】

急救处理:对乙酰氨基酚中毒患宠处理是否及时关系到其预后。如处置及时,病死率较低。如处理延误,即使在中毒早期也易发生意外。处理措施包括以下几个方面。

(1) 洗胃,硫酸钠导泻。

(2) 有条件者测定血药浓度,以估计中毒程度。

(3) 尽早使用巯基供体,如 N-乙酰半胱氨酸防治对乙酰氨基酚引起的肝损害有特效。蛋氨酸也有解毒作用。

 案例分析

案例:犬、猫误服人用感冒药(对乙酰氨基酚)中毒的诊治

任务四　维生素 D 中毒诊治

【病因】

(1) 短期内摄入大剂量或长期服用超剂量维生素 D_2,可导致严重中毒反应。

(2) 维生素 D_2 中毒引起高钙血症,可引起全身性血管钙化、肾钙质沉淀及其他软组织钙化,导致高血压及肾功能衰竭,上述不良反应多发生于高钙血症和伴有高磷血症时。对于幼年宠物,可致其生长停滞,常见于长期应用维生素 D_2 后。中毒剂量可因个体差异而不同,即使每日应用小剂量,数月后对正常宠物亦有致毒性。维生素 D_2 中毒可因肾、心血管功能衰竭而致死。

【诊断要点】

维生素 D 可以促进钙质吸收,正常使用能够对骨骼生长和神经系统产生积极的作用。但如果宠物摄入过量的维生素 D,就很可能会引发身体健康问题,宠物很可能会出现呕吐、身体虚弱、饮水量增加、尿量增加、血便、流涎等症状。毒鼠药中就含有大量的维生素 D,如果宠物误食了毒鼠药,也可能会出现维生素 D 中毒,进而引发全身症状。

【治疗措施】

治疗维生素 D_2 中毒,除停用外,应给予低钙饮食,大量饮水,保持尿液酸性,同时进行对症和支持治疗,如高钙血症危象时需静脉注射氯化钠注射液,增加尿钙排出,必要时应用利尿药、皮质激素

或降钙素,甚至进行血液透析,并应避免暴晒,直至血钙浓度降至正常再改变治疗方案。

任务五 伊维菌素中毒诊治

图 9-5 犬中毒时出现大量流涎

【诊断要点】

许多宠物驱虫药中都含有伊维菌素,因为伊维菌素可以杀灭心丝虫、线虫和一些体外寄生虫,但如果宠物用药过量或宠物本身对这种药物过敏,那就很容易出现伊维菌素中毒的情况。像柯利犬,如边牧、古牧、德牧、喜乐蒂、苏牧等品种的犬就对伊维菌素过敏,所以宠物主人不可以给这些犬服用含有伊维菌素成分的药物,而其他宠物在用药时也要谨遵医嘱,并避免宠物误食这类药物。宠物摄入过量的伊维菌素会出现瞳孔涣散、流涎(图 9-5)、震颤、昏迷等症状,也可能会因为神经系统受损而出现走路摇摇晃晃的情况。

【治疗措施】

(1)及时将中毒的犬、猫送到宠物医院进行洗胃、催吐,尽可能清除体内有毒物质,减少身体对毒物的吸收。

(2)犬、猫中毒的后续护理:可以使用宠物电解质浓缩液进行持续性补液,其成分主要是葡萄糖、DL-蛋氨酸、L-丙氨酸、氯化钠、氯化钾等,可用于纠正犬、猫脱水和因呕吐、腹泻导致的电解质流失。用法用量:猫每次 50 mL/kg,犬每次 44 mL/kg。使用时需要和饮用水 1∶1 稀释,少量多次,宠物症状有所缓解后,不需要每天定量使用,可自由口服 2～5 天或遵医嘱。

任务六 氟喹诺酮类药物中毒诊治

【诊断要点】

常用的氟喹诺酮类药物有氟哌酸(诺氟沙星)、环丙沙星(拜有利)、氧氟沙星等。有的宠物主人因为家里的幼犬、幼猫发生了腹泻,就擅自用人用氟哌酸(或氧氟沙星)来治疗。由于用量过多会有一些不良反应,其中,中枢神经系统反应可有头昏、头痛、嗜睡或失眠,严重时还可致重症肌无力症状加重,这也是幼犬、幼猫不能站立起来的原因。

【治疗措施】

(1)10％葡萄糖酸钙或 10％氯化钙注射液,50～100 mL;维生素 C 注射液,5～10 mL。

用法:一次静脉注射,每天 1 次,连用 7～10 天。

说明:也可每天用磷酸氢钙或乳酸钙 3～8 g 拌料饲喂,连用 20～30 天。

(2)维生素 D_3 注射液,50 万～80 万 U;维生素 B_1 注射液 5～10 mL。

用法:分别肌内注射,每天 1 次,连用 5～7 天。

(3)注射维丁胶性钙注射液,或口服葡萄糖酸钙。

(4)对发病的犬、猫,可多饮水,或灌服甘草绿豆汤、浓茶水。

【预防】

在使用氟喹诺酮类药物时,用药频率通常为一天一次。建议不要在幼龄期使用,幼龄期的猫使用这类药物可能会导致骨骼发育不良或者视网膜病变。

项目二十八 农药及毒鼠药中毒诊治

任务一 有机磷农药中毒诊治

【种类】

常见的有机磷农药有敌百虫、敌敌畏、氧化乐果、马拉硫磷、辛硫磷、毒死蜱、内吸磷、对硫磷、保棉丰、甲拌磷。

【诊断要点】

部分病例容易被忽略，特别是早期出现中枢神经抑制，循环、呼吸及中枢神经衰竭者，应及时了解有关病史并做有关检查，排除中毒可能。

（1）病史：确定有接触、食入或吸入有机磷杀虫剂病史。

（2）中毒症状：以大汗、流涎、肌肉颤动、瞳孔缩小和血压升高为主要症状。皮肤接触农药致中毒者起病稍缓慢，症状多不典型，须仔细询问病史，全面体检有无皮肤红斑、水疱，密切观察临床演变以协助诊断。

（3）呕出物或呼出气体有蒜臭味。

（4）实验室检查：血液胆碱酯酶活性显著低于正常。轻度中毒时乙酰胆碱酯酶活性为正常值的50%～70%，中度为30%～50%，重度则小于30%。

（5）有机磷化合物测定：对洗胃洗出的胃内容物、呕吐物或排泄物做有机磷分析。

【防治措施】

（1）阿托品：原则是及时、足量、重复给药，直至达到阿托品化。应立即给予阿托品，静脉注射，后根据病情每10～20 min用药一次。有条件时最好采用微量泵持续静注阿托品，可避免间断静脉给药导致的血药浓度峰、谷现象。

（2）阿托品化：瞳孔较前逐渐扩大、不再缩小，但对光反应存在，流涎、流涕停止或明显减少，面颊潮红，皮肤干燥，心率加快而有力，肺部啰音明显减少或消失。达到阿托品化后，应逐渐减少药量或延长用药间隔时间，防止阿托品中毒或病情反复。如患畜出现瞳孔散大、意识模糊、狂躁不安、抽搐、昏迷和尿潴留等，提示阿托品中毒，应停用阿托品。

（3）解磷定：重度中毒患畜肌内注射，每4～6 h 1次。

（4）盐酸戊乙奎醚注射液（长托宁）：新型安全、高效、低毒的长效抗胆碱药物，按中毒程度（轻度中毒、中度中毒、重度中毒）给予相应剂量。30 min后可再给予首剂的半量。中毒后期或胆碱酯酶老化后可用长托宁维持阿托品化，每次间隔8～12 h。长托宁治疗有机磷农药中毒在许多方面优于阿托品，是阿托品的理想取代剂，是救治重度有机磷农药中毒或合并阿托品中毒时的首选剂。

注意：中毒早期不宜输入大量葡萄糖、辅酶、ATP，因它们能使乙酰胆碱合成增加而影响胆碱酯酶活力。维生素C注射液不利于毒物分解，影响胆碱酯酶活力，早期也不宜用。50%硫酸镁、利胆药口服后可刺激十二指肠黏膜，反射性引起胆囊收缩，胆囊内潴留有机磷农药随胆汁排出，可引起二次中毒。胃复安、西沙必利、吗啡、氯丙嗪、喹诺酮类、胞二磷胆碱、维生素 B_5、氨茶碱、利血平均可使中毒症状加重，应禁用。

Note

案例分析

案例:一例犬有机磷中毒的诊治

任务二　有机氟农药中毒诊治

【病因】

(1) 不合理地使用和保存有机氟化合物。

(2) 犬饮用了被有机氟化合物污染的水和吃了被氟乙酰胺、氟乙酸钠毒死的鼠。

(3) 高氟地区多发。

【诊断要点】

突然发生,表现为不安,无目的地狂叫、乱窜、乱撞、乱跳,有的走路摇晃,似醉酒样。轻微者间隔几分钟,吃几口食后又开始发作,且每次发作均较前一次更为严重。病情迅速发展则狂叫不停,并出现全身痉挛,表现为特别痛苦,倒地后四肢不停地划游,呈角弓反张姿势。舌伸出口腔外,多数被自己咬破而从口鼻腔流出带血色的泡沫,最终因衰竭而死,从发作到死亡仅需几分钟到几小时。发病后的犬多数呼吸迫促,心跳加速,肢端冰凉,体温未见升高(图9-6)。

图9-6　氟化物中毒犬四肢抽搐

【治疗措施】

(1) 彻底清除毒源,以防止毒物继续吸收而加重病情,通过催吐、洗胃、缓泻以减少毒物的吸收。

(2) 肌内注射乙酰胺(每千克体重0.1~0.3 g),1 h后加注1次,以后按照每天2次进行,直到症状消失为止。

(3) 较为严重的犬可适量肌内注射硫酸镁0.5~1 g,同时静脉注射50%葡萄糖适量,以强心利尿,促进毒物排出。

(4) 有机氟中毒常出现血钙浓度降低,故用葡萄糖酸钙或柠檬酸钙静脉注射;镇静用巴比妥、水合氯醛(口服)或氯丙嗪(肌内注射);兴奋呼吸可用山梗菜碱(洛贝林)、尼可刹米、可拉明解除呼吸抑制;静脉注射10%葡萄糖和维生素C、B族维生素等增强机体解毒能力。

任务三　毒鼠药中毒诊治

【诊断要点】

犬、猫吃了毒鼠药之后会立即出现反应,在误食后几分钟到几个小时会出现呕吐、口吐白沫、腹泻等中毒的现象,这种现象是属于犬、猫身体的应激反应,随后犬、猫会出现呼吸困难,心率加快,缺氧,张口呼吸急促,最后大多因窒息而死亡。因为毒性成分会随血液流转到身体的各个脏器,造成各个器官的功能衰竭,而且这个伤害几乎是没法挽回的,所以犬、猫中毒以后,一定要及时就医,不然会

Note

有生命危险。

【治疗措施】

（1）有机氟类中毒：毒性成分主要包括氟乙酰胺、氟乙酸钠、甘氟。特效解毒药是乙酰胺（解氟灵）。

（2）茚满二酮类中毒：毒性成分主要包括杀鼠酮、氯鼠酮、氟鼠灵、敌鼠钠。特效解毒药是维生素 K_1 和维生素 K_3。

（3）香豆素类中毒：毒性成分主要包括杀鼠灵、杀鼠醚、鼠得克、克灭鼠、溴敌隆、大隆。特效解毒药是维生素 K_1 和维生素 K_3。

（4）硫脲类中毒：毒性成分主要包括灭鼠特、氯灭鼠灵等。

（5）有机磷类中毒：毒性成分主要包括磷化锌。可以用 1‰硫酸铜催吐，0.1％高锰酸钾洗胃；特效解毒药是硫酸阿托品和胆碱酯酶复活剂（如解磷定、氯磷定、双解磷和双复磷）。

（6）有机氮类中毒：毒性成分主要包括毒鼠强。没有特殊解毒药。治疗主要是支持性质的，使用大剂量的苯二氮䓬类药物和吡哆醇。抽搐时应用苯巴比妥、地西泮等止痉。

（7）无机氟中毒：毒性成分主要包括氟化钠。解毒药是钙制剂（10％葡萄糖酸钙或 10％氯化钙＋维生素 C，静脉注射；每天用磷酸氢钙或乳酸钙 3～8 g 拌料饲喂，连用 20～30 天；维生素 D_3 注射液，每天 1 次，连用一周）。

 案例分析

案例：3 例毒鼠药中毒的诊治

项目二十九　蛇毒中毒诊治

【诊断要点】

蛇毒根据类型,大体上分为神经毒(风毒)、血循毒(火毒)、混合毒。

(1)神经毒:如金环蛇、银环蛇、海蛇咬伤后,伤口局部症状不明显,而全身中毒症状突出。

全身症状:发热、四肢麻痹无力、呼吸困难、吞咽障碍、瞳孔散大、全身抽搐、血压下降、休克以致昏迷。

(2)血循毒:当被竹叶青蛇、龟壳花蛇、蝰蛇、五步蛇等咬伤后,局部可很快出现红肿热痛症状,伤口出血多,并可发生淤血坏死,继而全身战栗,发热,心动过速,呼吸困难而死。

(3)混合毒:如蝮蛇、眼镜蛇、眼镜王蛇、蕲蛇等蛇毒中既含神经毒,又含血循毒,故可呈现两方面的症状。

【治疗措施】

(1)首先要防止蛇毒扩散。进行早期结扎,就地取材,用绳子、野藤、手帕(或将衣服撕下一条),扎在伤口的上方,尽可能扎紧,结扎后每隔 10~20 min 必须放松 2~3 min,以免阻止血液循环,造成局部组织坏死,经排毒和服蛇药后,结扎方可解除。

(2)冲洗伤口。用清水、冷开水、生理盐水、肥皂水、5％H_2O_2、1％高锰酸钾、5％漂白粉、0.5％呋喃西林等均可。对响尾蛇、龟壳花蛇、竹叶青蛇、蝰蛇咬伤,洗创排毒时,一定要用 EDTA 冲洗。

(3)扩创排毒。避开血管,经冲洗后用清洁的小刀、刀片或三棱针按毒牙痕纵向切开或作"十"字形切开以深达皮下组织(注意扩创时刀或针应从无毒端切向有毒端,以防毒液随刀或针蔓延)。扩创后,可用手用力挤压排毒或用拔火罐或吸乳器吸毒。注意:已超过 12 h 或创口已坏死、流血不止者不宜切开。

(4)局部封闭。在扩创的同时向创内或其周围局部点状注入1％高锰酸钾、胃蛋白酶或 0.5％普鲁卡因局部封闭,或用 5％碘酊涂擦。也可用冰块局部降温,使中毒的化学反应减慢,还能使血管收缩,阻滞蛇毒扩散,并带打死的毒蛇一同送医院治疗。

(5)解毒。采用中西医结合综合疗法:

①西医疗法。

A.注射抗蛇毒血清:单价,只能治疗某种毒蛇咬伤;多价,能治疗多种毒蛇咬伤。

B.普鲁卡因封闭疗法。

a.全身治疗:高锰酸钾 0.5 g＋500 mL 温生理盐水,静脉注射。心、肺功能障碍时可皮下注射咖啡因、樟脑水、尼可刹米等中枢兴奋剂;对于咬伤患部,先用针刺排毒,再用 1％高锰酸钾溶液做皮下菱形封闭注射,然后用 5％碘酊涂擦,以促进毒蛋白的变性凝固。

b.局部:针刺排毒后,用 1％高锰酸钾多处点状注射,5％碘酊涂擦。

②中医疗法。

a.中成药:剂型有片剂、针剂、冲剂、散剂、酒剂等多种。如南通蛇药片、湛江蛇药、上海蛇药、广西蛇药、季德胜蛇药片。

b.中草药:有七叶一枝花、万年青、半边莲、鬼针草、望江南等。

178

案例分析

案例:一例犬毒蛇咬伤的诊治

知识拓展

家养有毒植物及 犬、猫中毒症状

毒蛇的种类与 毒蛇的活动规律

霉菌毒素中毒

模块小结

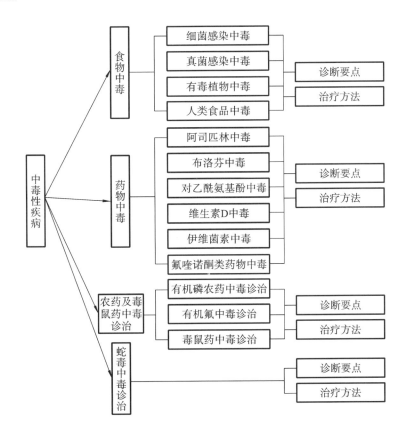

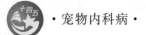

 模块作业

1. 什么是中毒性疾病？中毒性疾病的常见原因是什么？
2. 临床上,如何判断动物发生的是中毒性疾病？中毒性疾病的诊断思路包括哪些内容？
3. 如果一个中毒性疾病没有特效解毒药,应采取哪些措施治疗？
4. 如何治疗犬的洋葱中毒？
5. 黄曲霉毒素中毒的主要临床特点和病理变化是什么？
6. 如何鉴别有机氟中毒与有机磷农药中毒？
7. 有机磷农药中毒时应怎样进行急救？

 模块测验

执兽真题

模块十 其他内科疾病诊治

模块介绍

　　随着动物普通病学近年来的发展,除了原有的知识内容外,有必要从比较医学的角度出发,介绍一些临床实践中较为常见却未引起饲养管理人员和兽医临床工作者普遍重视和注意的疾病,如动物的应激综合征、过敏性休克、荨麻疹、变应性皮炎等。

学习目标

　　▲知识目标

　　了解动物荨麻疹、变应性皮炎的发病原因、临床症状和防治方法;掌握应激综合征的发生原因、临床症状、病理变化、治疗方法和预防措施;掌握过敏性休克的发生原因、临床症状、病理变化、治疗方法和预防措施。

　　▲技能目标

　　知道过敏性休克的抢救方法;掌握动物免疫性疾病的临床用药技术。

　　▲思政目标

　　近年来,动物普通病领域中胃肠道激素的生理与临床、微循环与休克、中枢神经递质及其一些重要的生理功能、内分泌活动与应激反应、遗传性疾病、非特异性防御与免疫性疾病乃至变态反应性疾病等,都赋予了动物普通病学较为突出的、崭新的具体内容,不仅具有学术理论上的价值,更具有重大的实践意义。因而,本模块主要介绍其他内科疾病的病因、发病机制及其防治方案,并提出治疗思路。

系统关键词

　　应激综合征;过敏性休克;荨麻疹;变应性皮炎;病因;发病机制;防治方案。

检查诊断

　　(1)病史调查:宠物主人向兽医提供患犬的健康状况、发病症状以及可能病因,例如身体任何部位的创伤,或吸入异常气体、烟雾或固体物质等。

　　(2)临床检查:需连续多次监测呼吸频率、呼吸深度、血氧饱和度、心搏节律、血压、尿量等指标。

　　(3)实验室检查:血常规检查、血生化检查、尿液检查和血气分析。血气分析是兽医实践中用于诊断急性呼吸窘迫综合征(ARDS)最重要的诊断方法。

　　(4)影像学检查:如胸部 X 线片和超声心动图,有助于直观地检查和评估肺部和心脏的功能。实验室检查及胸部 X 线检查需间隔 24～48 h 进行监测,直到动物病情稳定。

　　(5)过敏原检测:能够有效诊断特应性过敏和轻微接触性过敏的方法。犬特应性过敏的症状有抓挠、舔爪子、啃咬自己和皮肤受刺激后发红。特应性过敏是指吸入花粉、灰尘或者霉菌而引起的过敏症。除了跳蚤叮咬引起的过敏外,特应性过敏目前是犬过敏症中较常见的病因。一旦能够确定是哪种特定的物质导致了过敏,就可以对患犬实施免疫疗法(脱敏注射)。

　　过敏原测试有两种基础方法。最常见的就是血检,即检测血液中由抗原诱导产生的抗体。血检也有两种标准方法。一种叫作过敏原抽血检查,另一种是酶联免疫吸附试验(ELISA)。这两种方法很相似,但是许多人觉得后者的检测结果比前者更准确。

　　另一种测试过敏原的方法是皮内试验。测试时将小剂量的抗原注射到宠物皮肤内,过一段时间后观察并评估注射区域周围情况,以此来判断宠物是否对注射的物质过敏。

对于患有中度或重度过敏症的犬来说,过敏原检测是最好的诊断方法,也是确定治疗方案的最佳途径。皮内试验是过敏原检测中最为推荐的一种。

→ 常用药物

阿托品、尼可刹米、肾上腺素、樟脑磺酸钠、氯丙嗪、巴比妥、盐酸苯海拉明、地西泮、咪达唑仑、葡萄糖酸钙、维生素 C、泼尼松、地塞米松、扑尔敏、息斯敏、氯雷他定、肤轻松。

项目三十　应激综合征诊治

　　应激,通俗地讲就是动物机体对各种紧张刺激产生的适应性反应。应激综合征是指动物对体内外刺激所产生的非特异性应答反应的总和,它是一种应激反应,而不是一种独立的疾病。在生产实践中应激往往对畜禽生产力和健康造成不良影响。本病在家禽和猪中常见,牛、羊、马等均可发生。

　　【诊断要点】

　　根据发病原因、临床表现、病理变化,并且有应激因素的存在,不难做出诊断。

　　（一）病因

　　引起应激反应的因素很多,归纳起来大致可以分以下几种。

　　1. 生理性应激　如饲料的突然改变、遗传育种、营养代谢、配种繁殖、分娩泌乳、生长发育、肌肉运动、强化培育等。

　　2. 心理性应激　如神情紧张、惊恐、追捕、驱赶、地震感应、预防注射、环境的突变、陌生感、离群、手术保定等。

　　3. 物理性应激　环境过冷、过热或气温骤变、噪声、电刺激、暴力鞭打等。

　　4. 躯体性应激　如烧伤、烫伤、感染、斗架、拥挤等。

　　（二）临床症状

　　动物应激综合征的临床症状多种多样,形形色色。根据应激的性质、程度和持续时间,呈现的各种特异的症状和病理变化,可以分为以下几种类型。

　　1. 猝死性应激综合征　猝死性应激综合征又称突毙综合征,主要是指受强烈应激原的刺激时,无任何临床症状而突然死亡。如配种时公犬、公猫过度兴奋而猝死;追赶时过于惊恐,或在车船的运输时过度拥挤或恐慌等,都可能由于神经过于紧张,交感-肾上腺系统受到剧烈刺激致活动过强,引起休克或循环衰竭,造成猝死。

　　2. 急性应激综合征

　　（1）恶性过热综合征:主要由运输应激、热应激和拥挤等所致,如运送途中的动物多发生大叶性肺炎,表现为全身颤抖、呼吸困难、黏膜发绀、皮肤潮红或呈现紫斑、肌肉僵硬、体温升高,直至死亡。

　　（2）急性肠炎:多表现为下痢、水肿病,由大肠杆菌引起,与应激反应有关,导致非特异性炎性病理过程。

　　3. 全身适应性综合征　饥饿、惊恐、严寒、中毒及预防注射等因素刺激,引起应激系统的复杂反应,表现为警戒反应、沉郁、肌肉弛缓、血压下降、体温降低。与此同时,可交错出现体温升高、血糖上升、血压升高等抗休克相。

　　4. 慢性应激综合征　应激原强度不大,但持续或间断反复引起轻微反应,所以容易被人们所忽视。由于动物不断地做出适应性反应,形成不良的累积效应,致使动物生产性能降低,防卫功能减弱,容易继发感染,引起各种疾病。这类疾病在营养、感染与免疫应答的相互作用中比较常见。主要表现为幼犬、幼猫的生长发育受阻或停滞,贫血,被毛粗乱、无光泽,易受惊。母犬、母猫的产奶量减少、奶质下降、胃溃疡等。

　　【治疗措施】

　　对于轻度的应激,消除应激原后,一般可自行恢复。对于表现严重的病例,可采取以下措施进行治疗。

（一）消除应激原

尽量消除一切可能引起应激的因素，如拥挤、突然断奶、换料、忽冷忽热、噪声和骚扰等。

（二）镇静

使用氯丙嗪肌内注射。也可选用巴比妥、盐酸苯海拉明等镇静药。氯丙嗪是最常用的犬口服镇静剂，猫常用口服麻醉镇静药地西泮和咪达唑仑。

（三）解除酸中毒

在动物发生应激反应时，肌糖原迅速分解，血中乳酸浓度升高，pH 值下降，导致机体酸中毒。可以使用 5% 的碳酸氢钠溶液静脉注射，纠正酸中毒。

【预防方法】

应根据应激原及应激综合征的性质选择具体的预防方法。

（一）做好选育繁殖工作

胆小、神经质、难于管理、容易惊恐、皮肤易起红斑、体温升高、外观丰满的动物，多为应激敏感型，最好不要选作种用。必要时，检测全血或血清肌酸激酶（CK）以及进行氟烷筛选试验，从种群中将这类动物淘汰。

（二）通过改进饲养管理，减少或消除应激

（1）犬舍要通风良好，防止拥挤。

（2）注意畜群组合，避免任意组群，防止破坏原有群体关系。

（3）注意保持安静，避免惊恐不安，防止噪声和骚扰。

（4）注意气候变化，防止忽冷忽热，保持舍内温度的恒定。

（5）运输前 12～24 h 内不饲喂或减饲，避免运输过程中发生应激反应。

（6）车船运输或陆路驱逐时，避免过分刺激，防止应激反应。

（7）在运输前，对应激敏感型犬、猫，可用镇静剂进行预防注射或应用抗应激药物以及抗应激添加剂以防止发生应激反应。

项目三十一　　过敏性休克诊治

过敏性休克是外界某些抗原性物质进入已致敏的机体后,通过免疫机制在短时间内发生的一种强烈的多脏器累及症候群。本病的表现与程度,依机体反应性、抗原进入量及途径等而有很大差别。通常都突然发生且很剧烈,若不及时处理,常可危及生命。

【诊断要点】

根据发病原因结合临床症状不难做出判断。

(一) 病因

引起本病的抗原性物质如下。

1. 异性蛋白　内泌素(如胰岛素、升压素)、酶(如糜蛋白酶、青霉素酶)、花粉浸液、食物(如蛋清、牛奶、硬壳果、海鲜、巧克力)、生物制品(如疫苗、血清免疫球蛋白、抗淋巴细胞血清或抗淋巴细胞丙种球蛋白)、蜂类毒素等。

2. 多糖类　例如葡聚糖铁。

3. 许多常用药物　抗生素(如青霉素、头孢霉素、两性霉素 B、硝基呋喃妥因),局部麻醉药(如普鲁卡因、利多卡因),维生素(如硫胺素、叶酸)等。

(二) 临床症状

本病大都突然发生。过敏性休克有两大特点:一是有休克表现,即血压急剧下降,动物出现意识障碍,轻则意识模糊,重则昏迷。二是在休克出现之前或同时,常有一些与过敏相关的症状。归纳如下。

1. 皮肤黏膜表现　往往是过敏性休克最早且最常出现的征兆,包括皮肤潮红、瘙痒,继而出现广泛的荨麻疹和(或)血管神经性水肿;还可出现打喷嚏、流水样鼻涕,甚而影响呼吸。

2. 呼吸道阻塞　本病最多见的表现,也是最主要的死因。由于气道水肿、分泌物增加,加上喉和(或)支气管痉挛,患病动物出现喉头堵塞感、胸闷、气急、喘鸣、憋气、发绀以致因窒息而死亡。

3. 循环衰竭　患病动物先有心悸、出汗、可视黏膜苍白、脉速而弱,然后发展为肢冷、发绀、血压迅速下降、脉搏消失,最终导致心跳停止。

4. 意识障碍　往往先出现恐惧感,烦躁不安;随着脑缺氧和脑水肿加剧,可发生意识不清或完全丧失;还可发生抽搐、肢体强直等。

5. 其他症状　比较常见的有刺激性咳嗽、连续打喷嚏、恶心、呕吐、腹痛、腹泻,最后可出现大小便失禁。

【治疗措施】

必须当机立断,不失时机地积极处理。可采用以下措施。

(一) 消除过敏原

立即消除可疑的过敏原或停止使用可疑的致敏药物。

(二) 立即给予 0.1% 肾上腺素

先皮下注射,紧接着经静脉穿刺注入,若症状不缓解,半小时后重复肌内注射或经静脉注射肾上腺素,直至脱离危险。继以 5% 葡萄糖溶液滴注,维持静脉给药畅通。同时给予血管活性药物,并及时补充血容量,首剂补液 500 mL,可快速滴入。

（三）抗过敏

可选用扑尔敏注射液,肌内注射。

（四）对症处理

对于呼吸困难的动物应及时给予氧气吸入,同时给予尼可刹米皮下、肌内或静脉注射。

Note

项目三十二　荨麻疹诊治

　　荨麻疹俗称风疹块,中兽医又称遍身黄,是动物机体受到不良因素的刺激而引起的一种过敏性疾病。主要特征是皮肤黏膜的小血管扩张,血浆渗出形成局部水肿,在动物的体表出现许多圆形或扁平的疹块,发展快,消失也快,并伴有皮肤瘙痒。各种动物均可发生,如马、牛、猪、绵羊,但马最常见。

　　【诊断要点】

　　根据皮肤迅速出现丘疹,有时伴有瘙痒、发病急、消失快等特点,结合相关病因进行诊断。

　　(一)病因

　　荨麻疹的病因复杂,尤其是慢性荨麻疹不易找到病因,除和各种致敏原有关外,与动物个体的敏感性体质及遗传等因素有密切的关系。常见的病因如下。

　　1. 外源性因素

　　(1)蚊虫叮咬:如虱、跳蚤叮咬皮肤及黄蜂、蜜蜂、毛虫的毒刺刺入皮肤,引起变态反应。

　　(2)药物刺激:如青霉素、痢特灵、血清、疫苗等,可由变态反应引起,另一些药物如吗啡、阿托品、阿司匹林等为组胺释放剂,可直接刺激肥大细胞释放组胺,引起荨麻疹。

　　(3)化学因素:如石炭酸、松节油、二氧化硫、汽油和煤油。

　　2. 内源性因素　　主要是吸入或食入过敏性物质所致,如花粉、动物皮屑、羽毛、灰尘、某些气体及真菌孢子等。处于发情期的母犬也可患此病。青年马、犬和猪的肠道寄生虫可引起该病。血管神经性水肿是致命性病理变化,它是荨麻疹的一种类型,特征为皮下水肿,常发生在头、四肢或会阴部。

　　(二)临床症状

　　本病一般无先兆,接触病因后数分钟或数小时内发病,先出现皮肤瘙痒,接着很快出现大小不等、形态不一、鲜红色或黄白色斑块或环状疹块,此种疹块往往互相融合,形成较大的疹块。有的疹块的顶端出现浆液性水疱,并逐渐破溃,以致结痂。严重的病例在皮肤突起以前有发热。

　　荨麻疹的初期,多发生于头部、颈部两侧、肩背、胸背和臀部,然后出现于四肢下端及乳房等处。患病动物因皮肤剧痒而摩擦、啃咬,常有擦破和脱毛现象。疹块发展迅速,但消失也快,2天内完全消失,也有复发者。往往伴有口炎、鼻炎、结膜炎及颌下淋巴结肿大等。

　　有的病例,在发生荨麻疹的同时,出现体温升高、精神沉郁、食欲下降、消化不良等症状。

　　【治疗措施】

　　急性荨麻疹一般自然消退,可不必治疗。

　　(一)消除病因

　　尽量排除能引起荨麻疹的各种因素,如蚊虫叮咬、饲料霉变等。

　　(二)脱敏

　　0.1%肾上腺素,皮下或肌内注射;对犬、猫和马还可以用地塞米松,静脉注射。

　　(三)止痒

　　可用0.5%盐酸普鲁卡因溶液在患部皮下注射或用溴化钠或溴化钾内服或拌食物中,也可用异丙嗪注射液或扑尔敏注射液肌内注射。

（四）降低血管通透性

可使用维生素 C 静脉注射或 10% 的氯化钙静脉注射等。

（五）局部疗法

可用冷水洗涤皮肤，然后用 1% 的醋酸溶液和 2% 的酒精涂擦，也可用水杨酸钠酒精合剂，或用止痒合剂（薄荷 1 g、石炭酸 2 mL、水杨酸 2 g、甘油 5 mL、70% 酒精加至 100 mL）。

项目三十三　变应性皮炎诊治

变应性皮炎是指已致敏个体再次接触变应原后引起的皮肤黏膜炎症性反应,在接触部位所发生的急性炎症,表现为红斑、肿胀、丘疹、水疱甚至大疱。

【诊断要点】

根据接触史,在接触部位或机体暴露部位突发边界清楚的急性皮炎等特点,一般不难诊断。

(一)病因

能引起变态反应性皮炎的病因主要有动物性因素、植物性因素、化学性因素三种,以化学性因素引起的最为常见,最为重要。

1. 化学性因素　常见的有对苯二胺、芳香化合物、防腐剂、色素等;外用药物中的红汞、碘酊、清凉油、磺胺及抗生素外用制剂等;化工原料及制品中的添加剂、染料、合成树脂等;重金属如镍盐、铬盐等。

2. 动物性因素　如动物的皮、毛,昆虫的分泌物等。

3. 植物性因素　如荨麻、白花除虫菊、生漆等。

(二)临床症状

由于接触物的性质、接触方式及个体的反应性不同,发生的皮炎的形态、范围及严重程度不同。轻者可仅为红斑、丘疹,重者有明显红肿,上有密集丘疹、水疱甚至大疱,水疱破后糜烂、渗出、结痂。大多数动物表现为瘙痒,部分有疼痛感,皮肤损伤严重而广泛者可有全身反应,如发热、全身不适等。皮炎发生的部位及范围与接触物一致。当机体高度敏感时皮炎蔓延而范围广泛。

【治疗措施】

寻找病因、去除病因。一旦确诊应避免再次接触致敏原及其结构类似物。彻底清洗接触部位,避免热水、肥皂、搔抓等刺激。

(一)局部治疗

根据皮损炎症情况选择适当外用药物及剂型。

1. 急性期皮损　无渗出液时,用炉甘石洗剂,每日 3 次,外用,或痒时即外用。有渗液时,用 2%～3%硼酸溶液或生理盐水做冷湿敷。如果皮损继发感染,可选用 0.05%小檗碱溶液等做冷湿敷。每次湿敷 30～60 min,每日 2～4 次。

2. 慢性期皮损　选用皮质类固醇软膏或霜剂,外用,每日 1 次。

(二)全身治疗

1. 皮质类固醇　皮疹严重或泛发者,可选用氢化可的松,静脉滴注;或地塞米松,静脉或肌内注射。待炎症控制后逐渐减量。

2. 非特异性脱敏　10%葡萄糖酸钙,静脉注射。

3. 抗菌消炎　继发感染者同时选择适当有效抗生素全身或局部外用治疗。

模块小结

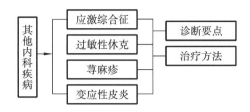

模块作业

1. 应激综合征的主要病因有哪些？如何进行治疗？
2. 过敏性休克的主要临床表现有哪些？
3. 在生产实践中应如何预防动物的应激综合征？
4. 什么叫荨麻疹？主要的临床症状有哪些？
5. 什么叫变应性皮炎？主要的临床症状有哪些？

模块测验

执兽真题

模块十一　技　能　训　练

技能训练一　犬胃肠炎诊治

【目的与要求】

(1)掌握胃肠炎的发病原因、临床症状及诊断。

(2)掌握胃肠炎的治疗原则、治疗措施及注意事项。

【诊疗准备】

1.器材准备　温度计、肛套、采血器械、IDEXX五分类血常规仪、Wondfo飞测、CRP检测仪、IDEXX血生化仪、血气分析仪、犬细小病毒(CDV)/犬瘟热病毒(CPV)＋犬冠状病毒(CCV)快速检测板、犬特异性胰脂肪酶cPL检测板、一次性注射器、酒精棉、镊子、输液泵、输液桶、听诊器、显微镜等。

2.药品准备　速诺(阿莫西林克拉维酸钾)、拜有利、阿托品、654-2、胃复安、止吐宁、维生素B₆、维生素C、科特壮、止血敏、生理盐水、乳酸林格氏液、甲硝唑氯化钠溶液、ATP、辅酶A、肌苷、蒙脱石散、次碳酸铋等。

3.病例准备　教学宠物医院门诊病例。

【方法与步骤】

(1)病史调查(主诉):宠物主人信息、动物信息、既往病史、现病史。

(2)临床检查:犬从头到尾仔细检查(猫从尾到头检查)。检查鼻液、口腔、眼睛、耳道、颌下淋巴结、颈部、胸部、腹部、臀部、尾部(肛门、阴门、会阴),评估精神、营养,测量体温、呼吸、脉搏。

(3)初步诊断:消化系统疾病。

(4)实验室检查:全血细胞计数、C反应蛋白、血生化检查17项、血气、粪便、犬胰脂肪酶cPL、犬细小病毒、犬瘟热病毒等检查。

(5)确诊:出血性胃肠炎。

【治疗措施】

(1)有呕吐时,禁食1～2天。如果不呕吐,可以喂给低脂易消化的处方罐头。

(2)大便多且臭味重时,口服缓泻剂,如乳果糖、植物油。

(3)便秘或里急后重时,采取灌肠措施,用开塞露(每支20 mL)或温肥皂水直肠内灌注。

(4)输液治疗。

①5%GS＋ATP＋辅酶A＋肌苷＋维生素C。

②0.9%NS＋氨苄西林钠。

③LRS＋10%KCl。

④甲硝唑氯化钠。

⑤0.9%NS＋奥美拉唑。

⑥5%GS＋水溶性维生素。

(5)皮下注射。

①拜有利0.1 mL/kg,每天1次;或阿米卡星0.1 mL/kg,每天2次。

②科特壮:犬1～2.5 mL,每天1次。

③止吐宁:0.1 mL/kg,必要时。

④止血敏:犬0.2 mL/kg。

(6)口服药物。

①犬肠乐宝:2.5 g×10包。

②吸附收敛剂:次碳酸铋(0.3 g×16片)、蒙脱石散。

③益生菌。

④营养膏、处方罐头、低脂易消化处方粮等。

【作业】

（1）病例讨论：胃肠炎的原因及症状。

（2）写出实习报告：根据实训过程及结果总结本次病例的诊断及治疗过程（了解每种药物的药理作用和配伍禁忌、每种药物的药量计算、脱水率的评估、输液速度和输液量的计算和掌控、实验仪器操作流程、化验报告单的分析与判读、输液泵的使用方法）。

技能训练二　肺炎的诊断与治疗

【目的与要求】

（1）了解肺炎的常见病因。

（2）掌握肺炎的临床特点。

（3）记住肺炎的诊断依据和鉴别诊断。

（4）掌握肺炎的西医治疗原则和方法。

（5）掌握肺炎的中医治疗原则和方法。

【诊疗准备】

（1）实验动物：患病犬、患病猫各选一例。

（2）实验器械：伊丽莎白项圈、听诊器、温度计、一次性无菌注射器、一次性输液桶、酒精棉球、镊子、喂药器、DR 机。

（3）实验药物：痛立定注射液、速诺剂、林可霉素、鱼腥草注射液、氯化铵、氨茶碱、5％葡萄糖生理盐水、10％葡萄糖酸钙注射液、ATP 注射液、辅酶 A 粉针剂、维生素 C 注射液、麻杏石甘汤、果根素等。

【方法与步骤】

1. 实习方法

（1）3 人一组对患畜进行适宜的保定（X 线机保定架上保定）。

（2）同学轮流或分工对患畜进行细致的临床检查并记录体温、呼吸频率、呼吸音、呼吸节律、呼吸类型、脉搏、心率、心音等。

（3）利用 X 线机对胸壁各方位（仰卧位、俯卧位、左侧位、右侧位）进行摄影，全程独立操作，并由任课教师对每张 X 线片进行病理讲解。

（4）讨论和总结患畜肺炎的主要诊断依据。

（5）讨论西医的治疗原则、药物与配伍并练习给药。

（6）讨论中医的治疗原则、方剂并练习喂药。

（7）讨论临床上常用的其他药物及其配伍方法。

2. 实习步骤

（1）最好选择教学宠物医院自然发病患畜，若无自然发病病例，可采取下列方法进行人工发病。

①饥饿受冻法：在实验前的 1～2 天内，停止饲喂实验动物，使其饥饿，关养或拴养在室外寒冷处；若在夏秋炎热季节，还可在动物身上浇洒冰水，有条件的还可以用电风扇吹风，综合使用以上方法使实验动物受寒感冒，并继发肺炎。

②灌服失误法：将 3％～5％的碘酊通过胃导管误灌入气管和肺内，致实验动物得肺炎。

③气管注射法：将 3％～5％的碘酊通过颈部气管下 1/3 处注入气管和肺内，致实验动物得肺炎。

④肺内注射法：将 3％～5％的碘酊直接注射到实验动物的肺内，致实验动物得肺炎。

（2）临床诊断。

①观察患畜的精神状态：一般表现为沉郁或昏睡，喜卧不爱动。

②测定常见生理指标:体温、呼吸频率、脉搏及心率。

③观察鼻镜和鼻翼的煽动:一般鼻镜干燥,无水珠;鼻翼的煽动次数增加;呼吸音粗。

④胸部听诊:用听诊器在胸腔左侧和右侧上、中、下、前、中、后各位置仔细辨认肺泡呼吸音与支气管呼吸音或混合音;肺泡呼吸音可表现为开始增强后减弱甚至消失;支气管呼吸音表现为啰音(干啰音、湿啰音)。

⑤观察呼吸类型:一般表现为腹式呼吸。

⑥记录呼吸频率:患畜呼吸频率增快。正常值为 10～30 次/分。

⑦DR 摄影:有条件时可进行正位、左侧位、右侧位、背侧位等部位的 DR 摄影,学生自行按步骤完成拍片过程,最后教师挑选部分片子进行讲解。

(3)鉴别诊断:主要是小叶性肺炎与大叶性肺炎的鉴别诊断(表 11-1)。

表 11-1　小叶性肺炎与大叶性肺炎的鉴别诊断

项　　目	小叶性肺炎	大叶性肺炎
发病年龄	年老体弱家畜或幼畜	青壮年家畜
病情	有支气管炎的前期症状,病情缓慢	突然发生,病情发展急剧
鼻液	无铁锈色鼻液,不凝固	铁锈色鼻液,可凝固
体温	中热,弛张热	高热,稽留热
全身变化	不明显	明显
叩诊	岛屿状浊音	大片浊音
X 线检查	散在性阴影	大片阴影
914 治疗	疗效差,主要用抗生素	有效果

(4)临床治疗:

①西医治疗:以抗菌消炎为主。药物配伍一般为痛立定＋氨苄西林钠,每日两次;林可霉素＋氨茶碱＋鱼腥草注射液,雾化治疗,每日一次;5％葡萄糖生理盐水＋10％葡萄糖酸钙＋维生素 C 注射液,静脉注射,每日一次。

②中医治疗:以化痰、止咳、平喘为主。常将氯化铵用水溶解后灌服或煎服中药复方口服液,如麻杏石甘汤加味:麻黄 15 g,杏仁 8 g,生石膏 90 g,金银花 30 g,连翘 30 g,黄芩 24 g,知母 24 g,元参 24 g,生地黄 24 g,麦冬 24 g,花粉 24 g,桔梗 21 g,共为研末,以蜂蜜 250 g 为引,根据犬、猫体重,分次口服,一天 2 次;或者直接用果根素、复方甘草合剂等中成药喂服。

【讨论】

(1)讨论临床检查的结果:尤其是体温、呼吸频率、脉搏、心率等数值以及胸肺部听诊的声音。

(2)讨论 DR 检查操作流程。

(3)讨论小叶性肺炎与大叶性肺炎的鉴别诊断。

(4)讨论中西医结合疗法的优点。

(5)讨论治疗肺炎的其他常用药物及其配伍。

【注意事项】

(1)犬、猫要进行确切的保定。

(2)实验时,一定要保持环境安静,禁止喧闹。

(3)肺部听诊时一定要相互对比才能辨别清楚。

(4)控制静脉输液的速度。

(5)灌药时严格按操作规程进行,防止异物性肺炎的发生。

【作业】

（1）完成实验报告。

（2）讨论能引起猪肺炎的常见传染性疾病有哪些。

技能训练三　心力衰竭的诊断与治疗

【目的与要求】

熟练掌握心力衰竭病例的病因、症状、诊断要点及防治原则。

【诊疗准备】

体温计、听诊器、心电图仪、心电监护仪、一次性输液桶、一次性无菌注射器、输液泵、供氧设施、重症监护仓及急救药物（匹莫苯丹、氨茶碱、地塞米松、呋塞米、阿托品、肾上腺素、尼可刹米、安钠咖、葡萄糖酸钙、维生素 C 等）。

【方法与步骤】

（1）病例选择或复制：选择教学宠物医院门诊病例 1 例。

主述：自家养 15 年的中华田园犬，名大黄，雄性，未绝育，未免疫，未驱虫，放养式，前段时间因喂给过量的变质的肉汤而中毒过，已治愈，但近来精神沉郁，不愿运动，稍加运动，即出现疲劳、呼吸困难。

（2）病理学检查：体温 38.2 ℃，脉搏 125 次／分，呼吸 55 次／分，眼结膜发绀，体表静脉怒张，四肢末梢常发对称性水肿，触诊呈捏粉样，无热无痛，脉细数，心音减弱，常可听到心内杂音和心律失常，有时出现相对闭锁不全性收缩期杂音。心区叩诊提示心浊音区增大。

（3）心脏超声检查：按安抚—剃毛—涂耦合剂—检查四个步骤进行操作。必须在光线暗的房间内检查，操作者用探头以横切或纵切的方法对犬的心脏进行仔细扫查。发现左（右）心肌肥大、心脏扩张等。

（4）心电图检查：使患犬仰卧，保定并进行安抚，将心电图导联线按不同字母标识（如 RA/LA/LL/RL/Vn）、不同颜色分别进行定位连接，打开心电图机，启动心电图描记，并对 P 波、QRS 波、T 波进行分析与判读。

（5）NT-pro BNP（脑钠肽）试纸检测：犬、猫心力衰竭临床筛查用 NT-pro BNP 试纸，因此先要仔细阅读产品说明书及其检测方法。含量增高到 52.9±29.75 fmol/mL（正常犬为 8.3±3.5 fmol/mL），通过综合分析即可确诊为慢性心力衰竭。

（6）治疗：原则为加强护理，减轻心脏负担，缓解呼吸困难，增强心肌收缩力和增大排血量，给予对症治疗等。

①急性心力衰竭：往往来不及救治。病程较长的可参照慢性心力衰竭使用强心药物。麻醉时若发生心室纤颤或心搏骤停，可采用心脏按压或电刺激起搏，也可试用极小剂量肾上腺素心内注射。

a. 0.1％肾上腺素 0.1～0.5 mL，25％葡萄糖溶液 50～100 mL，一次静脉注射，用于急性心力衰竭的急救。

b. 地塞米松，2 mg/kg，氨茶碱 10 mg/kg，速尿 2 mg/kg，用于充血性心力衰竭和肺水肿。

c. 低血氧休克：表现为呼吸困难、舌头发紫、抽搐等，抢救方法是输氧，尼可刹米 7～30 mg/kg，阿托品 0.01～0.02 mg/kg，肾上腺素 0.5～10 μg/kg，一次静脉滴注。

d. 心搏骤停：表现为呼吸脉搏消失，瞳孔散大，手术创口血管不流血。抢救：使患犬侧卧，按压心脏，肾上腺素 0.1～0.5 mL 静注，必要时直接行心肌注射。

②慢性心力衰竭。

a. 首先应将患畜置于安静的环境中休息，给予柔软、易消化的食物，以减少机体对心脏排血量的要求。此时缓慢注射 25％葡萄糖溶液 500～1000 mL，以增强心脏功能，改善心肌营养。

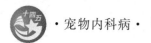

b. 消除水肿:给予利尿剂,速尿按 2~3 mg/kg 体重内服或 0.5~1 mg/kg 体重肌内注射,每日 1~2 次,连用 3~4 天。

c. 为缓解呼吸困难,常用 10%樟脑磺酸钠注射液,皮下或肌内注射。

d. 为了增加心肌收缩力,增加心排血量,可用洋地黄毒苷,肌内注射。

e. 对于心率过快的动物用复方奎宁注射液,肌内注射,每日 2~3 次,有良好效果。

f. 中兽医对心力衰竭多用参附汤:党参 60 g,熟附子 35 g,干姜 60 g,大枣 60 g,水煎 2 次,候温一次灌服。

【注意事项】

(1) 避免长期休闲的动物,突然剧烈运动而引起的心脏负荷过重。

(2) 治疗疾病时,输液速度不能过快或量过多,尤其是对心肌有较强刺激性的药物(如钙制剂)。

(3) 心力衰竭也常继发于某些疾病,如犬细小病毒病、弓形虫病、心肌炎、各种中毒性疾病、慢性心内膜炎、慢性肾小球肾炎等。对于这些病因都要注意。

【作业】

(1) 完成实训报告,详细描述实训过程、实训结果、结果分析及注意事项。

(2) 心包炎与心肌炎、心肌炎与心内膜炎、急性心力衰竭与慢性心力衰竭的鉴别诊断。

(3) 心力衰竭的发病原因、诊断和治疗方法。

技能训练四　药物性肾炎的病例复制与诊断治疗

【目的与要求】

(1) 通过本次实训,学生能熟练掌握药物性肾炎的主要症状,了解其发病过程。

(2) 能够熟练掌握药物性肾炎的诊断及治疗方法。

【诊疗准备】

(1) 健康兔子 6 只。

(2) 复方新诺明注射液。

(3) 5 mL 一次性注射器 6 支、酒精棉球等。

【方法与步骤】

(1) 给兔子肌内注射复方新诺明注射液 60 mg/kg,每日 2 次,连用 5~7 天。

(2) 临床检查:检查兔子的精神状态,通过听诊发现心音有无变化、体温有无变化,观察有无水肿、有无运动行为、站立姿势是否异常、排尿动作以及尿液量、次数、颜色的变化。

(3) 病理变化检查。解剖个别兔子,看肾脏有无病理变化,有无黄色结晶,或制成病理切片标本观察肾脏有无病理变化。

(4) 治疗:可以根据教材内容,实施对症疗法,看症状是否缓解。

【注意事项】

本病病例复制过程缓慢,整个复制过程每天要详细检查和记录兔子的健康状态,或做相应调整。

【作业】

完成实训报告一份,详细描述药物性肾炎的病例复制过程、临床诊断与实施治疗的效果。

技能训练五　犬的采血、配血与输血疗法

【目的与要求】

(1) 掌握犬、猫采血的部位和方法。

（2）掌握交叉配血法。

（3）掌握给犬、猫输血的方法。

【诊疗准备】

实训用动物、一次性注射器、输液用头皮针、抗凝剂、离心机、真空采血管及配套的针头、生理盐水、不加抗凝剂的无菌采血管、移液枪、洁净载玻片、显微镜、采血袋、输液泵、留置针及肝素帽、采血消毒器械及酒精棉球、橡胶结扎管、电动剃毛剪、保温设施（加热垫、TDP治疗仪或者重症监护仓）、生理监护仪、供氧设施等。

【方法与步骤】

1. 手术中失血量的推算及输血 手术中准确地推算失血量并及时予以补充，是防止发生手术休克的重要措施。

对手术中失血量的推算，尚无精确方法。下面介绍2种临床上常用的推算失血量的简便方法。

（1）纱布称量法：该法简单易行，但未能包括术野的体液蒸发和毛细血管断面在止血过程中形成血栓的消耗，故所得失血量常较实际少，其误差在20%～30%。

计算方法：失血量＝（血纱布重－干纱布重）＋吸引瓶中血量。

注意事项：手术前先称干纱布重量，单位为克；吸血时用干纱布，而不用生理盐水纱布；对于吸血瓶中的血量每毫升血液以1g计算，注意减去可能的生理盐水或其他液体量。

（2）根据临床征象推算：失血的临床征象有兴奋不安，呼吸深快、浅快，尿量减少或无尿，静脉萎陷，毛细血管充盈迟缓，皮温发凉，结膜苍白，意识模糊等。但手术时，有许多临床征象不易察觉或表现不出来，因此多根据脉率、脉压、静脉及毛细血管充盈情况来估计。

（3）注意事项。

①临床上最好是两种方法合并使用，不可单凭某一征象而做出判断。

②实际失血量的推算常与血容量不一致，一般早期由于机体的代偿作用，组织间液向血管内转移，致使血容量的减少较实际失血量低。而时间较长的复杂手术，血浆、体液向损伤部位组织间隙渗出，使实际血容量的减少比推算值高。

③在手术刺激下，抗利尿素增多，不可要求每小时尿量达到正常水平，应充分考虑该因素，以避免输血输液过多。

2. 采血

（1）采血部位：犬、猫静脉采血部位有前臂皮下静脉、颈静脉、股静脉或跗返静脉等。体型较大的犬可选前臂皮下静脉和跗返静脉。猫还可用股静脉，而幼猫多用颈静脉。

（2）采血操作：一般将注射器静脉输液用头皮针连接更利于操作。基本方法是压迫或结扎采血部位上游静脉使其怒张，消毒后进针采血。

（3）注意：犬、猫都是小型动物，其静脉细小。为保护静脉的完整性，静脉采血时，必须尽可能少地损伤血管。

对于观赏动物或已麻醉动物，可以不剃毛穿刺。但对长毛病畜，仔细剃毛有助于辨认血管，皮肤清洗、消毒。如果被毛没有剪掉，应将其拨开消毒后扎针。

3. 验血

（1）首先准备好受血者和献血者的血样。

（2）用受血者红细胞配成5%的红细胞悬液；用献血者红细胞配成5%红细胞悬液。

（3）主侧加受血者血清0.5 mL，献血者红细胞悬液0.5 mL。

（4）次侧加献血者血清0.5 mL，受血者红细胞悬液0.5 mL。

（5）37 ℃水浴箱孵育15～30 min，观察有无凝集或溶血。

4. 输血

（1）输血原则：主侧和次侧均不凝集方可输血；但是在万不得已的情况下，如果主侧不凝集，次侧凝集，也可进行输血。

（2）输血：输血的目的是提高 PCV，使受血犬的 PCV 提高到 20％以上。

输血量＝体重(kg)×90×(希望要达到的 PCV－受血犬的 PCV)÷供血犬的 PCV

例：15 kg 的患犬的 PCV 为 10％，预使患犬的 PCV 达到 25％。供血犬的 PCV 为 40％。

输血量＝15×90×(25－10)÷40＝506.25 mL

所以，需要全血 500 mL，平均输 2 mL/kg 全血 PCV 可以上升 1％。

【作业】

完成实习报告：根据实训过程及结果总结本次实习的操作过程。

技能训练六　犬的腹膜透析

【目的与要求】

（1）了解和理解腹膜透析的原理和适应证。

（2）掌握腹膜透析的操作技术技巧和注意事项。

【诊疗准备】

（1）材料准备：专用透析管（Tenckhoff 管）、腹膜透析机、腹腔插管、无菌手套、无菌手术器械一套。

（2）药品准备：透析液（自配或购买）。

（3）病例准备：急性肾功能衰竭患犬。

【方法与步骤】

（1）保定犬，准备无菌手术用物。

（2）导尿，排尿，灌肠。

（3）在脐部后数厘米腹中线旁进行局部麻醉，安置透析仪。

（4）称重。

（5）加热透析液到 39 ℃，无菌操作，将透析液注入腹腔，1 h 后将腹腔中的液体抽回到原来的袋子。

（6）测量回收液的体积，重新称量患犬的体重。

（7）根据需要反复操作。

【结果】

记录患犬的变化情况。

【作业】

（1）分析犬腹膜透析的优缺点以及在操作中的注意事项。

（2）完成实习报告。

技能训练七　犬的膀胱尿道结石的诊治

【目的与要求】

（1）掌握犬膀胱尿道结石的诊断方法与治疗措施。

（2）掌握犬膀胱尿道结石的用药原则和治疗注意事项。

【诊疗准备】

（1）材料准备：临床检查设备（如 X 线机、B 超仪）。

（2）病例准备：患膀胱结石和尿道结石的犬或猫。

【方法与步骤】

1．病史调查

（1）调查犬平时的饲养情况。

（2）调查该犬有无遗传病。

（3）调查该犬在发病前有无肾脏及尿路疾病。

（4）调查该犬平时的异常表现，特别是有无排尿异常等。

2．临床检查 临床症状为排尿异常、肾性腹痛和血尿。

病犬营养状况良好，初期食欲、精神正常，后食欲逐渐减退，尿频，出现血尿。当发生尿道结石时，病犬腹围增大，尿淋漓。有时尿液中有黄色小颗粒，逐渐少尿、努责、尿淋漓，甚至尿闭，触诊腹部紧张、疼痛，触诊膀胱胀满，推拿膀胱有尿液呈点滴状排出，严重时甚至发生膀胱破裂。后期常因病程延长而发生尿毒症，病犬嗜睡昏迷。

对于单纯膀胱结石的病犬可通过膀胱触诊初步确定。对于疑为尿道阻塞的病犬选择合适的导尿管进行摸索性导尿，根据畅通与否初步判定是否为尿道阻塞。

3．实验室检查

（1）X线检查：犬、猫侧卧位，对膀胱和尿道部位进行投照，膀胱内可见高密度大小不等的阴影。单纯膀胱结石而未发生尿道阻塞者，膀胱充盈程度不一；发生尿道阻塞的病犬则可见膀胱极度充盈。尿道结石阻塞部位可见串珠状或有时只有1～2个的高密度阴影。

（2）B超检查：在膀胱的液性暗区内有若干个极强回声的大小不一的圆形亮区。

单纯性膀胱结石，由于膀胱的充盈程度不一，膀胱的液性暗区面积不一致。当发生尿道阻塞时，极度充盈的膀胱可至腹腔中部甚至前部。

【治疗措施】

分小组讨论，写出治疗措施，由教师点评。

【作业】

（1）病例讨论。

（2）完成实习报告。

技能训练八　犬中暑的抢救

【目的与要求】

（1）掌握宠物中暑的原因、临床症状及诊断。

（2）掌握犬中暑的治疗原则及抢救措施。

【诊疗准备】

（1）材料准备：1 mL一次性注射器、5 mL一次性注射器、一次性输液器、听诊器、体温计、监护仪、X线机、观片机等。

（2）药品准备：70%酒精、氯丙嗪、异丙嗪、25%葡萄糖溶液、复方氯化钠溶液、5% $NaHCO_3$、地塞米松、毒毛旋花苷K等。

（3）病例准备：教学宠物医院中暑犬一例。

【方法与步骤】

1．病史调查 收集病犬发病情况的详细资料，注意中暑犬是否曾长时间在日光直射中或在闷热环境中活动，而且病情发展迅速。

2．临床检查 临床中暑症状轻度的犬，通常在高温环境下一定时间后，出现全身疲乏、四肢无力、结膜潮红、大量流涎、呕吐；若病情进一步加重，则体温升高，皮肤灼热，脉搏细数，血压下降，甚至发展为重度中暑。年老抵抗力差的犬较易发生中暑，出现衰竭状态，主要以心功能不全为特征，表现为血压下降、可视黏膜苍白、皮肤冷感、脉弱或缓慢、脱水时口渴、虚弱、烦躁不安、四肢抽搐、全身痉挛、共济失调、呕吐、腹泻等。青壮年犬发生中暑时，出现痉挛状态，其特点为四肢肌群短暂、间歇地痉挛和抽搐，发作不超过数分钟。病犬有明显脱水症状，继而体温可超过 41 ℃，最高者甚至可超过 43 ℃，皮肤灼热、干燥，呼吸快而弱，脉速，惊厥，最后出现昏迷。

【治疗措施】

(1) 治疗原则：加强护理，防暑降温，镇静安神，强心利尿，缓解酸中毒，防止病情恶化，采取急救措施。

(2) 消除病因：立即将犬移至通风阴凉处休息，如能饮水，给予清凉的含盐饮水。

(3) 物理降温：用冰水在犬头、颈、四肢内侧、腹股沟内敷擦。全身皮肤用冰水或冷水加少许酒精拭浴，配合电扇降温，如有空调设备，可将环境温度降至 22～25 ℃，或直接将犬置于 25 ℃ 左右的水池中浸泡 30 min 以上。也可用 40 ℃ 的葡萄糖氯化钠溶液 50～100 mL/kg 经股动脉快速注射，补充水、电解质和葡萄糖，改善体内循环，以迅速降低体温。

(4) 药物降温：药物降温与物理降温同用，效果较好。常用氯丙嗪 0.5～1 mg/kg 加入 5% 葡萄糖溶液或生理盐水适量，静脉滴注 1～2 h。对于高热、昏迷及抽搐者，用氯丙嗪(冬眠灵)0.5～1 mg/kg、异丙嗪 0.025～0.05 mg/kg、哌替啶 2～4 mg/kg，加入 25% 葡萄糖溶液 20 mL 中，15 min 内注射完。对于高热、昏迷、无抽搐者，给予氯丙嗪、异丙嗪适量，加入 25% 葡萄糖溶液 25 mL，静脉推注。对于高热、无昏迷及抽搐者，将异丙嗪加入 25% 葡萄糖溶液 20 mL 中静脉推注。氯丙嗪每次不能超过 25 mg，哌替啶每次不得超过 50 mg。

(5) 防止渗出，强心：地塞米松 0.25 mg/kg，皮下注射；毒毛旋花苷 K，每次 0.25～0.5 mg，加入 5% 葡萄糖溶液稀释 10～20 倍，缓慢静脉注射。

(6) 支持疗法及对症治疗：中暑犬大量流涎失水较多，故要及时适当输液，一般成年种犬可补葡萄糖氯化钠溶液适量，速度宜慢。保证呼吸通畅，必要时输氧。也可给病犬输林格氏液，以纠正低钠血症。对于抽搐、烦躁不安的犬，肌内注射地西泮 0.2～1.2 mg/kg。急性肾功能衰竭者早期静脉缓慢滴注甘露醇 0.5～1 g/kg 及速尿 2～6 mg/kg。怀疑弥散性血管内凝血时，应用肝素，每次 10 mL，用生理盐水或 5% 葡萄糖溶液适量稀释后静脉注射，每天 3～4 次。

【作业】

(1) 病例讨论：讨论中暑的发病原因、救治原则及预防。

(2) 写出实习报告：根据实训过程及结果总结本次病例的诊断及治疗过程。

技能训练九　血常规分析仪与血生化仪的使用

【实训目的】

仔细阅读仪器使用说明书，熟悉并掌握血常规分析仪和血生化仪的结构、操作流程及养护注意事项，能对检测指标进行分析和判读。

【实训材料】

血常规分析仪、血生化仪、伊丽莎白项圈、消毒棉球、干棉球、电动剃毛剪、橡胶结扎管、止血钳、2.0～2.5 mL 一次性无菌注射器、头皮针、EDTA 抗凝管、肝素锂抗凝管、离心机、移液枪等。

【实训内容】

1. 血常规分析仪　目前使用的血常规分析仪主要是三分类和五分类的血细胞分析仪。血细胞分析仪可在很短时间内计数细胞，克服了手工计数的固有误差，有测定参数多、分析速度快、结果准确、重复性好、性能相对稳定等特点，为疾病治疗及预后判断提供重要依据。以 IDEXX ProCyte Dx 动物血细胞分析仪为例，以视频讲解形式说明其操作流程与结果判读。

视频：
犬血常规
检查与判读

2. 24 项全血参数

（1）红细胞参数：

①红细胞（RBC）计数。

②红细胞比容（HCT）。

③血红蛋白（HGB）。

④平均红细胞体积（MCV）。

⑤平均红细胞血红蛋白含量（MCH）。

⑥平均红细胞血红蛋白浓度（MCHC）。

⑦红细胞体积分布宽度（RDW）。

⑧网织红细胞（RET；百分比和绝对值）。

（2）白细胞参数：

①白细胞（WBC）计数。

②中性粒细胞（NEU，百分比和绝对值）。

③淋巴细胞（LYM，百分比和绝对值）。

④单核细胞（MONO，百分比和绝对值）。

⑤嗜酸性粒细胞（EOS，百分比和绝对值）。

⑥嗜碱性粒细胞（BASO，百分比和绝对值）。

（3）血小板参数：

①血小板（PLT）计数。

②血小板体积分布宽度（PDW）。

③平均血小板体积（MPV）。

④血小板压积（PCT）。

3. 血生化仪 用于检测、分析血浆（血清）中溶解的化学物质的仪器。可用于评估全身指标、肝功能指标、肾功能指标、胰腺指标、血气某些指标，有助于临床疾病的诊断、治疗和预后状态评估。

以 IDEXX Catalyst One 全自动生化分析仪为例。以视频讲解形式说明其操作流程与结果判读。

（1）Chem 17 套组：

①白蛋白（ALB）。

②白球比（ALB/GLOB）。

③碱性磷酸酶（ALP）。

④丙氨酸氨基转移酶（ALT）。

⑤胰淀粉酶（AMYL）。

⑥血尿素氮肌酐比（BUN/CREA）。

⑦血尿素氮（BUN）。

⑧钙离子（Ca^{2+}）。

⑨胆固醇（CHOL）。

⑩肌酐（CREA）。

⑪γ-谷氨酰转移酶（GGT）。

⑫球蛋白（GLOB）。

⑬血糖（GLU）。

⑭胰脂肪酶（LIPA）。

⑮无机磷（Phos）。

⑯总胆红素（TBIL）。

⑰总蛋白（TP）。

Note

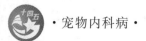
（2）特色检查项目：

①新 SDMA（对称性二甲基精氨酸）：SDMA 是筛查早期肾功能下降的指标，应将其列入肾脏定期检查项目内。

②TT_4：用于筛查、诊断和管理甲状腺疾病。

③胆汁酸：餐前和餐后结果当日即可获得，从而可保证管理的连续性。

④孕酮：获取可靠的定量结果，从而预测犬排卵期。

⑤果糖胺：通过迅速获得结果，优化糖尿病宠物管理。通过检测一份样品可迅速提供准确的果糖胺水平值，有助于诊断犬、猫的糖尿病。

⑥苯巴比妥：通过一次访视监测并调整苯巴比妥水平，数分钟内即可准确测定宠物的苯巴比妥水平，方便在宠物访视时进行监测并及时调整。

⑦UPC：尿液中的蛋白质和肌酐含量的比值。仅需一次检查即可诊断早期肾病。通过一次检查完成两项检测，有助于定量检测蛋白尿，从而诊断早期肾病。

【作业】

完成实习报告：根据实训过程及结果总结血常规分析仪和血生化分析仪的操作流程、注意事项及化验结果的分析判读。

技能训练十　　Ｘ线摄片与洗片

【实训目的】

掌握犬、猫的保定与 DR 机的操作，了解拍摄参数制订的原则，对拍摄的 DR 进行读片分析。

【实训材料】

DR 机、伊丽莎白项圈、V 形软垫、防护设施。

【实训内容】

（1）详细讲解 DR 机的结构和防护设施的穿戴。

（2）详细讲解 DR 机的操作流程。

（3）详细讲解针对不同动物、不同拍摄部位时各参数的设置值。

（4）详细讲解拍摄不同部位时的保定方法和摆位姿势。

（5）分组进行实践拍摄并对拍摄效果进行逐例分析。

【作业】

完成实训报告，对实习全过程进行分析总结。

技能训练十一　　Ｂ超腹部探查

【实训目的】

了解 B 超仪的结构、功能。知道 B 超仪的操作程序及基本影像判读。

【实训材料】

B 超仪、耦合剂、电动剃毛剪、吸尘（毛）器。

【实训内容】

超声诊断技术近年在兽医临床上备受重视，其对机体安全无害，并可显示被检部位或脏器的断面图像，对实质器官和液体成像好，适用于肿瘤、结石、妊娠、肠套叠、子宫积液、腹壁疝、肠道内异物等的检查和心血管评估，可以提高诊断的准确性。

1. B 超仪的操作程序

（1）开机：探头插入主机插座上并锁定。接上插头，启动电源开关。

（2）动物的准备：将动物保定，对被检部位剪毛或剃毛，涂上适量耦合剂，使探头与皮肤紧密接触，但不得用力挤压。

（3）扫查：适当移动探头位置和调整探头方向，在观察图像过程中寻找和确定最佳探测位置和角度，显示被测部位的断面图像。调节亮度、对比度、近远场增益，以得到满意图像为止，然后立即冻结。

（4）记录：对图像进行存储、编辑、打印。

（5）结束后关机并切断电源。

2. 妊娠检查

（1）犬：于妊娠 25～34 天、35～44 天、47～56 天用 3.0 MHz 线阵探头测量母犬孕囊的直径，分别为 23～30 mm、25～49 mm、46～89 mm，胎盘为均质弱回声结构。

（2）猫：在配种后 11～14 天用 7.5 MHz 扇扫探头探查到孕囊即可诊断妊娠。

3. 生殖系统疾病的诊断

（1）子宫积液：腹部横向扫描时，腹腔后部或中部出现充满液体、大小不等的圆形或管状或不规则形状的结构；腹腔内无回声暗区，或呈雪花样回声图像。

（2）子宫蓄脓：在膀胱与直肠间有一囊状或管状弱回声区，边界为次强回声带，轮廓不清楚。

4. 结石诊断

（1）胆石症：结石呈强回声结构，出现强的声影。改变动物姿势，结石可发生位移。

（2）肾结石：可检出直径大于 0.5 cm 的肾结石，能查出 X 线不能显示结石密度的肾结石，肾实质回声强度增加并有声影存在。

（3）膀胱结石：膀胱内无回声区域中有致密的强回声光点或光团，且光团或光点后方伴有声影，膀胱壁增厚。

5. 胃肠疾病的诊断

（1）胃肠内异物：高密度物质如骨头、石子、果核等呈强回声，伴有声影；中密度物质如泡沫塑料、胶塞等呈次回声；低密度物质如棉线、塑料袋等呈弱回声。

（2）肠套叠：横切时，肠套叠呈多层靶样声像图，并伴有邻近部位液体蓄积，出现暗区。套叠前段出现积液，呈现暗区。

（3）肿瘤：平滑肌瘤、淋巴肉瘤呈分离、均质圆形回声结构。

（4）腹腔积液：呈广泛的无回声区，其中有游离的、不同断面的强回声肠管反射，并在无回声区内游动。

【作业】

完成实训报告，详细总结 B 超仪的使用流程、腹腔各器官的体表投影位置及扫查方法，并对扫查结果进行评判。

技能训练十二　一例猴子饲料霉菌毒素中毒案例的分析

【实训目的】

通过病史调查、临床检查、病死猴子的器官剖检和诊断治疗，加深对霉菌毒素的认识，掌握饲料真菌毒素，尤其是黄曲霉毒素 B_1 的检测方法，并了解其诊断意义。

【实训材料】

临床案例资料：流行病学调查结果、临床表现、病理剖检结果、实验室检查结果、治疗措施。

【实训内容】

临床案例:某灵长类实验动物养殖场仅 10 多天里,发生大批原因不明的食蟹猴死亡事件。经流行病学调查、临床表现回顾、尸解所见、病理切片分析及对饲料原粮的毒素检测等,证实了这是一起由进食高含量黄曲霉毒素饲料所引起的急性中毒死亡事件。

1. 流行病学调查 养殖场从使用加工厂提供的这批饲料喂养猴群开始,在进食 3～4 天时,猴群中陆续出现了精神沉郁、身体蜷缩、不愿活动等早期症状。当时还未意识到猴群发病与饲料相关,所以继续使用同批饲料喂养,致猴群病情不断加重同时出现接连不断的死亡。仅 10 多天共死亡猴子 69 只。当立即停喂这批饲料后,猴子死亡情况才逐渐得到控制。

2. 临床表现 中毒主要发生在 2.5 kg 以上体格健壮的雄性猴,病初期主要表现为精神沉郁,身体蜷缩,头垂于两膝间,不愿活动,随之病情加重,食欲减退至废绝,排出的粪便呈黑色柏油样,也有的呈硬结或球状,尿量很少,呈深茶色,部分猴体温高达 40～41 ℃,两眼睑苍白水肿,呈贫血样,肺部听诊有湿啰音,呼吸深而快,此时的病猴往往因病情突然恶化而死亡。

3. 病理及实验室检查

(1) 大体解剖:对 69 只死亡食蟹猴进行剖检,大部分腹腔有不等量淡黄色积液,肠系膜淋巴结肿大,切面多汁。有 24 只猴的小肠或乙状结肠部出现肠套叠,占解剖猴总数的 34.78%。胃底及小肠黏膜严重充血、出血,个别出现糜烂。肝脏呈均匀性肿大,浅黄色,质地稍硬,切面粗糙,呈油腻感。胸腔及心包都可见少量淡黄色积液。两肺呈炎症性肿大。

(2) 肝病理切片观察:肝小叶呈炎症性坏死,肝细胞呈明显的脂肪变性,肝小胆管呈慢性炎症,周围有淋巴细胞浸润;肺泡水肿和充血,泡壁增厚,并呈慢性炎症。

(3) 大便潜血检测:选取部分病猴粪便做潜血试验,结果均为强阳性。

(4) 黄曲霉毒素 B_1 检测:对加工饲料用的主要原粮(玉米粒)进行检测,结果为 2000 μg/kg。

4. 治疗 除立即停止饲喂该饲料外,针对患猴出现的症状,采取了保肝护肾、输液排毒、止血抗炎、补充维生素及能量合剂等治疗原则。

(1) 对全部出现中毒症状的患猴用药:①肝泰乐 0.2 g、维生素 C 0.1 g、复合维生素 B_2 片、肌苷片 200 mg,葡萄糖粉 2 g、思密达粉 1.5 g(半包),插胃管给药,每天 2 次,共用 7 天;②安络血片 5 mg、云南白药 2 g(半瓶),每天 1 次,共用 3 天;③维生素 K_3 0.4 mg,肌内注射,每天 1 次,共用 3 天;④5%葡萄糖溶液 100 mL、三磷酸腺苷 20 mg、维生素 C 2 mL、辅酶 A 100 U,静脉滴注,每天 1 次,使用 5～7 天。

(2) 对部分出现肺炎并发症的猴,同时给予抗菌治疗,头孢唑啉钠 0.5～1 g,静脉滴注,每天 1 次,共用 3 天。

(3) 对进食该饲料而未发病的猴,给予预防用药。用药同上,治疗 3～5 天。

(4) 对整个猴群给予大量水果(芭蕉、空心菜等)等多纤维食物,以利于排毒。

5. 讨论与建议

(1) 针对这类中毒的抢救,目前尚无特效办法,但若能及时对症治疗,经过保肝护肾、止血抗炎、解毒排毒及能量补给等一系列措施处理后,能尽快控制病情的发展,减少死亡。

(2) 中毒发生后,剩余的饲料已全被处理,无法采集到饲料样本,但幸好还能采集到加工这批饲料所用的玉米粒(主要原粮),送检结果:黄曲霉毒素 B_1 含量高达 2000 μg/kg,已超过国家允许限量标准(黄曲霉毒素 B_1<20 μg/kg)的 100 倍。由于这种毒素耐高温,在原粮加工饲料过程中毒素并没有被破坏,因此,使用这种高含量毒素玉米粒加工的饲料喂猴必然会出现病理改变及中毒死亡。

解剖肉眼所见:肝脏明显肿大,质地较硬。病理切片明确提示肝细胞、肝小叶或胆管炎症性坏死,这完全符合黄曲霉毒素 B_1 对肝脏特异性靶器官的损害特点,证实了这是一起典型的由高含量黄曲霉毒素饲料所引起的猴群急性中毒死亡事件。

(3) 凡由饲料厂加工猴饲料时,委托方必须注重索取成品饲料黄曲霉毒素的检测报告,检测结果符合国家卫生标准(<20.0 μg/kg)才能签收。

(4) 委托及加工双方必须注意对加工后的饲料及原粮保留签样,每个样 500 g,双方各执 1 份。以便出问题时提供化验样品,分清应负的责任,减少经济损失。

(5) 若猴场自己加工饲料,在供货商处购买玉米、花生麸等时,必须注意观察有否霉变,必要时要求供货商提供黄曲霉毒素 B_1 检测报告单,检测结果要符合国家卫生标准,这样加工成的猴饲料才安全放心。

【作业】

(1) 完成实训报告:要求查阅相关文献资料,对真菌毒素的种类、检测方法和预防措施进行综述(字数 1000 字以上)。

(2) 分析以下临床案例:一窝 6 只同群同样饲养的犬因饲料中的玉米有些霉变,饲喂后出现拒食、呕吐、腹泻,雌性犬出现外阴充血、肿胀,有时导致排尿困难。请分析:

①疾病名称。

②中毒机理。

③治疗措施。

技能训练十三 常见药物中毒病例复制与诊断治疗

【实训目的】

(1) 通过本次实训,学生能熟练掌握各种常见药物中毒的主要症状,了解其发病过程。

(2) 能够熟练掌握常见药物中毒的诊断及解救方法。

【实训材料】

(1) 实验动物:健康成年兔子 6 只(1.5~2 kg)。

(2) 实验药物:

①中毒药物:

a. 硫酸阿托品注射液:有机磷中毒时,可肌内注射硫酸阿托品 0.25~0.5 g。

b. 抗球王或杜球(主要成分为马杜拉霉素):本品只用于鸡球虫病的治疗,而禁用于兔子。因为兔子对本类药物很敏感,极易发生中毒。

c. 杀虫净(主要成分为伊维菌素):正常用量为 0.2 mg/kg,一般成年兔(体重 2 kg)用量为 0.8 mg,小兔(体重 1~2 kg)用量为 0.2~0.4 mg。

②解毒药物:硫酸阿托品注射液、毒扁豆碱注射液、复方甘草酸铵注射液(强力解毒敏)、5%葡萄糖氯化钠溶液、10%葡萄糖溶液、维生素 C 注射液、肌苷注射液、安钠咖注射液、速尿注射液、维生素 B_1 注射液、维生素 B_{12} 注射液、电解多维等。

(3) 实验器材:一次性 5 mL 注射器、输液头皮针、酒精棉球等。

【实训内容】

1. 兔拟胆碱药中毒 常用的拟胆碱药主要有加兰他敏、新斯的明、毒扁豆碱、氨甲酰胆碱、毛果芸香碱、槟榔碱等。

(1) 人工发病:选择以上拟胆碱药中的某一种,以分 2~3 次、间隔 10~15 min 的方式重复给兔子皮下注射,直到出现典型的中毒症状为止。

(2) 临床检查:患兔出现呕吐、腹痛、腹泻、胃肠蠕动过分增加、流涎、流泪、多汗、黏膜苍白、呼吸困难、呼吸道分泌物增多、瞳孔缩小、视物模糊、心率过缓、烦躁不安,严重者常发生肺水肿、血压下降,最后因呼吸中枢衰竭而死亡。

(3) 治疗:可用硫酸阿托品及时解救,症状明显者可首先用 0.2~0.5 mg/kg,静脉注射,每隔 1

～4 h可重复应用,病情好转后改为皮下注射,至瞳孔散大、口干、脉速、黏膜潮红湿润时停药。

(4)总结与讨论:

①此类药物主要用于治疗牛胃肠弛缓、大肠便秘、前胃弛缓、食道梗阻、子宫弛缓、胎衣不下、子宫蓄脓、排出死胎及膀胱弛缓引起的尿潴留。另外在眼科上常作为缩瞳药。

②中毒剂量:以牛为例,毒扁豆碱60～120 mg可致牛死亡,毛果芸香碱1000～1500 mg可致中毒,新斯的明200～400 mg可致严重中毒。

③拟胆碱药禁用于孕畜、完全阻塞的便秘患畜和体弱、心肺疾病患畜。

④相比之下,氨甲酰胆碱毒性低、副作用小,而且较安全,由于对循环系统的影响较弱,可以反复使用。反应强烈时能迅速被阿托品对抗。

2. 兔抗胆碱药中毒 抗胆碱药有硫酸阿托品、东莨菪碱、山莨菪碱(654-2)等。皮下注射剂量:牛、马15～30 mg,猪、羊2～4 mg,犬0.3～1 mg,猫0.05 mg。用于中毒性休克或解救有机磷化合物中毒时,可肌内注射或静脉注射,酌情增加剂量。解救家畜有机磷中毒时,可按1 mg/kg给药,必要时可重复给药。

(1)人工发病:选择以上抗胆碱药中的某一种,以分2～3次、间隔10～15 min的方式重复给兔子皮下注射,直到出现典型的中毒症状为止;或按0.2～0.5 mg/kg给兔子肌内注射或静脉注射硫酸阿托品注射液,使兔子出现阿托品中毒的典型症状。

(2)临床检查:患兔出现精神沉郁或兴奋不安,体温升高,口干舌燥,皮肤黏膜潮红,瞳孔散大,心率加快,便秘,胃肠胀气,站立不稳,血白细胞计数升高,重者因呼吸肌麻痹而死亡。

(3)病理变化:解剖个别兔子,观察心、肺、脑组织、胃、肠等的病理变化。

(4)治疗:解救时可选用以下拟胆碱药:毛果芸香碱,每次1.5～6.25 mg;新斯的明,每次0.06～0.25 mg;毒扁豆碱,每次1.5～3.0 mg,每15～25 min皮下注射一次,直至口渴、黏膜发干为止,再结合氯丙嗪镇静,尼可刹米兴奋中枢等治疗。

(5)总结与讨论:

①硫酸阿托品是抗胆碱药中最常用的一种,具有松弛内脏平滑肌的作用,但这一作用与剂量的大小和内脏平滑肌的功能状态有关。治疗剂量的阿托品对正常活动的平滑肌影响较小,而当平滑肌过度收缩和痉挛时,松弛作用就很明显,如抑制胃肠道平滑肌强烈蠕动或痉挛,从而缓解或消除胃肠绞痛。较大剂量时可引起胃肠道括约肌强烈收缩,使消化液的分泌量剧减。在胃肠发酵产气情况下,特别对马、牛有引起胃肠扩张和瘤胃臌气等危险。

②阿托品除可松弛平滑肌作用外,还可抑制腺体分泌、解救有机磷农药中毒、引起心脏兴奋和心率加快,使痉挛的血管平滑肌松弛,改善血液循环,对眼睛具有扩大瞳孔的作用,同时还能兴奋中枢神经。

3. 兔马杜拉霉素中毒

(1)人工发病:在兔子饲料中以5 mg/kg添加马杜拉霉素,并连续饲喂2天。

(2)临床检查:患兔出现精神沉郁,食欲减退或废绝,腹泻,尿血,呼吸困难,部分呈现四肢痉挛,瘫软无力,驱赶时站立不稳,共济失调,有的四肢瘫痪,不能走动。

(3)病理变化:胃黏膜脱落,表面有出血点和出血斑,肠道弥漫性出血;肾肿大,皮质有出血点,膀胱充盈,充满暗红色尿液;心包积液,心肌失去弹性,心脏表面有出血点;气管呈现环状出血,肺间质增宽,充血肿大,有散在斑点状出血;肝脾肿大。

(4)治疗:由于马杜拉霉素中毒目前无特效解毒药,可采用以下保守疗法进行治疗,在临床上有一定的效果。

①应立即停止使用含有马杜拉霉素的饲料,给患兔提供安静、通风的环境,对其进行良好的护理。

②饲喂适口性良好的青绿饲料或营养丰富的新鲜饲料,并在饮水中添加5‰葡萄糖氯化钠溶液、

0.1%维生素 C 及电解多维,以缓解症状。

③对于病情较重者,静脉注射 10%葡萄糖溶液 5 mL 及维生素 C 2 mL 以解毒护肝。

(5)总结与讨论:

①马杜拉霉素治疗量和中毒量非常接近,马杜拉霉素铵的毒性上限指标:LD_0 为 0.39 mg/kg,最小致死剂量为 0.47 mg/kg,LD_{50} 为 0.70 mg/kg,LD_{100} 为 1.16 mg/kg。参照 WHO 外来化合物急性毒性分级标准,马杜拉霉素铵(抗球王)的毒性应属十级毒、剧毒类,兔对其反应敏感。目前,马杜拉霉素良好的抗球虫效果仅用于养禽业,禁止用于兔球虫病的预防和治疗。

②临床进行兔球虫病的防治时,最好选用对兔比较安全的兔球灵、氯苯胍、复方敌菌净、磺胺二甲嘧啶等药物。

4. 兔伊维菌素中毒

(1)人工发病:给兔子皮下注射超剂量的杀虫净,成年兔用量 8 mg,小兔用量 2~4 mg,以引起兔急性伊维菌素中毒。

(2)临床检查:检查兔子的精神状态,听诊心音变化,监测体温变化,观察有无姿势、步态异常等变化。

(3)病理变化:解剖个别兔子,观察肝脏、肾脏、胃肠有无病理变化,或制作成病理切片标本,观察肝脏、肾脏有无病理变化。

(4)治疗:以复方甘草酸铵注射液(强力解毒敏)每只兔 2.0 mL 肌内注射,每天 2 次,次日后每天 1 次;口服速尿 10 mg,维生素 B_1 2 mL、维生素 B_{12} 1 mL 混合后皮下注射,每天 2 次;地塞米松 2 mg,维生素 C 2 mL 皮下注射,每天 2 次。如此连续用药 3~5 天;阿托品有一定的缓解症状作用。

(5)总结与讨论:

①阿维菌素、伊维菌素是近年来应用比较广泛的一种新型驱虫药,具有广谱、高效、安全、用量小、不产生交叉抗药性等特点,对猪、牛、羊、马、兔及家禽等动物的所有线虫和外寄生虫(螨、虱、蜱、蝇蛆等)及其他节肢动物都有很强的驱杀作用,一次用药可同时驱杀体内外多种寄生虫,驱杀率达 95%~100%。尤其是口服或注射治疗外寄生虫非常方便且安全实用,所以被大量采用。但用量过大可引起中毒。

②伊维菌素用量少,用量过大易引起不良反应,如肌肉震颤、呼吸急促等。

③犬应用本品较安全,但英国牧羊犬对本品敏感。本品对虾、鱼及水生动物有剧毒。

【注意事项】

(1)人工发病时,动物给药要分 2~3 次,间隔 10~15 min,总剂量以不超过兔子致死量为前提,以求大家能仔细看清整个发病的过程和所表现的一系列症状,不至于由于一次性剂量超大而迅速死亡。

(2)要求每组详细记录兔子的行为表现、临床症状,对死亡的兔子进行病理剖检,观察内脏器官的病变。

(3)对已观察到典型中毒症状的兔子,力求迅速有效地进行解救,以保证兔子的生命安全。

【作业】

(1)完成实训报告。

(2)分析以下病例,提出诊治方法。

2018 年 4 月上旬,村民张某来诉,家中 1 窝 13 头 28 日龄仔猪突然不吃食,躺卧圈内不活动,中午来求诊时发现 1 头仔猪喘气,病情加重。要求出诊。猪群精神沉郁,躺卧圈内,口角流涎且有细小泡沫样分泌物;部分仔猪肌肉震颤,呼吸困难且急促,其中较严重的 1 头仔猪体温降至 36 ℃以下;两耳、四肢末端发凉,部分仔猪呕吐、腹泻,呕吐物有大蒜味。强行驱赶,仔猪呈左右摇晃、步态不稳状。经询问畜主,该窝仔猪已断乳 6 天,近几天连续饲喂近 1 个月前打过马拉硫磷农药(当时不知道)的油菜叶,已有 1 头仔猪死亡,死时痉挛、口鼻流出带泡沫的血水。剖检可见肺气肿、支气管内含白色泡沫;胃肠炎、消化道黏膜呈暗红色肿胀,浆膜有散在出血斑,小肠的淋巴滤泡有坏死灶。两侧肾浑浊肿胀、被膜难剥离、切面呈淡红色而边界模糊。

仔细阅读理解后,回答以下问题。

(1)诊断病名。

(2)分析中毒原因与毒理。

(3)简述抢救措施。

附　　录

一、犬、猫正常血常规参考值

项　　目	犬参考范围	猫参考范围
红细胞(RBC,$\times 10^{12}$/L)	5.5～10.0	4.6～10.0
血红蛋白(HGB,g/L)	100.0～150.0	93.0～153.0
红细胞比容(HCT,%)	30.0～45.0	28.0～49.0
平均红细胞体积(MCV,fL)	39.0～55.0	39.0～52.0
平均红细胞血红蛋白含量(MCH,pg)	13.0～17.0	13.0～21.0
平均红细胞血红蛋白浓度(MCHC,g/L)	300.0～360.0	300.0～380.0
红细胞体积分布宽度(RDW,%)	14.0～19.0	14.0～31.0
白细胞(WBC,$\times 10^9$/L)	5.5～19.5	5.5～19.5
中性粒细胞绝对值($\times 10^9$/L)	2.5～12.5	2.1～15.0
中性粒细胞百分比(%)	35.0～75.0	35.0～85.0
嗜酸性粒细胞绝对值($\times 10^9$/L)	0～1.5	0.1～0.75
嗜酸性粒细胞百分比(%)	2.0～12.0	2.0～12.0
淋巴细胞绝对值($\times 10^9$/L)	1.5～7.0	0.8～7.0
淋巴细胞百分比(%)	20.0～55.0	12.0～45.0
单核细胞($\times 10^9$/L)	3.0～10.0	0.0～0.85
单核细胞比例(%)	3.0～14.0	0～14.0
血小板(PLT,$\times 10^9$/L)	117.0～460.0	100.0～514.0
血小板压积(PCT,%)	0～7.5	0～20.0
血小板体积分布宽度(PDW,%)	18.0～23.0	17.0～25.0
平均血小板体积(MPV,fL)	5.0～15.0	12.0～17.0

二、血常规检查的临床意义

检 测 项 目	常见异常病因	
红细胞(RBC)	过高	过低
红细胞比容(HCT)	红细胞增多症、心肺功能欠佳、某些肾病或小脑瘤引起的红细胞生成素增加、住在高海拔处、运动或紧张	贫血、出血、溶血、血液稀释(如经静脉注射水分过多)及血细胞制造不足(慢性炎症、慢性肾病导致的促红细胞生成素减少、缺铁、缺维生素B_{12}、缺叶酸)、溶血性贫血

211

检测项目	常见异常病因	
血红蛋白（HGB）	红细胞增多症、脱水、休克、慢性缺氧、甲状腺功能亢进、初期肾病造成的促红细胞生成素分泌不足	溶血、失血、贫血
平均红细胞体积（MCV）	维生素 B_{12} 或叶酸缺乏、猫白血病造成大细胞贫血、自体凝血、部分健康贵宾犬及猫持续性低钠血症	缺铁性或地中海贫血、铅中毒
平均红细胞血红蛋白含量（MCH）	慢性疾病、急性失血、再生不良性贫血	低色素性贫血、缺铁、地中海贫血、铅中毒
平均红细胞血红蛋白浓度（MCHC）	多色素性红细胞、溶血、海因茨小体、红细胞凝集、严重白细胞增生	低色素性红细胞、网状红细胞增生、缺铁性贫血
红细胞体积分布宽度（RDW）	缺铁性贫血、维生素 B_{12} 缺乏或叶酸缺乏、地中海贫血、恶性贫血	无明显临床意义
网织红细胞（RET）	再生障碍性贫血、溶血性贫血、缺铁性贫血、全身性问题（如肝肾功能衰竭）、失血（外伤及寄生虫感染）	非再生性贫血、全身性疾病（如发炎、慢性肾病、化疗）、肿瘤、白血病及中毒
白细胞（WBC）	急性化脓性细菌感染及白血病	肾脏衰竭、肿瘤化疗、放疗、严重感染、自身免疫性疾病、脾肿大及药物反应
中性粒细胞（NEU）	发炎、应激、兴奋、糖皮质激素分泌异常、感染、组织坏死、出血、溶血、免疫介导性溶血性贫血、慢性髓细胞性白血病	感染、骨髓造血障碍、血细胞破坏增加、病毒感染
淋巴细胞（LYM）	兴奋、免疫反应、对抗肿瘤/病毒、产生抗体、淋巴细胞白血病、动物处于幼年	糖皮质激素分泌异常、急性感染、病毒感染、淋巴液流失、免疫抑制治疗、遗传性免疫缺失
单核细胞（MONO）	发炎、坏死、心内膜炎、肿瘤或是细菌感染恢复期、长期使用皮质类固醇、应激	无明显临床意义
嗜酸性粒细胞（EOS）	过敏反应、寄生虫感染、恶性肿瘤、嗜酸性肉芽肿并发症	嗜酸性粒细胞总数减少或比例降低，临床意义不大。可见于库欣综合征、长期应用肾上腺皮质激素以后或细菌性急性传染病
嗜碱性粒细胞（BASO）	严重过敏反应、肾病、内分泌疾病、甲状腺功能减退	无明显临床意义
血小板（PLT）	多血症、癌症晚期、白血病、慢性感染、脾脏切除或急性出血	弥散性血管内凝血（DIC）、自身免疫性疾病、使用药物、脾肿大或骨髓衰竭、寄生虫感染
平均血小板体积（MPV）	血小板凝集、血小板不成熟、血小板生成增加、样本放置时间过久	早期免疫引发的血小板生成减少（骨髓问题）

续表

检测项目	常见异常病因	
血小板体积分布宽度（PDW）	骨髓增生导致血小板含量升高（不成熟血小板）	无相关疾病
血小板压积（PCT）	缺铁、血小板生成减少、脾脏切除、发炎	骨髓问题、凝血功能障碍、炎性疾病、出血、免疫相关血小板生成减少
纤维蛋白原（FIB）	急性炎症、化脓、外伤、肿瘤	弥散性血管内凝血（DIC）、严重肝损伤

三、犬、猫正常血生化参考值

宠物主人姓名：_____ 联系电话：_____ 送检日期：_____ 兽医：_____

宠物种类：_____ 宠物品种：_____ 性别：_____ 年龄：_____ 病历号：_____

项　　目	单　　位	犬	猫		
			＜6月龄	6—8月龄	＞8月龄
丙氨酸氨基转移酶	U/L	4～66	12～115	12～130	12～130
天门冬氨酸氨基转移酶	U/L	8～38	0～32	0～48	0～48
肌酸激酶	U/L	8～60	0～394	0～314	0～314
碱性磷酸酶	U/L	0～80	14～192	14～111	14～111
γ-谷氨酰转移酶	U/L	0～7	0～1	0～1	0～1
总蛋白	g/L	54～78	52～82	57～89	57～89
白蛋白	g/L	24～38	22～39	22～40	23～39
球蛋白	g/L	30～40	28～48	28～51	28～51
总胆红素	μmol/L	2～15	0～15	0～15	0～15
氨	μmol/L	0～95	0～95	0～95	0～95
葡萄糖	mmol/L	3.3～6.7	4.28～8.50	4.11～8.83	3.94～8.83
尿素氮	mmol/L	1.8～10.5	5.7～11.8	5.7～12.9	5.7～12.9
肌酐	μmol/L	60～110	53～141	71～212	71～212
钙	mmol/L	2.55～2.98	1.98～2.83	1.95～2.83	1.95～2.83
磷	mmol/L	0.81～1.88	1.45～3.35	1.00～2.42	1.00～2.42
镁	mmol/L	0.79～1.06	0.68～0.93	0.63～1.25	0.63～1.25
淀粉酶	U/L	185～700	500～1400	500～1500	500～1500
脂肪酶	U/L	0～250	40～500	100～1400	100～1400
胆固醇	mmol/L	3.9～7.9	1.68～4.94	1.68～5.81	1.68～5.81
甘油三酯	mmol/L	0.32～0.48	0.09～0.61	0.11～1.13	0.11～1.13

四、犬、猫血生化检查的临床意义

检测项目	检查器官	临床意义
白蛋白（ALB）	肝	由肝脏分泌,肝病、肾病、脱水、胃肠道疾病或寄生虫可引起蛋白质异常

Note

检测项目	检查器官	临床意义
白球比(ALB/GLOB)	肝、肾、胃肠	过低可提示肾功能异常、淀粉样变、胃肠炎、免疫诱发肝衰竭、吸收不良
碱性磷酸酶(ALP)	肝	动物肝功能(胆管系统)指数。肝脏(胆管)部分有病痛时就会明显升高;猫此数值轻微升高就有临床意义
丙氨酸氨基转移酶(ALT)	肝	犬、猫肝病诊断指标。肝脏受损或肝病时会升高
血尿素氮(BUN)	肾	由肝脏产生,肾脏排出,是肾脏健康指标之一。有时,其他原因(如饮食、肝病、脱水)也会使它上升
肌酐(CREA)	肾	肌肉代谢产物,由肾脏排出,肾病或尿道阻塞时会上升
血尿素氮肌酐比(BUN/CREA)	肾、膀胱、尿道	升高见于剧烈腹泻、大量出汗、高热、大面积烧伤等脱水性疾病、胃肠道出血、肾病、泌尿道阻塞、严重创伤、大手术后、甲状腺功能亢进、高蛋白饮食等;降低可能和长期饥饿、低蛋白饮食、肝肾功能减退以及透析有很大关系。
血糖(GLU)	全身性	血中葡萄糖浓度。如果动物身体状况不佳或生病(如糖尿病),该指标就会异常
总蛋白(TP)	全身性	动物体内蛋白质含量。脱水、肝肾疾病或是胃肠道疾病均会使该指标异常
球蛋白(GLOB)	全身性	球蛋白水平高提示慢性炎症,如心丝虫、病毒、寄生虫或细菌感染
钙离子(Ca^{2+})	全身性	泌乳失常、营养失调、肿瘤等疾病会造成指标异常
胆固醇(CHOL)	肝、肾	肝肾疾病或内分泌异常会使这一指标上升
γ-谷氨酰转移酶(GGT)	肝	肝功能指标
无机磷(Phos)	肾	肾病尤其是晚期肾病的指标
总胆红素(TBIL)	肝、胆	用来评估贫血及胆管系统疾病
胰淀粉酶(AMYL)	胰腺	胰腺疾病的指标,通常结合胰脂肪酶测定值来评估胰腺疾病
胰脂肪酶(LIPA)	胰腺	胰腺疾病指标
天门冬氨酸氨基转移酶(AST)	肝	肝脏及肌肉疾病指标
乳酸脱氢酶(LDH)	肝	肝功能指标。鸟类及爬行类动物中常用
血氨(NH_3)	肝	肝功能指标
甘油三酯(TG)	胰腺/全身	血中脂肪含量的指标
肌酸激酶(CK)	肌肉	肌肉损伤或神经系统疾病的指标
镁离子(Mg^{2+})	肾	评估肾上腺及肾脏功能的指标
尿酸	肾	鸟类及爬虫类动物肾病的指标
乳酸	全身性	全身性代谢指标
甲状腺素(T_4)	甲状腺	评估甲状腺及全身性代谢功能
肾上腺皮质醇	全身性	检测肾上腺功能及全身性应激反应情况

续表

检测项目	检查器官	临床意义
胆汁酸	肝	肝功能指标(特异性高)
苯巴比妥	全身性	监测体内抗癫痫药物苯巴比妥的浓度
果糖胺	全身性	监测机体 2~3 周内的平均血糖浓度

五、犬、猫正常血气检查参考值

宠物主人姓名:_____ 联系电话:_____ 送检日期:_____ 兽医:_____

动物种类:_____ 动物品种:_____ 性别:_____ 年龄:_____ 病历号:_____

视频:
犬、猫血气
检查
(一)(二)

项目与单位	参考范围		警戒值	
	犬	猫	低值	高值
葡萄糖(GLU,mg/dL)	60~115	60~130	<40	>500
血尿素氮(BUN,mg/dL)	10~26	15~34	N/A	>140
Na^+/(mmol/L)	139~150	147~162	<120	>170
K^+/(mmol/L)	3.4~4.9	2.9~4.2	<2.5	>6.0
Cl^-/(mmol/L)	106~127	112~129	<90	N/A
TCO_2/(mmol/L)	17~25	16~25	<12	N/A
糖化血红蛋白/(mmol/L)	8~25	10~27	N/A	>35
HCT/(%)	35~50	24~40	<15	>60
Hb/(g/dL)	12~17	8~13	<5	>20
pH 值	7.35~7.45	7.25~7.40	<7.10	>7.60
PCO_2/(mmHg)	35~38	33~51	N/A	>70
HCO_3^-/(mmol/L)	15~23	13~25	12	N/A
BEecf/(mmol/L)	(-5)~(0)	(-5)~(+2)	N/A	N/A

此报告仅对本次样本负责,结果仅供医生参考。

六、主要电解质及 pH 检查的临床意义

检测项目	临床意义
Na^+	维持身体渗透压与酸碱平衡以及传导神经冲动
K^+	提供细胞最主要的缓冲环境,并帮助维持酸碱平衡和渗透压
Cl^-	主要存在于细胞外液内,借由对渗透压的影响维持细胞完整
Ca^{2+}	只有游离钙能够被身体所利用,在肌肉收缩、心脏功能传递、神经冲动与凝血等生命必需的活动中发挥作用
pH	判断宠物体内酸碱平衡状态

Note

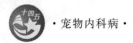

七、血凝检查的临床意义

检测项目	临床意义
活化部分凝血活酶时间（APTT）	正常参考值：24～36 s。与正常对照比较超过 10 s 以上为异常。 APTT 异常的意义： （1）延长：①凝血因子Ⅷ、凝血因子Ⅸ和凝血因子Ⅺ血浆水平降低，见于血友病甲、乙等。凝血因子Ⅷ水平降低还可见于部分血管性假血友病患畜；②严重的凝血酶原（凝血因子Ⅱ）、凝血因子Ⅴ、凝血因子Ⅹ和纤维蛋白原缺乏，见于肝脏疾病、阻塞性黄疸、新生幼畜出血症、肠道灭菌综合征、吸收不良综合征、口服抗凝剂、应用肝素以及低（无）纤维蛋白原血症；③纤溶活力增强，如继发性、原发性纤溶以及血循环中有纤维蛋白（原）降解物（FDP）；④血循环中有抗凝物质，如抗凝血因子Ⅷ或Ⅸ抗体、慢性弥漫性结缔组织病等。 （2）缩短：①高凝状态，如弥散性血管内凝血（DIC）的高凝血期、促凝物质进入血流以及凝血因子的活性增高等；②血栓性疾病，如心肌梗死、不稳定性心绞痛、脑血管病变、糖尿病伴血管病变、肺梗死、深静脉血栓形成、妊振高血压综合征和肾病综合征等
凝血酶原时间（PT）	正常参考值：12～16 s。与正常对照超过 3 s 以上为异常。 凝血酶原时间检查是检测外源性凝血因子的一种过筛试验，用来证实先天性或获得性纤维蛋白原、凝血酶原和凝血因子Ⅴ、Ⅶ、Ⅹ的缺陷或抑制物的存在，同时用于监测口服抗凝剂肝素的用量，是监测口服抗凝剂的首选指标。 据报道，在口服抗凝剂的过程中，维持 PT 在正常对照的 1～2 倍最为适宜。 PT 异常的意义： （1）延长：见于先天性凝血因子Ⅱ、Ⅴ、Ⅶ、Ⅹ 缺乏症和低（无）纤维蛋白原血症；弥散型血管内凝血（DIC）、原发性纤溶症、维生素 K 缺乏、肝脏疾病；血循环中有抗凝物质，如口服抗凝剂肝素和纤维蛋白降解产物（FDP）以及抗凝血因子Ⅱ、Ⅴ、Ⅹ 的抗体。 （2）缩短：先天性凝血因子Ⅴ增多症、高凝状态和血栓性疾病
柠檬酸钠抗凝血部分活化凝血酶原时间（Citrated PT）	异常提示除凝血因子Ⅶ异常之外，可能存在血友病、毒鼠强中毒、弥散性血管内凝血、维生素 K 缺乏/拮抗等内源性或共同途径疾病

八、犬、猫外周血涂片图谱

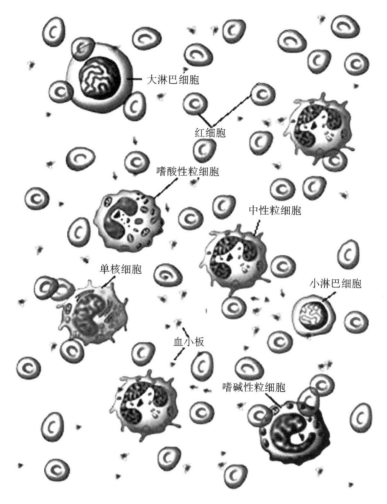

- 大淋巴细胞
- 红细胞
- 嗜酸性粒细胞
- 中性粒细胞
- 单核细胞
- 小淋巴细胞
- 血小板
- 嗜碱性粒细胞

扫码看彩图

九、犬、猫尿常规化学检查及临床意义

检测项目	临床意义
pH	反映肾脏调节 HCO_3^- 和 H^+ 浓度的结果
蛋白质	正常尿中含有微量蛋白质,但尿蛋白增加提示泌尿系统可能有感染或肾病
葡萄糖	正常尿中含量应小于 100 mg/dL,对于任何阳性反应都应做进一步血糖相关检查
酮体	糖类代谢发生障碍时,尿液中会检出酮体
尿胆原	有助于肝脏疾病、溶血性疾病及胆道阻塞等疾病的诊断
胆红素	有助于肝脏疾病、溶血性疾病及胆道阻塞等疾病的诊断
潜血	阳性提示出血、肌肉病变或溶血
白细胞	白细胞数增多常见于尿路感染、肾盂肾炎、生殖道感染、结石等,可作为尿路感染指标

十、利用血液样本快速检测试剂

检测项目	适用动物	临床意义
SNAP cPL	犬	唯一犬胰腺炎快速检测试剂,检测犬胰腺炎特异性脂肪酶
SNAP fPL	猫	唯一猫胰腺炎快速检测试剂,检测猫胰腺炎特异性脂肪酶
SNAP proBNP	猫	唯一利用血液样本评估猫心脏病风险因子的检测试剂

Note

十一、犬健康检查与临床意义

项目	肾脏	胰腺	肝脏	心脏	血液	内分泌	尿液	电解质
常见疾病	急慢性肾病（常见肾小球性肾病） 肾结石 肾盂肾炎	胰腺炎 胰腺外分泌功能不全	慢性肝炎 胆囊黏液囊肿 门体分流 钩端螺旋体病（常见黄疸发热型、犬型）	退行性瓣膜病 扩张型心肌病 动脉导管未闭（PDA） 肺动脉狭窄	贫血 炎症 感染（如巴贝斯虫、艾利希氏体）	糖尿病 肾上腺皮质功能亢进 肾上腺皮质功能减退 甲状腺功能减退	尿道感染结石	肾上腺皮质功能减退 尿闭（尿道结石、尿腹） 胃肠道疾病 糖尿病酮症酸中毒 肾病 胰腺炎
临床症状	消瘦 多饮多尿 无尿、少尿 厌食 呕吐 口臭 肾区疼痛 发热	厌食 呕吐 弓背/祈祷姿势 消瘦 腹泻	厌食 呕吐 黄疸 消瘦 腹围增大 多饮多尿 腹痛	运动不耐受 昏厥 黏膜发绀 呼吸困难（张口呼吸、呼吸窘迫） 咳嗽	黏膜苍白或黄染 精神沉郁或无精神 活力下降 发热 茶色尿或血尿 淋巴结肿大	多饮多尿 腹围增大 消瘦 肥胖 呕吐 脱毛	尿频 多尿 排尿困难 尿血 尿闭	呕吐 腹泻 多尿 无尿或少尿
检查项目	BUN CREA SDMA Phos Ca^{2+} ALB Na^+ K^+ Cl^- 尿检（含UPC） 尿液培养（根据需要） 影像学检查	AMYL LIPA ALB Ca^{2+} Na^+ K^+ Cl^- 犬胰腺炎快速检测试剂盒 超声 胰蛋白酶样免疫反应性（TLI）（根据需要）	ALT AST ALP GGT TBIL ALB 胆固醇（CHOL） BUN 胆汁酸 NH_3 尿检 影像学检查 肝脏细胞学检查（根据需要） 胆汁培养（根据需要）	胸部X线片 心脏超声 血压 心电图 SDMA CREA BUN Phos Na^+ K^+ Cl^-	血常规（含网织红细胞、血涂片） 常见血液原虫PCR	可的松 总甲状腺素（TT_4） 果糖胺（FRU） GLU ALT AST ALP GGT Na^+ K^+ Cl^- 胆固醇（CHOL） 甘油三酯（TG） 尿检 影像学检查	尿检 尿液培养（根据需要） 影像学检查 BUN CREA SDMA Phos Na^+ K^+ Cl^-	Na^+ K^+ Cl^- Ca^{2+} Mg^{2+} Phos

十二、临床常用英文缩写及其含义

心排血量(CO)＝每搏输出量(SV)×心率(HR)

SPO$_2$——血氧饱和度。

PaO$_2$——氧分压。

BP——血压。

MAP——动脉血压。

ECG——心电图：K$^+$浓度偏高时，P波降低，PR间期延长，T波升高，心动过缓。

CRT——毛细血管再充盈时间(正常犬、猫<2 s)。

Bpm——次/分。

HR/P——心率：正常大型犬60～100次/分，中型犬80～140次/分，小型犬100～140次/分；猫120～160次/分。

R——呼吸频率：正常犬12～20次/分，猫12～20次/分。

T——直肠温度：犬37.5～38.5 ℃，猫37.7～38.9 ℃。

CBC——全血细胞计数。

PCV——红细胞压积。

TP——总蛋白：ALB，白蛋白；BLOB，球蛋白。

ASA(Ⅰ～Ⅴ)：体况分级(1～5级)。

SSI——手术创口感染：感染率0.8％～29％。

ICU——重症监护病房

Propofol——丙泊酚。

DEX——右美托咪定：α_2肾上腺受体激动剂，一种术前镇静药。用量≤5 μg/kg。

多咪静的拮抗剂：Zoetis——阿替美唑，如咹啶醒，5 mg/mL，每瓶10 mL。

ACE——乙酰丙嗪：镇静剂，0.02～0.04 mg/kg，肌内注射。

DIC——弥散性血管内凝血。

PT——凝血酶原时间。

APTT——活化部分凝血活酶时间。

NSAIDs——非甾体抗炎药。

十三、临床药物用药次数缩写

缩　写	全　称
qd	每日一次
bid	每日两次
tid	每日三次
qid	每日四次
qh	每小时一次
q2h	每两小时一次
q4h	每四小时一次
qn	每晚一次
qod	隔日一次
biw	每周两次
hs	临睡前
am	上午

缩　写	全　称
pm	下午
prn	需要时（长期）
sos	需要时（限用一次，12 h有效）
ac	饭前
pc	饭后
12n	中午12点
12mn	午夜12点

十四、危重动物输液疗法指导意见

（一）糖尿病酮症酸中毒输液

（1）首选输生理盐水或林格氏液。

（2）当动物出现多尿时，加入10%KCl溶液。大量的氯化钾是必需的，因为钾离子大量消耗并且胰岛素会降低血清钾离子浓度。

（3）同时输适当5%碳酸氢钠溶液。

（二）肝病动物输液

（1）输复合电解质溶液（林格氏液和5%葡萄糖溶液1∶1稀释，合并钾离子补充给药）。

（2）不要用储存血或血浆，因为它们会引起肝性脑病。

（3）尽可能避免乳酸盐（不能用乳酸林格氏液，因为乳酸需要在机体肝脏的乳酸脱氢酶作用下才能转化为碳酸氢根，严重肝病时此过程受阻）。

（三）心脏病动物输液

（1）要避免钠离子过剩（加重心脏负担）。

（2）首选5%葡萄糖溶液输液。

（3）不要采用林格氏液、5%的葡萄糖氯化钠溶液等。

（四）胰腺炎和腹膜炎动物输液

（1）输平衡电解质溶液：生理盐水、5%葡萄糖氯化钠溶液、复方盐水等。

（2）需要补充钾离子。

（3）如果总蛋白量下降到低于40 g/L，输血浆、白蛋白或葡聚糖。

（五）严重腹泻动物输液

（1）选择乳酸林格氏液或者林格氏液＋5%NaHCO$_3$溶液，以纠正酸中毒。

（2）当动物有尿生成时，再输10%氯化钾。

（3）假如发生低蛋白血症，输血浆、白蛋白、球蛋白或右旋糖酐。

（六）急性和慢性肾衰动物输液

（1）输注生理盐水、5%葡萄糖氯化钠溶液等直到确定血清钾离子浓度正常或有尿生成。

（2）在最初不要输含有钾离子的溶液，以免医源性高钾血症的形成。

（3）患有慢性肾功能衰竭的动物通常伴有低血钾，所以输液首选林格氏液＋10%KCl溶液。

（七）低血容量性休克和出血性休克动物输液

（1）选择等渗电解质溶液（生理盐水、林格氏液）、高渗液体（5%葡萄糖氯化钠溶液）。

（2）如果HCT下降到小于20%，则输全血。

（3）如果TP下降到40 g/L，则输血浆、白蛋白或葡聚糖。

（4）发生氮质血症，尤其是少尿或者无法测定血清钾离子浓度时，输不含钾离子的溶液。

（5）在低血容量性休克临床急救中，用 7.5% 氯化钠溶液快速静脉滴注，为输血前稳定血压，抢救和稳定生命体征创造了重要的基础内环境，为一个简洁有效的救治措施。

（八）严重呕吐动物输液

（1）首选生理盐水或林格氏液，也可以输 5% 葡萄糖氯化钠溶液。

（2）从最初的多尿开始，加入 10% KCl 溶液。

（九）中暑动物输液

（1）中暑是典型的高渗性脱水（血浆高渗和高钠，失水量大于失钠量，通过呼吸丢失水分）。

（2）输液应该以补水为主，补钠为辅。选择 5% 葡萄糖溶液或者 5% 葡萄糖溶液和生理盐水按 1：1 的比例配制输液。

（十）胸腹腔积液动物输液

（1）给予胸腹腔炎性渗出液引流等医疗处置。

（2）首选等渗液（生理盐水、林格氏液），因为胸腹腔积液动物属于等渗性脱水。

十五、常用抗生素配伍结果简表

类　别	药　物	配伍药物	结　果
青霉素类	氨苄西林钠 阿莫西林 青霉素 G 钾	链霉素、新霉素、多黏菌素、喹诺酮类	疗效增强
		替米考星、罗红霉素 盐酸多西环素、氟苯尼考	降低疗效
		维生素 C 多聚磷酸酯、罗红霉素	沉淀，分解失效
		氨茶碱、磺胺类	疗效增强
头孢菌素类	头孢拉定、头孢氨苄	新霉素、庆大霉素、喹诺酮类、硫酸黏杆菌素	疗效增强
		氨茶碱、维生素 C、磺胺类、罗红霉素、 盐酸多西环素、甲氧苄氨嘧啶（TMP）	疗效增强
	先锋霉素 Ⅱ	强效利尿药	肾毒性增加
氨基糖苷类	链霉素、庆大霉素、 卡那霉素、丁胺卡那霉素、 新霉素、安普霉素、 小诺霉素等	氨苄西林钠、头孢拉定、头孢氨苄、 盐酸多西环素、甲氧苄氨嘧啶（TMP）	疗效增强
		维生素 C	抗菌效果减弱
		氟苯尼考	降低疗效
		同类药物	毒性增强
大环内酯类	罗红霉素、硫氰酸、 红霉素、替米考星	庆大霉素、新霉素、氟苯尼考	疗效增强
		盐酸林可霉素、链霉素	降低疗效
		卡那霉素、氨茶碱、磺胺类	毒性增强
		氯化钠、氯化钙	沉淀，析出游离碱
多黏菌素类	硫酸黏杆菌素	盐酸多西环素、氟苯尼考、头孢氨苄、 罗红霉素、替米考星、喹诺酮类	疗效增强
		硫酸阿托品、先锋霉素 Ⅰ、新霉素、庆大霉素	毒性增强
四环素类	盐酸多西环素、 土霉素、金霉素	同类药物及泰乐菌素、甲氧苄氨嘧啶（TMP）	增强疗效
		氨茶碱	分解失效
		三价阳离子	形成不溶性难 吸收的络合物

续表

类 别	药 物	配 伍 药 物	结 果
氯霉素类	氟苯尼考	新霉素、盐酸多西环素、硫酸黏杆菌素	疗效增强
		氨苄西林钠、头孢拉定、头孢氨苄	疗效降低,并有混浊、沉淀或变色
		卡那霉素、喹诺酮类、磺胺类、呋喃类、链霉素	毒性增强
		叶酸、维生素 B_{12}	抑制红细胞生成
喹诺酮类	诺氟沙星、环丙沙星、恩诺沙星、氧氟沙星、沙拉沙星、马波杀星等	氨苄西林、头孢拉定、头孢氨苄、链霉素、新霉素、庆大霉素、磺胺类	疗效增强
		四环素、盐酸多西环素、氟苯尼考、呋喃类、罗红霉素	疗效降低
		氨茶碱	析出沉淀
		金属阳离子(Ca^{2+}、Mg^{2+}、Fe^{2+}、Al^{3+})	形成不溶性络合物
磺胺类	磺胺嘧啶、磺胺对甲氧嘧啶、磺胺间甲氧嘧啶、二甲氧苄氨嘧啶、三甲氧苄氨嘧啶等	TMP、新霉素、庆大霉素、卡那霉素	疗效增强
		头孢拉定、头孢氨苄、氨苄西林	疗效降低
		罗红霉素	毒性增强
茶碱类	氨茶碱	维生素 C、盐酸多西环素、盐酸肾上腺素等酸性药物	浑浊分解失效
		喹诺酮类	疗效降低
洁霉素类	盐酸林可霉素	甲硝唑	疗效增强
		罗红霉素、替米考星	疗效降低
		磺胺类、氨茶碱	浑浊,失效

十六、临床用药常识 45 条

(1) 大多数药物为弱有机酸或有机碱。弱酸性药物在胃内酸性环境中吸收好,不宜与碱性药物同服;弱碱性药物在碱性环境下易于吸收,与碱性药物同服可增加其吸收。

(2) 抗酸药如氢氧化铝凝胶可吸附相当数量的药物,使被吸附的药物吸收受到影响,生物利用度降低。

(3) 某些药物在肠道细菌的作用下进行代谢,失活或转变为活性成分,应用广谱抗生素可使肠内细菌数目减少,药物的代谢因此减少。失活的药物因代谢减少而血药浓度升高,可致中毒;转变为活性成分的药物则转化受阻。

(4) 有些药物通过抑制药物代谢酶使另一些药物的代谢延缓,作用加强或延长,同时也有引起中毒的危险。具有较强酶抑制作用的药物有普萘洛尔(心得安)、氯霉素、红霉素、环丙沙星、甲氧苄啶、磺胺类、酮康唑、咪康唑、伊曲康唑、异烟肼、美托洛尔等。使用这些药物时应警惕酶抑制作用的发生。

(5) 药物进入原尿后,随尿液的浓缩,部分药物可通过肾小管重吸收。多数药物是以被动转运方式透膜重吸收的,且只有分子态的药物才能透膜重吸收。弱酸性或弱碱性药物在肾小管的重吸收与尿液 pH 值有密切关系。弱酸性药物在酸性尿中重吸收增加,排泄量减少,在碱性尿中排泄量增加;同理,弱碱性药物在碱性尿中重吸收增加,排泄量减少,在酸性尿中排泄量增加。因此,碳酸氢钠能促进弱酸性药物的排泄,而使弱碱性药物潴留;维生素 C、氯化铵能促进弱碱性药物的排泄,而使弱酸性药物潴留。

(6) 对肾及听神经有毒的抗生素不可联合应用,包括氨基糖苷类(庆大霉素、卡那霉素、链霉素等)、万古霉素、多黏菌素。

（7）头孢菌素类与氨基糖苷类合用可加重肾损害。

（8）羧苄青霉素与卡那霉素、庆大霉素同瓶滴注时，其活力降低。

（9）氨基糖苷类与红霉素、阿司匹林联用，耳中毒效果可能增强。

（10）氨基糖苷类与头孢菌素、阿昔洛韦、两性霉素 B、万古霉素、环孢菌素、右旋糖酐联用，可致肾毒性增强。

（11）氨基糖苷类与硫酸镁联用，可抑制神经肌肉接头传递作用，可加强硫酸镁引起的呼吸肌麻痹。

（12）氨基糖苷类与碱性药物如碳酸氢钠、氨茶碱联用，可增强抗菌效能，但毒性也相应增强，须慎用。

（13）氨基糖苷类抗生素与硫酸镁联用时可加强呼吸肌麻痹；四环素与钙剂同服可影响四环素的吸收。

（14）喹诺酮类与氨基糖苷类联用，对革兰氏阳性菌均有良好的抗菌活性，具有协同作用，尤其在用于大肠杆菌引起的感染时药效增加。

（15）喹诺酮类与内酰胺类联用，可阻碍细胞壁黏肽的合成，造成细胞壁缺损，从而使喹诺酮类易于发挥杀菌作用。

（16）喹诺酮类与氯霉素、红霉素联用，可导致效用降低，同时对肝、肾功能及神经系统的不良反应进一步加重。

（17）喹诺酮类与万古霉素联用，可能导致肾毒性增强，出现肾小管上皮损害、蛋白尿等中毒症状。

（18）喹诺酮类与碱土金属和过渡金属阳离子(镁、铝、钙、铁、锌、糖铝等)生成螯合物，减少其体内吸收及生物利用度，可能致使抗菌治疗失败。

（19）环丙沙星与磺胺嘧啶联用，明显增加环丙沙星抗铜绿假单胞菌和金黄色葡萄球菌的作用。

（20）乳酸环丙沙星与甲硝唑为化学配伍禁忌，二者混合后不久甲硝唑浓度很快下降。

（21）环丙沙星与阿霉素(多柔比星)联用，毒性增加，对肾功能不全者损害大。

（22）氧氟沙星与庆大霉素、甲硝唑联用，对大肠杆菌有协同作用。

（23）氧氟沙星与克林霉素合用，对金黄色葡萄球菌和肺炎链球菌有协同作用。

（24）诺氟沙星与链霉素合用，对铜绿假单胞菌有良好疗效。

（25）磺胺类与抗酸药合用，可减少磺胺类药的吸收，从而降效。

（26）磺胺类与保泰松合用，因蛋白结合部位被置换，使磺胺类药活性增强。

（27）甲氧苄胺嘧啶与抗生素合用，可增强四环素、多西环素、卡那霉素、庆大霉素、羧苄青霉素、多黏菌素等多种抗生素的作用。

（28）甲氧苄胺嘧啶与磺胺类合用，呈协同作用。

（29）甲氧苄胺嘧啶与环磷酰胺合用，可加剧对骨髓的损害。

（30）弱酸性药物呋喃妥因在胃内酸性环境中吸收好，不宜与碳酸氢钠碱性药物同服。

（31）抗结核药物异烟肼与链霉素合用，可显著延迟细菌耐药，提高治疗效果。

（32）抗结核药物异烟肼与利福平合用，可取得较好的协同作用。

（33）庆大霉素不可与碳酸氢钠同瓶静脉滴注，以免发生沉淀或分解失效。

（34）使用四环素时要避免晒太阳以防光敏反应。

（35）甲氧苄氨嘧啶可使磺胺类药抗菌作用大大增强。

（36）氢化可的松可使与其同时应用的青霉素、卡那霉素、肝素等失活。

（37）在各种氨基酸营养液中不得加入任何药物，因为一些对酸不稳定的药物在其中易于分解，氨基酸与青霉素可形成致酸物质而引起过敏反应；青霉素同分子量较大的胺类如普鲁卡因、异丙嗪、氯丙嗪等一起静脉滴注，可发生复分解反应而产生沉淀；促皮质素与近中性及偏碱性注射液(如氯化

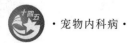

钾、氨茶碱、谷氨酸钠等)配伍即产生浑浊。

（38）维生素 C 同碱性较强的注射液如氨茶碱配伍可促使其氧化而减效。

（39）长期大剂量服用维生素 A 中毒时，维生素 C 可减轻中毒症状。

（40）维生素 C 为酸性药物，不可与碱性药物碳酸氢钠合同。

（41）维生素 B_2 遇到还原剂易变色变质，维生素 C 为强还原剂，两者不能合用。

（42）维生素 C 与铁剂同服，有利于铁的吸收，治疗缺铁性贫血时，铁剂与维生素 C 并用可提高抗贫血效果。

（43）在葡萄糖溶液中不能加入下列药物：青霉素 G（钠）、氨苄青霉素钠、卡那霉素、红霉素、新生霉素、磺胺嘧啶钠、肝素钠、氨茶碱、巴比妥类、苯妥英钠、维生素 B_{12}、氢化可的松等。

（44）在生理盐水中不能加入培氟沙星、两性霉素 B。

（45）在林格氏液中不能加入促肾上腺皮质激素、两性霉素 B、间羟胺、去甲肾上腺素等。

十七、临床首选药物

（一）革兰氏阳性球菌

1．葡萄球菌

首选药物：青霉素。

备用药物：头孢霉素、林可霉素。

2．化脓性链球菌

首选药物：青霉素。

备用药物：大环内酯类、万古霉素、林可霉素。

3．肺炎链球菌

首选药物：青霉素。

备用药物：大环内酯类、万古霉素、氨苄西林。

（二）革兰氏阳性杆菌

1．炭疽杆菌

首选药物：青霉素。

备用药物：环丙沙星。

2．产气荚膜梭菌

首选药物：青霉素。

备用药物：林可霉素、甲硝唑、四环素。

3．破伤风梭菌

首选药物：青霉素＋TAT（破伤风抗毒素）。

备用药物：四环素＋TAT、甲硝唑＋TAT。

（三）革兰氏阴性杆菌

1．大肠杆菌

首选药物：庆大霉素。

备用药物：环丙沙星、氨苄西林。

2．痢疾杆菌

首选药物：诺氟沙星。

备用药物：大蒜素。

3．肠杆菌

首选药物：诺氟沙星。

备用药物：氨苄西林＋舒巴坦。

4．肺炎杆菌

首选药物：庆大霉素、四环素。

备用药物：阿米卡星、哌拉西林、氧氟沙星。

5．变异变形杆菌

首选药物：增效磺胺、庆大霉素、羧苄西林。

备用药物：阿米卡星、哌拉西林、氨苄西林＋舒巴坦。

主要参考文献

[1] 许立阳,薛晓霜,孙艺珊.一例猫口腔炎的诊断与防治[J].黑龙江畜牧兽医(下半月),2018(6):210-211.

[2] 崔起超,崔洪钧.一例犬唾液腺-颌下腺黏液囊肿的诊治[J].云南畜牧兽医,2022(2):25-26.

[3] 李春香,贾立红,韩开顺.犬咽炎的诊治[J].山东畜牧兽医,2015,36(7):80.

[4] 高飞,尹航.犬牙周疾病的综合防治[J].中国工作犬业,2021(6):54-55.

[5] 王永,刁秀国,秦绪岭.手术治疗犬食道阻塞[J].中国畜牧兽医,2008,35(5):127.

[6] 孔庆波,徐立功,徐明.一例德国牧羊犬肠扭转死亡原因分析及预防措施探讨[J].中国畜牧兽医,2007,34(9):122-123.

[7] 常品丽.犬肠套叠的实用诊疗技巧[J].中国畜禽种业,2019,15(9):159.

[8] 靳善宁,马杰,韩冰毅,等.一例犬直肠垂脱的诊治[J].畜牧兽医科技信息,2011(6):115-116.

[9] 张丽.犬传染性肝炎的诊断与治疗[J].湖北畜牧兽医,2019,40(12):30-31.

[10] 刘玲,刘建民,彭广能.一例中华田园猫胰腺炎的诊断与治疗[J].兽医导刊,2019(14):205-206.

[11] 刘秀波.一例犬肺水肿病的诊治报告[J].现代畜牧科技,2015(11):137.

[12] 应志豪,王才益,黄淑芳,等.金钱豹麻醉并发肺气肿的诊治[J].浙江畜牧兽医,2016,41(5):37-39.

[13] 陈艳云,孙艳争,王莹,等.犬慢性淋巴细胞性白血病病例报告[J].中国兽医杂志,2015,51(4):66-68.

[14] 张晓远.一例犬高血压病例的治疗及探讨[J].山东畜牧兽医,2020,41(11):33-34.

[15] 沈明卫,郝飞麟.一例犬心力衰竭的诊断和治疗[J].上海畜牧兽医通讯,2020(5):68-69,72.

[16] 谢伟东,穆洪云,王然,等.1例犬糖尿病合并乳腺肿瘤的诊治报告[J].畜牧与兽医,2013,45(10):114-115.

[17] 李友昌,邹巧,金玉荣,等.宠物溴敌隆中毒诊治体会[J].广西畜牧兽医,2015(5):272-273.

[18] 梁启军.一例犬糖尿病临床诊断与治疗[J].中国畜牧兽医文摘,2015(7):201-202.

[19] 东彦新,魏艳辉.宠物犬糖尿病研究进展[J].现代畜牧科技,2018(12):1-4.

[20] 宋斯伟,周宇,任艳雷,等.1例美国短毛猫糖尿病的诊断和治疗[J].畜牧与兽医,2016,48(7):147-148.

[21] 孔学礼,吴礼平,郝春燕,等.犬甲状腺机能减退并发糖尿病的中西医结合诊疗[J].动物医学进展,2020,41(3):136-139.

[22] 孙志勇,杨倩,周振雷.1例犬库兴氏综合征的诊断与治疗[J].畜牧与兽医,2012(s2):110.

[23] 李增强,龚国华,朱晓英,等.犬医源性库兴氏综合征病例[J].中国兽医杂志,2013,49(1):68.

[24] 尚西喜.犬口炎的治疗[J].畜禽业,2013(8):103.

[25] 罗芬芳,熊金.1例犬中暑病的诊断与治疗[J].江西畜牧兽医杂志,2019(1):65-66.

[26] 慕榕,邱若振.一例泰迪犬洋葱中毒的诊治体会[J].山东畜牧兽医,2017,38(9):39.

[27] Czernichow P,Reynaud K,Kerr-Conte J,et al. Production,characterization,and function of

pseudoislets from perinatal canine pancreas[J]. Cell Transplant,2019,28(12):1641-1651.

[28] Nelson R W,Couto C G.小动物内科学[M].3 版.夏兆飞,张海彬,袁占奎,译.北京:中国农业大学出版社,2012.

[29] 董军.宠物疾病诊疗与处方手册[M].2 版.北京:化学工业出版社,2012.

[30] 《宠物医生手册》编写委员会.宠物医生手册[M].2 版.沈阳:辽宁科学技术出版社,2009.

[31] Ramsey I.小动物药物手册[M].7 版.袁占奎,裴增杨,译.北京:中国农业出版社,2014.

[32] 范开,董军.宠物临床显微检验及图谱[M].北京:化学工业出版社,2006.

[33] 张磊,石冬梅.宠物内科病[M].北京:化学工业出版社,2016.

[34] 石冬梅,何海健.动物内科病[M].2 版.北京:化学工业出版社,2016.

[35] 褚秀玲,吴昌标.动物普通病[M].2 版.北京:化学工业出版社,2016.

[36] 林立中,陈金泉,林修素.犬猫常见肿瘤诊疗[M].沈阳:辽宁科学技术出版社,2014.